高等学校规划教材

现代信息处理技术概论

赵春晖　李晖晖　侯晓磊　胡劲文　刘准钆　编著

西北工业大学出版社

西　安

【内容简介】 本书论述信息处理技术与人类认知进步的密切关系，从信息的采集、传输、存储和处理等方面，讲述信号的采样与混叠、离散时间信号分析、数字滤波器和滤波器组、非平稳信号分析方法、图像处理技术的基本概念和方法、模式识别基础、人工智能知识基础、智能视频处理技术等方面的基本内容和理论方法，总结现代信息处理技术的基础理论与研究热点方向，整理相关技术实验，可用于学生进行上机训练，以熟悉相关技术知识。

本书整理了现代信息处理技术的若干重要方面，并提供了一些具体的解决方案，适合从事相关工作的人员参考使用，也可作为各高等院校高年级本科生和研究生的教材。

图书在版编目(CIP)数据

现代信息处理技术概论 / 赵春晖等编著 . — 西安 ：西北工业大学出版社，2022.5

ISBN 978-7-5612-8200-7

Ⅰ.①现… Ⅱ.①赵… Ⅲ.①信息处理-概论 Ⅳ.①TP391

中国版本图书馆 CIP 数据核字(2022)第 075935 号

XIANDAI XINXI CHULI JISHU GAILUN

现代信息处理技术概论

赵春晖　李晖晖　侯晓磊　胡劲文　刘准钆　编著

责任编辑：孙　倩　　**策划编辑：**杨　军

责任校对：朱辰浩　　**装帧设计：**李　飞

出版发行：西北工业大学出版社

通信地址：西安市友谊西路 127 号　　邮编：710072

电　　话：(029)88491757，88493844

网　　址：www.nwpup.com

印 刷 者：兴平市博闻印务有限公司

开　　本：787 mm×1 092 mm　1/16

印　　张：14.25

字　　数：374 千字

版　　次：2022 年 5 月第 1 版　2022 年 5 月第 1 次印刷

书　　号：ISBN 978-7-5612-8200-7

定　　价：56.00 元

前　言

本书内容主要来自现代信息处理技术课程教研组的多年教学经验积累，本书对现代信号处理的基本概念和内容进行讲述，涉及的面比较宽、内容繁杂。从人类创造各种记录、传递、处理信息的方法开始，到现代各种信息处理分析方法，涉及传感器、通信、信息处理和控制等方面的技术内容，讲述信号的采样、分析、滤波，图像处理，图像特征提取，模式识别，人工智能，视频处理等基础理论和方法内容。通过本书的学习，信息工程领域的本科生可以建立起一个大的现代信息处理技术的概念框架，从细节入手，深入浅出，构建现代信息处理的认知逻辑框架，从最开始的信号处理方法到从信号中提取信息的各种技术手段，最终到目前非常热门的人工智能信息提取和处理方法，形成一个完整的现代信息知识架构。

本书共 12 章。第 1 章讲述信号和信息处理的一些基本概念，从人类开始通过各种方式进行信息记录和交互开始，慢慢发展成采用数学符号的方法，从而发展到今天数字信号记录和处理，以及如何从纷繁的数据中挖掘可用信息的过程。第 2 章讲述信号的采样和混叠，讲述典型信号处理系统的结构和信号采样，通过对模拟信号的采样使之成为数字信号，便于后期的计算机处理。第 3 章讲述离散时间信号的分析方法，主要是离散信号的傅里叶变换，将信号的时域表示转换成频域表示，从而能从另一方面发现信号的特征，以期实现对信号的多维度观察和分析。第 4 章讲述数字滤波器的原理和方法，对于含有各类噪声的信号，通过滤波器实现对特定信号的滤出，从而提高信噪比，解决信号在传递过程中的信号提取问题。第 5 章讲述非平稳信号的分析处理方法，信号几乎都是非平稳的，就是频率会随着时间的变化而变化，如果表示非平稳信号，必须采用时频联合表示法，讲述短时傅里叶变换和小波变换等线性时频表示法，从而实现对信号的全域分析。第 6 章讲述图像处理技术的基本概念和方法，图像是一种典型的非平稳信号，从图像的产生到表示以及相应的处理手段，讲述图像处理的基本内容，包括图像的邻域运算、直方图特征提取、几种典型的图像特征表示方法、图像压缩编码等内容。第 7 章讲述模式识别的基本概念和方法，包括分类和聚类、基于贝叶斯理论的分类方法、基于均值的聚类方法等。第 8 章讲述人工智能的基础知识，从人工智能的定义和发展历史，到人工智能技术以及与其他学科的关系，让学生建立起人工智能所涉及内容的基本概念框架。第 9 章讲述智能视频处理技术的一些方法，类似于一些信号和信息处理方法的一个具体应用，也是目前较为热门的一种应用方向，从海量视频数据中获取目标的各种信息，从而实现对视频场景的深度理解，帮助人们快速准确地获得视频内容。第 10 章和第 11 章是两个具体的上机实验，通过短时傅里叶变换和小波变换、图像处理技术的上机实验，让学生更加直观地感受和掌握信息和信号处理的基本工具、方法、步骤和效果。第 12 章是科技文献阅读，讲述如何通过安排论文阅读和实践，掌握最新的信号和信息处理方法，扩展学生的视野。

本书内容包括教研组的科研成果、互联网知识点解释和表述方法、各种报告等。第 1、5、6、9 章由赵春晖编著，第 2～4 章由李晖晖编著，第 10、11 章由侯晓磊编著，第 7、12 章由胡劲文编著，第 8 章由刘准钆编著。

实验室的王典、张天武、王荣志和谷家德等研究生也为本书的内容整理做出了贡献。本书的出版也得到了国家自然科学基金、航空基金、民机专项、军科委等项目的支持。在此对以上支持表示感谢。在编写本书过程中，笔者参考了大量相关资料，在此向这些作者表示感谢。

由于水平有限，书中难免存在不足之处，恳请读者批评指正。

编著者

2021 年 12 月

目 录

第1章 绪 论

人类对自然界的认知过程就是一个信息不断积累的过程。

从远古石器时代，古人类在与各种动物、植物、自然现象等的交互中，掌握了畜牧、狩猎、种植和灌溉等技术，学会了使用工具和火，人类慢慢掌握了在自然界中生存的基本技能。这一切，都源于对各类信息的掌握。从各种考古文明中我们看到，符号、计量工具的使用，使人类对自然界的认识更加深刻。

人类文明的发展史就是一个获取信息、利用信息，认识世界、改造世界的过程。

如今，信息已经充斥在生活的方方面面。生产、制造、科技和股市等，都存在对信息的获取与处理的过程。

1.1 信息的定义

信息无处不在！

图1-1和图1-2概括展示了人类对于信号和信息的产生、传递、处理等方面的演变过程，这个过程就是人类的智能不断进步并被人类自身不断理解和应用的过程。

(a)

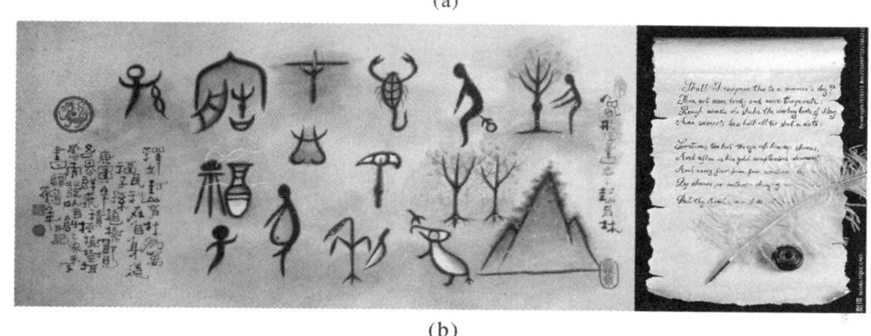

(b)

图1-1 信息记录方式的演变

(a)结绳记事；(b)文字

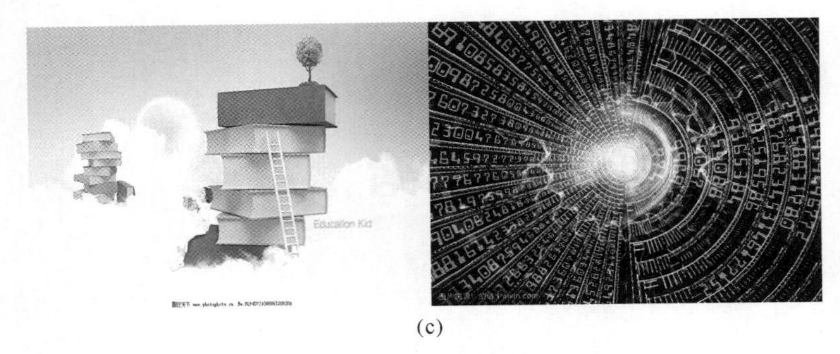

(c)

续图 1-1 信息记录方式的演变

(c)书籍与电子数据

(a) (b) (c) (d)

图 1-2 信息传递方式的演变

(a)烽火传战报；(b)驿站传书；(c)电报电话；(d)电子邮件

信息论和控制的创始人之一维纳对信息所下的定义是，信息是人们在适应外部世界并且使这种适应反作用于世界的过程中，同外部世界进行交换的内容的名称。

至今，有关信息的定义不下上百种。具代表性的信息的定义如下：①信息是选择的自由度；②信息是集合的变异度；③信息是负熵；④信息是加工知识的原材料；⑤信息是与控制论系统相联系的一种功能现象；⑥信息是一种场；⑦信息是使概率分布发生变动的东西；⑧信息是事物之间的差异。

从哲学观点看，信息既不超物质，也不超精神，但又不能归结为物质或精神。它既不等同于物质又不等同于精神，但又兼备物质和精神的某些特征。信息始终存在于物质和意识的相互作用中，并在这种相互作用中起着中介的作用。

信息的特征：①信息的客观性；②信息与载体的不可分割性；③信息的价值性；④信息的实效性；⑤信息的可分享性；⑥信息的可传递性；⑦信息的可扩散性；⑧信息的可加工性；⑨信息的可再现性；⑩信息的可存储性；⑪信息的积累性；⑫信息的延续性和继承性；⑬信息的可开发性；⑭信息的可再生性和可移植性。

信息的性质：①普遍性；②无限性；③相对性；④转移性；⑤变换性；⑥有序性；⑦动态性；⑧转化性。

1.2　信息技术的组成

信息技术(Information Technology，IT)是与信息处理、管理等相关联的各种技术的总称。从学科领域来讲，信息技术包括通信技术、计算机技术和控制技术，即3C(Communication，Computer，Control)技术。

信息技术包括科学、技术、工程和管理等学科，研究信息的产生、表达、存储、通信、编码及各种应用等。信息技术的应用包括计算机软硬件、网络与通信技术、应用软件开发工具等。随着计算机和互联网的普及，人们越来越多地使用计算机生产、加工、交换和传播各种形式的信息(如书籍、商业文件、报纸、记录、电影、电视节目、声音、图形、视频等)。

信息的获取、传递、处理和施用构成了信息处理技术的完整结构，涵盖传感器技术、通信技术、信息处理技术和控制技术。

1.2.1　传感器技术

人们通过视觉、嗅觉、听觉和触觉等来感知外界的信息。感官信息输入大脑进行分析判断和处理，然后指导人们做出相应的行动。这是人类认知世界的基本能力。同理，随着科技的发展，人类了解世界的维度越来越复杂，想认知的内容也越来越多，通过五官感知世界就变得越来越不可能。如测量火焰的温度、测量山的精确高度等，就需要借助科技力量，就创造了人类五官的延展——传感器。

传感器是一种检测装置，能感受到被测量的信息，并能将感受到的信息，按一定规律变换成为电信号或其他所需形式的信息输出，以满足信息的传输、处理、存储、显示、记录和控制等要求。

传感器的特点包括微型化、数字化、智能化、多功能化、系统化和网络化。它是实现自动检测和自动控制的首要环节。传感器的存在和发展，让物体有了触觉、味觉和嗅觉等感官，让物体慢慢变得活了起来。通常根据其基本感知功能分为热敏元件、光敏元件、气敏元件、力敏元件、磁敏元件、湿敏元件、声敏元件、放射线敏感元件、色敏元件和味敏元件等十大类。

1.2.2　通信技术

通信技术是电子工程的重要分支，也是其中一个基础学科。该学科关注的是通信过程中的信息传输和信号处理的原理和应用。通信工程研究的是以电磁波、声波或光波的形式把信息通过电脉冲，从发送端(信源)传输到一个或多个接收端(信宿)。接收端能否正确辨认信息，取决于传输中的损耗功率高低。

1.2.3　信息处理技术

信息处理技术，是指利用计算机技术对信号进行采集、编码、通信、合成、滤波、搜索等，通过该技术，实现对信号的有用信息提取。本书将主要涉及其中的傅里叶变换、小波分析、图像编码、智能信息处理技术等。

1.傅里叶变换

傅里叶变换(Fourier Transform)是数字信号处理领域一种很重要的算法。要知道傅里叶变换算法的意义，首先要了解傅里叶原理的意义。傅里叶原理表明：任何连续测量的时序或信号，都可以表示为不同频率的正弦波信号的无限叠加。而根据该原理创立的傅里叶变换算法利用直接测量到的原始信号，以累加方式来计算该信号中不同正弦波信号的频率、振幅和相位。

2.小波分析

小波变换(Wavelet Transform)是一种新的变换分析方法，它继承和发展了短时傅里叶变换局部化的思想，同时又克服了窗口大小不随频率变化等缺点，能够提供一个随频率改变的"时间-频率"窗口；它是进行信号时频分析和处理的理想工具。它的主要特点是通过变换能够充分突出问题某些方面的特征，能对时间(空间)频率的局部化分析，通过伸缩平移运算对信号(函数)逐步进行多尺度细化，最终达到高频处时间细分、低频处频率细分，能自动适应时频信号分析的要求，从而可聚焦到信号的任意细节，解决傅里叶变换的困难问题，成为继傅里叶变换以来在科学方法上的重大突破。

3.图像编码

1948 年，信息论学说的奠基人香农曾经论证：不论是语音或图像，由于其信号中包含很多的冗余信息，所以当利用数字方法传输或存储时均可以得到数据的压缩。在他的理论指导下，图像编码已经成为当代信息技术中较活跃的一个分支。

图像编码是对经过高精度模-数变换的原始数字图像进行去相关处理，去除信息的冗余度，然后根据一定的允许失真要求，对去相关后的信号编码，即重新码化。一般用线性预测和正交变换进行去相关处理。与之相对应，图像编码方案也分成预测编码和变换域编码两大类。

4.智能信息处理技术

顾名思义，智能信息处理技术就是利用各种人工智能方法，如神经网络、深度学习等方法，实现对信息的综合处理。如计算机视觉和图像处理技术根据摄像头采集的图像实现目标检测和识别、障碍物的避让；数据挖掘技术实现知识的自学习建模和在线学习；人工智能技术实现知识的表达、决策推理、故障诊断等功能；等等。

1.2.4　控制技术

信息技术的最后一环就是控制技术，通过控制实现对信息的完整处理过程，使得在前面的环节中得到的信息能准确地加以利用，完成对各种现象的分析反馈，使该过程向着人们设想的路线进行。控制就是指控制主体按照给定的条件和目标，对控制客体施加影响的过程和行为。控制一词，最初运用于技术工程系统。自从维纳的控制论问世以来，控制的概念更加广泛，它已用于生命机体、人类社会和管理系统之中。在实际过程中，按照不同的标志，可把控制分成多种类型。按照控制作用环节的不同，将控制分为现场控制、反馈控制和前馈控制等。各种不同类型的控制都有其不同的特点、功能与适应性。

1.3　信息技术体系的层次关系

信息技术的层次体系包括基础技术、支撑技术、主体技术和应用技术。

1.3.1　基础技术

基础技术是指新材料技术和新能源技术。信息技术的发展离不开新材料、新能源、数学工具和计算机技术的发展，归根结底是新材料、新能源的发展。传感器的敏感器件、大小规格、传导方式等，通信系统的传输介质、发送与接收装置等，信息处理中的计算机硬件处理速度、规格等，控制系统的介入方式等都受到新材料、新能源的影响。

新材料按组分为金属材料、无机非金属材料（如陶瓷、砷化镓半导体等）、有机高分子材料、先进复合材料四大类，按材料性能分为结构材料和功能材料。结构材料主要是利用材料的力学和理化性能，以满足高强度、高刚度、高硬度、耐高温、耐磨、耐蚀、抗辐照等性能要求；功能材料主要是利用材料具有的电、磁、声、光热等效应，以实现某种功能，如半导体材料、磁性材料、光敏材料、热敏材料、隐身材料和制造原子弹、氢弹的核材料等。新材料在国防建设上作用重大。例如，超纯硅、砷化镓的研制成功，引起大规模和超大规模集成电路的诞生，使计算机运算速度从每秒几十万次提高到每秒百亿次以上，推动信息技术的发展。

1.3.2　支撑技术

支撑技术是指电子技术、激光技术和生物技术等。信息技术离不开电子、激光以及生物技术等的支撑。如电子技术为信息技术提供了信号采集、处理、传输等的器件，如中央处理器、图形处理器等，为各种信息处理算法的实施提供了运算平台；激光技术促进了通信技术的发展，使得通信带宽更大、速度更快、传输的信息更多；生物技术可以推动传感器、通信以及处理方法等方面的进步，使得信息采集、处理手段更加丰富。还有诸如机械技术、微电子技术等也支撑着信息技术的发展。

1.3.3　主体技术

主体技术就是“四基元”。信息的获取、传递、处理和施用构成了信息处理技术的完整结构。每个环节都是一个非常重要的科学研究课题，涵盖了传感器技术、通信技术、信息处理技术和控制技术。

1.3.4　应用技术

应用技术是指各种形形色色的具体技术群类。信息技术的应用可以通过现代农业技术、制造技术、航空技术、卫星技术、通信技术、金融技术、教育技术等各种形形色色的具体技术得到体现。只要是存在信息的领域，就有信息技术的存在。现代社会就是一个信息的社会，人们的生活离不开各种信息，因此，可以说信息无处不在。

1.4 智能信息处理技术

随着科技的发展，尤其是人工智能技术的发展，信息技术进入智能时代，也使得信息技术的各个方面呈现井喷式发展。比如硬件层面的进步，使人工智能算法嵌入芯片，成为人工智能芯片，从信息获取的源头就进行智能处理，极大地加快了信息处理的速度和处理结果的精准度。

人工智能技术是指通过计算机程序来呈现人类智能的技术。现在，人工智能已经单独成为一门学科，也进入信息处理技术各环节的方方面面。目前热点的研究领域包括人工智能算法、大数据分析、云计算、物联网智能工厂等。

1.4.1 人工智能

人工智能指由人制造出来的机器所表现出来的智能。通常人工智能是指通过普通计算机程序来呈现人类智能的技术。该词也指出研究这样的智能系统是否能够实现，以及如何实现。人工智能于一般教材中的定义领域是“智能主体(intelligent agent)的研究与设计”，智能主体指一个可以观察周遭环境并做出行动以达到目标的系统。约翰·麦卡锡于1955年的定义是“制造智能机器的科学与工程”。安德里亚斯·卡普兰和迈克尔·海恩莱因将人工智能定义为“系统正确解释外部数据，从这些数据中学习，并利用这些知识通过灵活适应实现特定目标和任务的能力”。人工智能的研究是高度技术性和专业的，各分支领域都是深入且各不相通的，因而涉及范围极广。

1.4.2 大数据

大数据或称巨量资料，指的是需要新处理模式才能具有更强的决策力、洞察力和流程优化能力的海量、高增长率和多样化的信息资产。在维克托·迈尔·舍恩伯格及肯尼斯·库克耶编写的《大数据时代》中，大数据指不用随机分析法(抽样调查)这样的捷径，而采用所有数据进行分析处理。大数据的5V特点指Volume(大量)、Velocity(高速)、Variety(多样)、Value(低价值密度)、Veracity(真实性)。

20世纪90年代末，美国航空航天局的研究人员创造了大数据一词，自诞生以来，它一直是一个模糊而诱人的概念，直到最近几年，才跃升为一个主流词汇。但是，人们对它的态度却仍占据了光谱的两端，一些人对它抱有近乎宗教崇拜的热情，认为大数据时代将释放出巨大的价值，是通往未来的必然之途。在另一些观察者眼中，大数据已成为劳动力和资本之外的第三生产力。而怀疑者称，大数据会威胁到知识产权，威胁到隐私保护，无法形成气候。

1.4.3 云计算

云是网络、互联网的一种比喻说法。云计算是利用互联网的分布式计算、管理、存储等功能，实现强大的计算能力。通过云计算，甚至可以体验每秒10万亿次的运算能力。用户通过计算机、笔记本、手机等方式接入数据中心，按自己的需求进行运算。云计算不是通过本地计算机或远程服务器，而是通过使计算分布在大量的分布式计算机上。它意味着计算能力也可以作为一种商品进行流通，就像煤气、水电一样，取用方便，费用低廉。最大的不同在于，它是通过互联网进行传输的。

1.4.4 物联网

顾名思义，物联网就是连接物品的网络，许多学者讨论物联网时，经常会引入一个M2M的概念，可以解释为人到人(Man to Man)、人到机器(Man to Machine)、机器到机器(Machine to Machine)。人到机器的交互一直是人体工程学和人机界面等领域研究的主要课题，但是机器与机器之间的交互已经由互联网提供了最为成功的方案。从本质上而言，人与机器、机器与机器的交互，大部分是为了实现人与人之间的信息交互，万维网(World Wide Web)技术成功的动因在于：通过搜索和链接，提供人与人之间异步进行信息交互的快捷方式。

1.5 从信息的定义学习马克思主义认识论

从前面的描述中可知，信号与信息是始终存在的，人对世界的认知就是去发现这些信号，从各种信号中提取信息，理解信息所表达的科学意义，从而认识世界，并且这种认知会加强人与世界的相互交流，这与马克思主义认识论的观点是完全一致的。

每个人对世界的认识都是这样一个过程。那为什么每个人对世界的看法还会有不同呢？这主要是在认识过程中采用的方法、根据的原理(或经验)、所处的环境、可获得的信息等方面的不同而导致的。从唯物上讲，认识的本质过程应该是一样的。可以静静思考一下你看待一个事物的过程，看看自己是如何看待这个世界的，就会对这个认识过程有一个直观的理解。

1.5.1 马克思主义认识论

马克思主义认识论即辩证唯物主义认识论，是关于认识的本质、来源、发展过程及其规律的科学理论。其基本原理是能动的革命的反映论，即实践论。它坚持从物质到意识的认识路线，认为认识从实践中产生，随实践而发展，认识的根本目的是实践，认识的真理性也只有在实践中得到检验和证明；认为认识的发展过程是从感性认识到理性认识，再由理性认识到能动地改造客观世界的辩证过程。一个正确的认识，往往需要经过物质与精神、实践与认识之间的多次反复。社会实践的无穷无尽决定了认识发展的永无止境。

马克思主义认识论对于教育科学研究方法有很强的指导作用。研究方法是有层次的，科学研究方法的最高层次是马克思主义认识论，也就是辩证唯物主义与历史唯物主义的认识论或方法论。马克思主义认识论揭示了关于自然、社会和人的思想发展的普遍规律，为一切科学研究提供了方法论：

(1)要按客观事物的本来面貌来认识它们，不要被种种唯心主义观点所蒙蔽；

(2)世界上的事物都是互相联系的，不要孤立地看问题；

(3)事物是发展变化的，不要静止地看问题；

(4)在事物的现象与本质之间存在着矛盾，必须要透过现象，看到事物的本质，即抓住事物的规律性东西，才能真正认识到客观事物的真面目。

关于马克思主义认识论，毛泽东在《实践论》中有详细的论述，其中特别值得注意的是，要处理好理论与实践的关系。中国共产党的实事求是、理论联系实际、一切从实际出发的思想路线，也是针对我国思想界实际情况对于辩证唯物主义认识论所做的一种描述。马克思主义认识论本身也在不断发展着，就是说人们对它的认识也在随着科学的发展而不断深入。今天在科学技术发展的基础上所产生的控制论、信息论、系统论，把人们认识客观世界的水平大大提高了一步。有人把这三论说成是马克思主义认识论的深化与具体化。掌握三论特别是系统论的精神，将会使我们的眼界更加开阔，将会帮助我们从整体的角度、从动态的角度、从一切事物与其上下左右的联系的角度来考虑问题，而不致使我们陷入“一叶障目，不见泰山”或“只见树木，不见森林”的境地。

各项工作应该以马克思主义认识论作为指导思想，可使工作顺利进行，少走弯路。不过，马克思主义认识论只是一种方法论，而不是方法本身，它虽对各种方法起着指导作用，但却不能代替具体的研究方法。

1.5.2 实践论

毛泽东写成于1937年7月的《实践论》是关于马克思主义认识论的代表著作。该著作以实践观点为基础，以认识和实践的辩证统一为中心，系统地论述了能动的革命的反映论。它具体地论述了实践及其在认识过程中的地位和作用，强调人类的生产活动是最基本的实践活动，它决定其他一切活动。

(1)社会实践有阶级斗争、政治生活、科学和艺术活动等多种形式，其中阶级斗争给人的认识发展以深刻的影响。

(2)实践是认识的来源和推动认识发展的动力。

(3)只有人们的社会实践，才是人们认识外界的真理性的标准。

(4)实践还是认识的目的，无产阶级认识世界的目的是改造世界。

(5)阶级性和实践性是马克思主义哲学的两个最显著的特点。

《实践论》深刻地论述和丰富了马克思主义的认识论，科学地解决了几千年来中国哲学史上争论不休的知行关系问题。

2019年3月，习近平总书记在中央党校(国家行政学院)中青年干部培训班开班式上指出，理论学习要做到“学、思、用贯通，知、信、行统一”。这是习近平总书记深刻总结成功经验的学习哲学，是对全体党员干部学习习近平新时代中国特色社会主义思想的新要求、新期待。我们要深刻理解其中蕴涵的目标与方法、认识与实践的逻辑统一及其辩证唯物主义的哲学要义。

学思用贯通、知信行统一，充分体现了辩证唯物主义的认识论、实践论、方法论的高度统一。马克思主义认为，学思用贯通、知信行统一是共产党人理论学习的真经真谛真理，学知、思信、用行的过程，就是认识、实践、再认识……螺旋式上升的思想提升过程，也是改造主观世界与改造客观世界相统一的深入实践过程，更是我们用习近平新时代中国特色社会主义思想武装头脑、指导实践、推动工作所必须具备的思维方式和行为习惯，具有深远的哲学意义和世界意义。

实践是主观与客观的相互作用，相互改造。实践就是主观与客观的结合与碰撞，因此，实践就是主客观的对立统一。换句话说，实践就是人们改造物质世界(包括主观与客观)的社会活动。

实践的三要素：实践主体、实践手段、实践对象。实践主体是具有决定作用的，对主体来讲：实践就是人们的体力活动—接触(观察、操作)与脑力活动—思考。

实践能使客观事物的本质与规律性得以真实地显现，实践又能把人的主观思想(目的、意图)付诸实现。因此,实践是人的主观能动性的充分体现,它对人们认识世界与改造世界,都是具有决定意义的。

坚持"物质源泉观",是马克思主义唯物主义"一元论"的唯一正确的观点。认识来源于实践,说到底,认识是经过实践,根源于外界物质的客观存在。实践是认识的必由之路。人们在实践中得到认识,在实践中应用认识,在实践中发展认识,在实践中验证认识,这就是实践对认识的特定意义。

正确的认识(真理或叫客观真理),应当代表客观事物本身,不能只看成是人脑的反映,更要看成是客观事物的标志与属性,这就是认识的回归性。

认识世界的目的在于改造世界,改造世界的目的在于更好地满足人们日益增长的物质文化需要,这才是人类认识的最终目的。

总之,马克思主义的认识论:

出发点、初始点——在于物质的客观存在。若客观不存在,那么无论你怎样认识,怎样实践,也是认识不出来的。或者说,就算你认识出来了(编造的),那对客观现实又有什么意义呢?世界是物质的,而且是可知的,这就是马克思主义的"物质观点"。

着眼点、依存点——在于实践。人类的认识,脱离不了实践,没有实践,就没有外界物质与意识的相互作用,没有相互作用,也就形成不了认识,也就改造不了世界。改造世界的过程是实践的过程。认识世界的过程也是实践的过程,即使是接受前人的认识(理论),前人也有个实践的过程,都不是凭空捏造的过程。这就是马克思主义的"实践观点"。

根本点、基本点——在于人的主观能动性。没有人的主观能动性,就没有人类认识的回归性。可以想象,如果没有人的主观能动性,外界物质自己,绝不会毫无任何条件、自愿自动地结合在一起,从而产生为人所需的新物质(这里特指产品)。人们的生活需要,乃是人的能动性的源泉之所在。因此,认识的意义就在于遵循物质的客观规律,充分发挥人的主观能动性,使之更好地改造自然、改造社会、为人类的生存发展服务。这就是马克思主义认识论是能动的反映论的"能动观点"。

由此可知,马克思主义的认识论分为实践、认识、真理三大部分。马克思主义认识论中的实践观点,是要强调实践对于认识的极端重要性,而不是要拿来代替它的"物质观点""能动观点"。承认了实践,就是承认了外界物质与意识的相互联系、相互作用,而又不否认外界物质与意识作为物质的客观相对独立存在性,这才是真正的马克思主义辩证唯物主义的认识论。

1.6 小结

本章从信息技术的组成、各部分的特点、研究内容、关系等,一直到发展趋势,详细介绍了信息技术在四个环节方面的相应关系和内容,联系实际中遇到的问题,能清晰分解问题,结合各部分的特点,能针对性地提出解决问题的方案。

本书的以下章节主要讲述的是信号的采样、分析与滤波技术,非平稳信号处理方法,图像处理技术,模式识别方法和视频处理技术等。

第 2 章　信号的采样与混叠

众所周知，计算机只能接收和处理数字信号，而工程上许多情况下获取的信号都是时间的连续函数，如温度、流量、液位和电动机的转速等，所以在计算机处理系统中，需要将连续时间信号转换成数字信号，才能送入计算机进行运算和处理。计算机对于要处理的信号仅仅是一系列离散的数字，而这些数字来源于实际模拟信号本身。这一过程是由模拟/数字(A/D)转换器实现的；计算机对输入的数字信号按照预先确定的算法进行处理，得到处理后的信号，再由数字/模拟(D/A)转换器变成连续信号，通过执行元件作用被处理对象实现自动处理。因此，在基于计算机的各种处理系统中，必须考虑连续信号和离散信号的相互转换问题。

2.1　典型信号处理系统的结构

典型的数字信号处理(Digital Signal Processing，DSP)系统包括：用于将模拟信号转换成数字形式的前置 DSP 接口电路，以及用于将处理后的数字信号转换回模拟形式的后置 DSP 接口电路。模拟信号的数字处理中涉及三个基本步骤。

(1)将模拟信号转换为数字形式。抗混叠滤波器限制输入模拟信号的频带宽度以防止混叠误差，以及模数转换器(ADC)将连续时间物理信号(例如电压或电流等)转换为量化的离散时间样本的二进制数据流，再交由 DSP 处理器接着处理。

(2)处理获得的数字信号。这是 DSP 系统的核心模块，具体内容主要取决于应用。

(3)将处理后的数字信号转换回模拟形式。DSP 处理器的输出是另一个二进制数据流，由数模转换器(DAC)转换以产生连续时间物理信号(例如电压或电流等)。在这一步骤中，使用抗镜像滤波器来平滑 DAC 的阶梯状输出。

图 2-1 显示了一个描述典型信号处理系统的块状图。

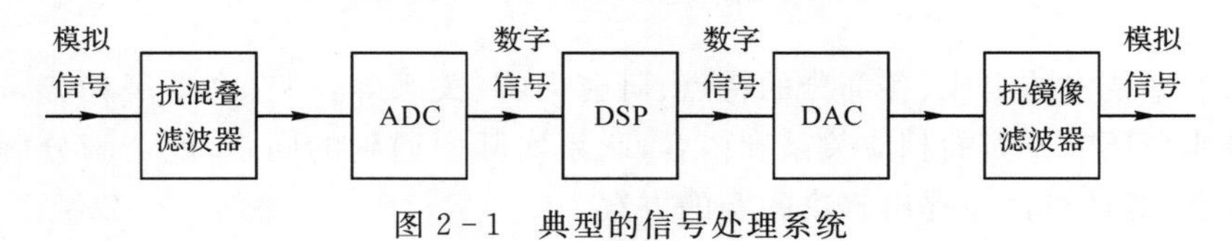

图 2-1　典型的信号处理系统

那什么是数字信号处理呢？

模拟信号当然可以通过模拟信号处理器直接处理，看起来，这在概念上比图 2-1 中描绘的基于 DSP 的系统简单得多。那么为什么进行数字信号处理？

基于 DSP 的系统可以提供许多优点，包括：

(1)数字电路对元件值的变化、温度、老化和其他外部参数的变化较不敏感。

(2)随着近来超大规模集成电路(Very Large Scale Integration,VLSI)的进步,高度复杂的 DSP 系统可以集成在信号芯片上,从而降低成本。

(3)由于 DSP 系统中的信号和系统参数(如滤波器系数)以二进制数表示,所以通过适当的字长和(如有必要)使用浮点运算可以获得理想的精度和动态范围。

(4)数字信号和数据可以无限制地存储在各种存储介质上而不会丢失信息。

(5)数字化实施使得在处理过程中可以轻松调整处理器特性。这种特征的一个例子是自适应滤波器,因为这种调整是周期性地改变滤波器的系数。

(6)数字化可以实现某些特性(如精确的线性相位响应),这是模拟处理中不可能实现的。

(7)与模拟电路不同,数字电路可以级联连接而不会出现负荷问题。

过去 40 年来,处理器芯片上的晶体管数量呈指数级增长(从 1970 年的 10^3 个增加到 2010 年的 10^9 个),每千瓦小时计算的数量也呈指数级增长(从 1970 年的 10^8 个增加到 2010 年的 10^{15} 个)。在同一时期,DSP 理论有了惊人的进展,应用领域也有了显著的增长和多样性发展。因此,DSP 已经成为电气和计算机工程的一个成熟领域。

然而,数字信号处理仍有一些缺点,包括:

(1)相比处理模拟信号,复杂性提升了,因为需要像 ADC 和 DAC 等额外的预处理和后处理设备等。

(2)有限的频率范围。当数字信号处理器处理模拟信号时,模拟信号必须以至少是信号中最高频率两倍的频率进行采样,才能防止输入模拟信号失真。数字信号处理器可用的频率范围由采样保持电路和 ADC 决定。大多数应用中 ADC 所需的分辨率在 12～16 位的范围内,这意味着能处理的采样频率的实际上限大约是 10 MHz。

(3)数字信号处理器是消耗电力的有源设备。许多模拟处理算法可以通过具有不需要电力的电感器、电容器和电阻器的无源电路来实现。注意,有源器件通常比无源器件更不可靠。

2.2　连续时间信号的采样

我们遇到的大多数信号(如语音、音乐和图像)在时间上连续(因此它们被称为连续时间信号)。为了使用数字设备(如数字计算机)处理连续时间信号,首先要做的是将感兴趣的信号以适当的方式转换为其离散时间样本,以便连续时间信号对应的离散时间样本能够保留在连续时间信号中的信息。

图 2-2 中,给定的连续时间信号 $x(t)$ 的离散时间样本通过两个功能模块产生:

(1)模拟信号通过被称为抗混叠滤波器的模拟滤波器进行滤波,该滤波器将信号的带宽限制在一定的范围,既消除了混叠误差,同时又能保留其中包含的信息。

(2)图 2-2 中的第二个模块实际上执行两个单独的事情。

1)(滤波后的)模拟信号被采样。在大多数情况下,执行均匀采样,意味着输入模拟信号以恒定速率 $f_s = 1/T_s$ 采样,其中 f_s 被称为采样频率(速率)(单位为 Hz,kHz,MHz,…),T_s 称为采样周期(单位为 s, ms,μs,…)。需要强调的是,这个采样过程的结果仍然是一个模拟信号。你可能会想到采样是在一个理想的电子开关上进行的,它允许其输入仅在时刻 $t=0$、T_s、$2T_s$ 等处通过,并将其输出。因此,采样器的输出是一个脉冲序列样本[见图 2-3(b)]。实际上，这种类型的波形对于后续的模数(A/D)转换器转换是不够的，因为任何A/D硬件都需要一定的时间来执行转换，但是由针形波形保持的信号电平实在是太短暂了。出于这个原因，实际采样采用采样保持(S/H)电路完成。S/H电路以定期的时间间隔对输入模拟信号进行采样，并保持模拟采样值在其输出处保持足够的时间以允许A/D转换器进行精确的转换。一个典型的S/H电路输出如图2-3(c)所示。

2)将每个模拟采样值转换为数字值。这由模数(A/D)转换器的电路执行。像任何电子硬件一样，A/D转换器产生的数字具有有限的精度，仅仅是模拟脉冲的近似表示。随着模拟脉冲(或来自S/H电路的阶梯型波形)不断出现，A/D转换器的输出形成一个离散振幅的离散时间信号[见图2-3(d)]。这种信号被称为数字信号。正如我们所看到的，在数学上数字信号只是一个数字序列，每个数字可以由给定的位数来表示。

与图2-1相比，图2-2中对一个DSP系统的部分进行了更详细的描述，这部分完成了连续时间信号到离散时间信号的转换。

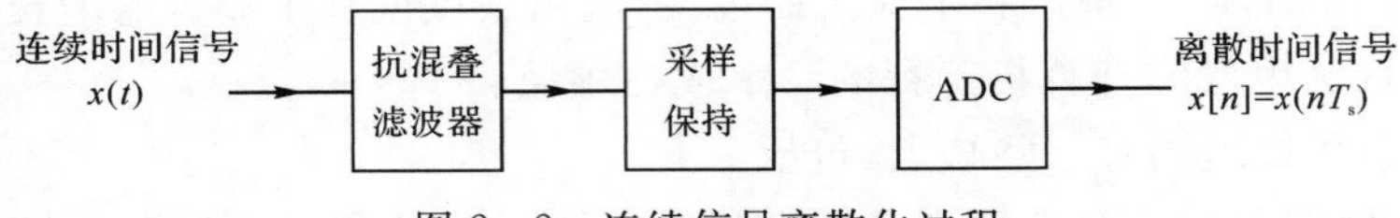

图2-2　连续信号离散化过程

例2.1　图2-3根据一个例子来说明A/D转换过程的各个阶段。图2-3(a)显示了时间间隔$0\leqslant t\leqslant 10$ s的连续时间信号。采样率为2 Hz时，针形序列采样模拟信号如图2-3(b)所示，S/H电路的输出如图2-3(c)所示。在图2-3(d)中描述了A/D转换器的离散时间输出$\{x[n], n=0,1,\cdots,20\}$。

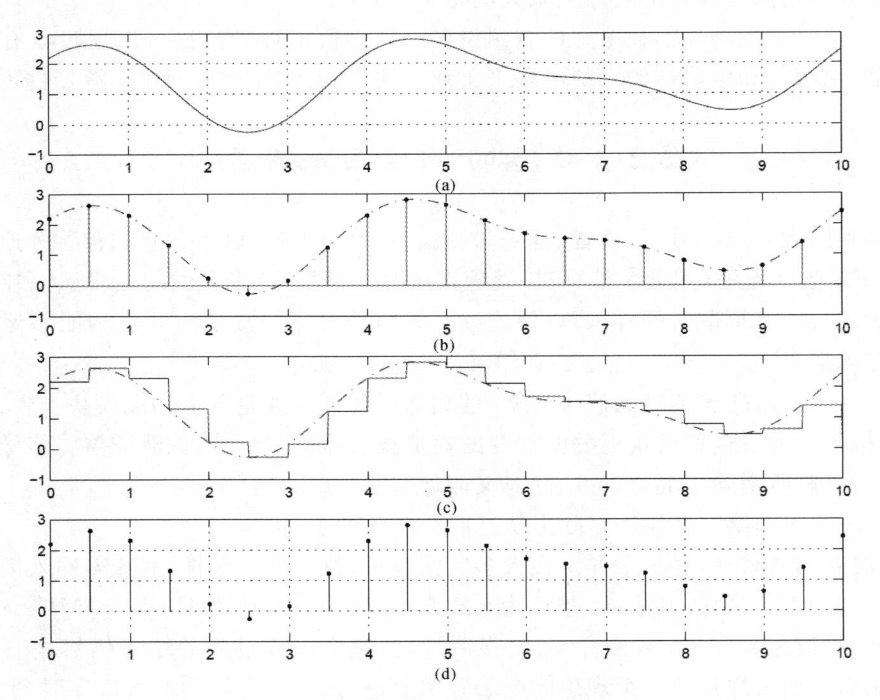

图2-3　连续信号的采样过程

离散时间信号 $\{x[n], \text{for } n=0,1,\cdots,20\}$ 的数值如下：

$x[0]=2.2000000\text{e}+000$

$x[1]=2.6298981\text{e}+000$

$x[2]=2.3082739\text{e}+000$

$x[3]=1.3153672\text{e}+000$

$x[4]=2.2929294\text{e}-001$

$x[5]=-2.6166263\text{e}-001$

$x[6]=1.6145685\text{e}-001$

$x[7]=1.2301092\text{e}+000$

$x[8]=2.2970036\text{e}+000$

$x[9]=2.8027601\text{e}+000$

$x[10]=2.6363074\text{e}+000$

$x[11]=2.2000000\text{e}+000$

$x[12]=1.6998468\text{e}+000$

$x[13]=1.5344467\text{e}+000$

$x[14]=1.64645268\text{e}+000$

$x[15]=1.2284110\text{e}+000$

$x[16]=7.9429125\text{e}-001$

$x[17]=4.6172800\text{e}-001$

$x[18]=6.2667003\text{e}-001$

$x[19]=1.4013122\text{e}-000$

$x[20]=2.4241041\text{e}-001$

2.3　连续时间信号的采样速度

2.3.1　对于给定的连续时间信号选择恰当的采样频率

例 2.2　图 2-4 中两个不同的连续时间信号(用实线和虚线分别表示)以 1 Hz 的速率采样。虽然两个信号不同,但获得的两组离散样本是相同的。这意味着采样速率过低(相对于信号)对连续时间信号进行采样而产生的离散时间信号可能无法保留连续时间信号的整个信息,因此,采样率必须足够高。

问题:采样率多高才够呢?

2.3.2　采样定理

香农采样定理(有些书中也称为奈奎斯特采样定理):如果采样频率 $f_s=1/T_s$ 大于 $2f_{\max}$,那么一个最高频率不超过 $f_{\max}$(单位为 Hz)的连续时间信号 $x(t)$ 可以被其采样 $x[n]=x(nT_s)$ 恢复。

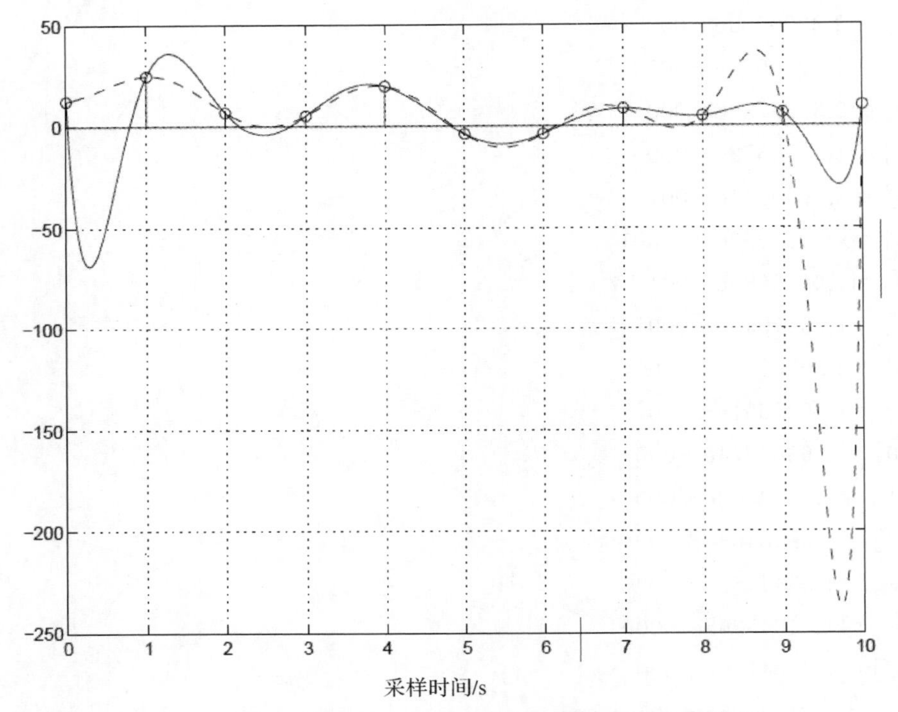

图 2-4 两个不同的连续时间信号采样得到相同的离散信号

频率 $2f_{max}$ 称为奈奎斯特频率。显然,以上定理可以被阐明如下:

如果以奈奎斯特频率进行采样,那么一个最高频率不超过 f_{max}(单位为 Hz)的连续时间信号 $x(t)$ 可以被其采样 $x[n]=x(nT_s)$ 恢复。

有几种方法可以解释(或"证明")这个重要的定理。

1.一种基于图形的说明

这里的解释是通过检查与原始连续时间信号相关的采样信号在频域中的频谱给出的。如果模拟信号在其频谱中具有可识别的最大频率,例如 f_{max},称为带限。显然,香农定理中的信号 $x(t)$ 是带限信号。

很多真实世界的信号是带限的。例如,语音和音乐总是受限于频带。为了处理没有频带限制的信号,作为预处理步骤,通过对信号进行低通或带通滤波来限制信号的带宽通常是方便的。这一步骤通常是 DSP 系统的一个组成部分。在图 2-1 中,这一步骤是第一个功能模块,将输入信号转换为带限信号的滤波器称为抗混叠滤波器。

在不失一般性的情况下,现在考虑一个带限的连续时间信号 $x(t)$,其频谱在 $0 \leqslant \Omega \leqslant \Omega_{max}$ 范围内,其中 $\Omega_{max}=2\pi f_{max}$。假设信号 $x(t)$ 被定义为 $-\infty<t<\infty$ 并且在 $t=nT_s$ 处均采样,其中 $T_s=1/f_s$ 表示以秒为单位的采样周期(这意味着 f_s 是采样频率)并且 $-\infty<n<\infty$ 是整数。图 2-5 中描述了这个理想的采样模型。

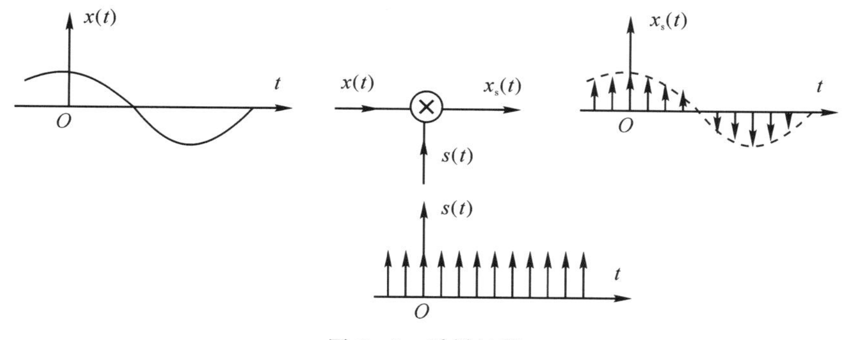

图 2-5　采样过程

图 2-5 中，$s(t)$ 是周期脉冲序列，有

$$s(t)=\sum_{n=-\infty}^{\infty}\delta(t-nT_s)$$

$\delta(t)$ 是单位脉冲函数，则采样信号可以被表示为

$$x_s(t)=x(t)s(t)=x(t)\sum_{n=-\infty}^{\infty}\delta(t-nT_s) \tag{2-1}$$

进一步有

$$x_s(t)=\sum_{n=-\infty}^{\infty}x(nT_s)\delta(t-nT_s) \tag{2-2}$$

图 2-5 描述了采样过程，在频域内可被分析如下。对式(2-1)使用傅里叶变换，注意到两个函数乘积的傅里叶变换等于这两个函数的傅里叶变换的卷积，即

$$X_s(\mathrm{j}\Omega)=\frac{1}{2\pi}X(\mathrm{j}\Omega)*S(\mathrm{j}\Omega)$$

通过应用傅里叶级数和定理，可知

$$S(\mathrm{j}\Omega)=\frac{2\pi}{T_s}\sum_{k=-\infty}^{\infty}\delta(\Omega-k\Omega_s)$$

其中 $\Omega_s=\dfrac{2\pi}{T_s}$ 是模拟角频率，因此

$$X_s(\mathrm{j}\Omega)=\frac{1}{T_s}\sum_{k=-\infty}^{\infty}X[\mathrm{j}(\Omega-k\Omega_s)] \tag{2-3}$$

式(2-3)清晰地表示了采样模拟信号 $x_s(t)$ 的频谱与原始模拟信号 $x(t)$ 的频谱的关系。可以看到 $x_s(t)$ 的傅里叶变换由 $x(t)$ 的傅里叶变换的周期性重复成分构成。更具体地说，式(2-3)表明 $X(\mathrm{j}\Omega)$ 的复制副本被移位整数倍的采样频率，然后被叠加以产生脉冲序列样本的周期性傅里叶变换。根据 Ω_{max} 与 $\Omega_s-\Omega_{max}$ 的比较关系，图 2-6～图 2-8 给出了两个具有代表性的情况：

情况Ⅰ：采样频率足够高，即

$$\Omega_s-\Omega_{max}>\Omega_{max}，即\Omega_s>2\Omega_{max} \tag{2-4}$$

在这种情况下，据图 2-6(c)可知，$X(\mathrm{j}\Omega)$ 的复制副本部分并没有重叠。因此，连续时间信号 $x(t)$ 可以被理想低通滤波器复现，如图 2-7 所示。

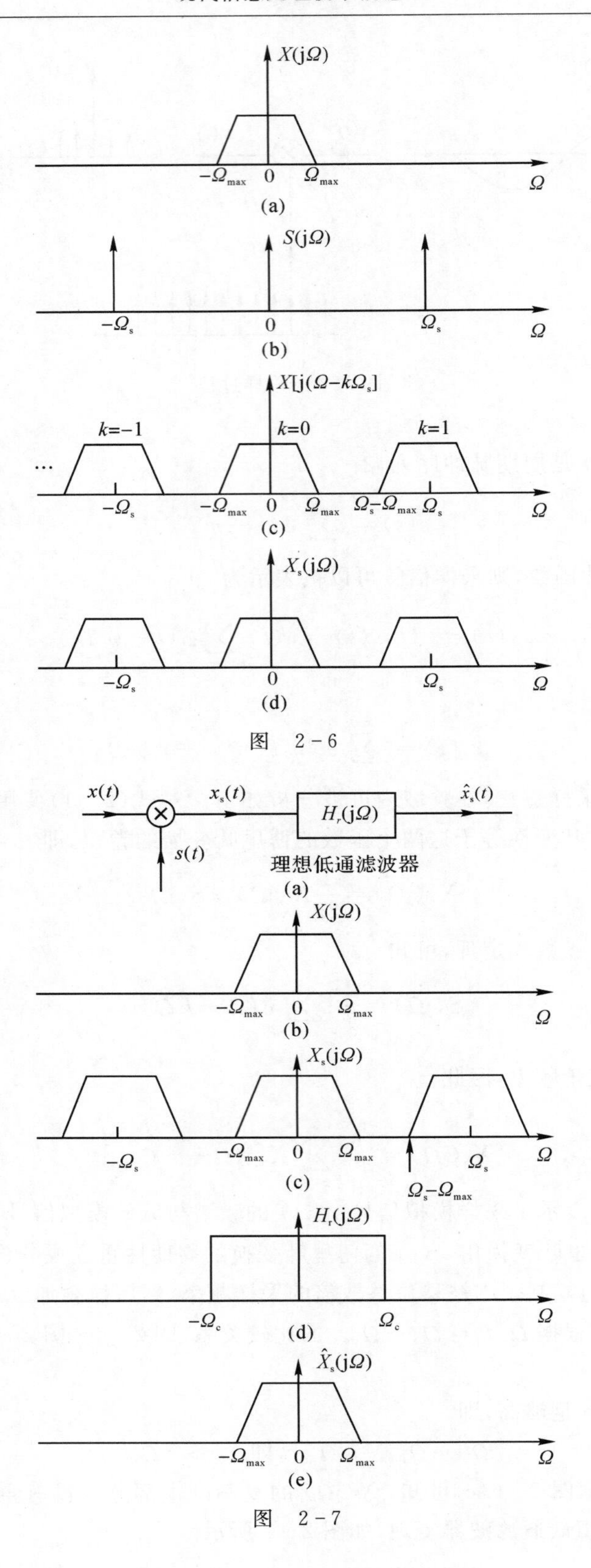

$X(j\Omega)$
$-\Omega_{max}$
0
Ω_{max}
Ω
(a)
$S(j\Omega)$
$-\Omega_s$
0
Ω_s
Ω
(b)
$X[j(\Omega-k\Omega_s]$
$k=-1$
$k=0$
$k=1$
…
$-\Omega_s$
$-\Omega_{max}$
0
Ω_{max}
$\Omega_s-\Omega_{max}$
Ω_s
Ω
(c)
$X_s(j\Omega)$
$-\Omega_s$
0
Ω_s
Ω
(d)

图 2-6

$x(t)$
$x_s(t)$
$H_r(j\Omega)$
$\hat{x}_s(t)$
$s(t)$
理想低通滤波器
(a)
$X(j\Omega)$
$-\Omega_{max}$
0
Ω_{max}
Ω
(b)
$X_s(j\Omega)$
$-\Omega_s$
$-\Omega_{max}$
0
Ω_{max}
Ω_s
Ω
$\Omega_s-\Omega_{max}$
(c)
$H_r(j\Omega)$
$-\Omega_c$
Ω_c
Ω
(d)
$\hat{X}_s(j\Omega)$
$-\Omega_{max}$
0
Ω_{max}
Ω
(e)

图 2-7

根据图 2－7(d)可知，理想低通滤波器应当有一个截止频率 Ω_c，满足

$$\Omega_{max} \leqslant \Omega_c \leqslant \Omega_s - \Omega_{max} \tag{2-5}$$

并且很容易验证 $\Omega_c = \frac{\Omega_s}{2}$ 满足式(2－5)。

情况Ⅱ：采样频率不够高，即

$$\Omega_s - \Omega_{max} < \Omega_{max}，即 \Omega_s < 2\,\Omega_{max}$$

这种情况下，$X(j\Omega)$ 的复制副本部分之间相互发生重叠[见图 2－8(c)]，当它们叠加到一起时，采样信号 $x_s(t)$ 不能被低通滤波器复现。

通过以上分析，可以得出结论，如果一个有限带宽的 $x(t)$ 的采样信号满足式(2－4)，则它可以被复现。记式(2－4)为

$$f_s > 2\,f_{max} \tag{2-6}$$

这就是香农定理，有时也被等同于奈奎斯特条件。

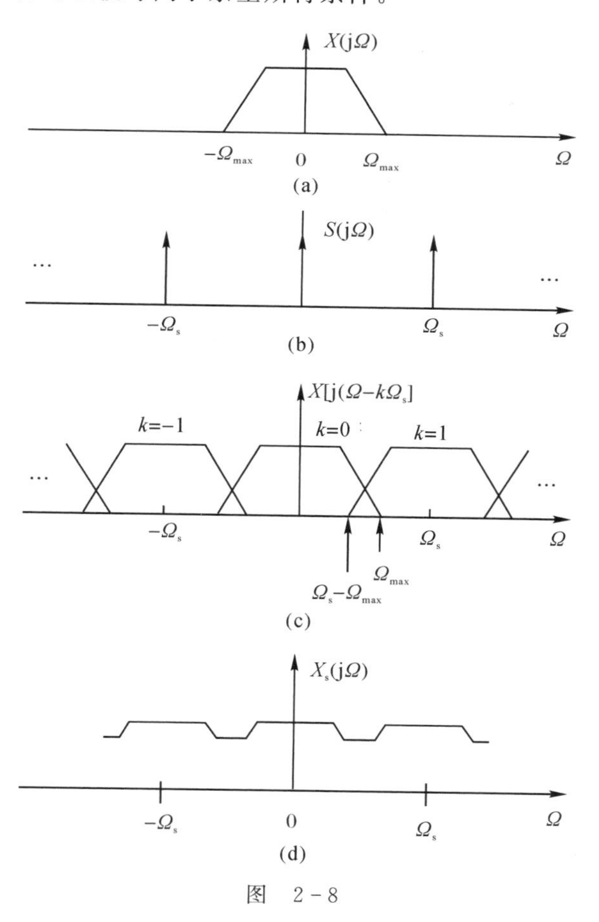

图　2－8

例 2.3　(1)在数字电话中，电话通话可以接收 3.4 kHz 的信号带宽。根据香农的采样定理，8 kHz 的采样率大于可接收的信号带宽的两倍是明显合适的。

(2)在模拟音乐信号处理中，20 kHz 的带宽保留了音质的保真度。当前的光盘音乐系统采用 44.1 kHz 的采样率，这是 20 kHz 带宽的两倍以上，因此非常合适。

2.连续时间信号的恢复:解析式表达

可以看到,如果离散时间序列 $\{x[n]=x(nT_s)\}$ 由一个带宽有限的连续时间信号 $x(t)$ 以 $\Omega_s>2\Omega_{max}$ 为采样频率进行等距采样得到,那么原始的连续时间信号 $x(t)$ 就能通过式(2-1)中的脉冲序列 $x_s(t)$ 经过一个理想的低通滤波器 H_r 重建得到, H_r 的截止频率 Ω_c 满足式(2-5)。因此,一个模拟信号 $x(t)$ 经由其采样信号 $\{x(nT_s)\}$ 重建的过程可以被描述如下:

由图2-7可知,理想低通滤波器(也被称为理想模拟重建滤波器)有如下的频率响应:

$$H_r(j\Omega)=\begin{cases}T_s, & |\Omega|\leqslant\Omega_c\\ 0, & |\Omega|>\Omega_c\end{cases}$$

滤波器的脉冲响应如下:

$$h_r(t)=\frac{1}{2\pi}\int_{-\infty}^{\infty}H_r(j\Omega)\,e^{j\Omega t}\,d\Omega=\frac{T_s}{2\pi}\int_{-\Omega_c}^{\Omega_c}e^{j\Omega t}\,d\Omega=\frac{\sin(\Omega_c t)}{\frac{\Omega_s t}{2}} \tag{2-7}$$

理想低通滤波器的输出是 $x_s(t)$ 和脉冲响应 $h_r(t)$ 的卷积,由式(2-2),将滤波器的输出表示为

$$\hat{x}(t)=\sum_{n=-\infty}^{\infty}x(nT_s)\,h_r(t-nT_s) \tag{2-8}$$

如果使用 $\Omega_c=\frac{\Omega_s}{2}=\frac{\pi}{T_s}$ 并记 $x[n]=x(nT_s)$,则式(2-8)变为

$$\hat{x}(t)=\sum_{n=-\infty}^{\infty}x[n]\frac{\sin\left[\frac{\pi(t-nT_s)}{T_s}\right]}{\frac{\pi(t-nT_s)}{T_s}} \tag{2-9a}$$

由2.2节可知,当采样频率符合式(2-4)所示的奈奎斯特条件时,连续时间信号 $x(t)$ 可以被采样信号 $x_s(t)$ 通过理想低通滤波恢复。式(2-9)则表明使用采样信号 $\{x[n]\}$ 如何完成这种恢复过程。

为了理解式(2-9a),把信号重建的过程视为缩放和移位的脉冲响应函数 $x[n]\,h_r(t-nT_s)$ 的叠加,其中

$$h_r(t)=\frac{\sin\left(\frac{\pi t}{T_s}\right)}{\frac{\pi t}{T_s}} \tag{2-9b}$$

假设在 $t=0$ 时值为1(根据微分的洛必达法则), $t=kT_s$ 时值为0,其中 k 为非零整数。图2-9是函数 $h_r(t)$ 当 $T_s=1$ 时,在 $-10\leqslant t\leqslant 10$ 时的图形。

迄今为止,认为式(2-9a)中的重构信号在所有 n 为整数的时刻都与原始连续时间信号的值相同,无论是否满足奈奎斯特条件。但是如果感兴趣的时间点不是 T_s 整数倍呢?香农采样定理认为只有当奈奎斯特条件式(2-4)满足时,式(2-9a)中的信号 $\hat{x}(t)$ 才能在其他时间点恢复原始信号 $x(t)$ 。

现在有两点关于式(2-9a)的注意事项:

(1)一个实现式(2－9a)可行的方法是使用 sinc 函数,它的定义如下:

$$\operatorname{sinc}(x)=\begin{cases}\dfrac{\sin(\pi x)}{\pi x}, & x\neq 0\\ 1, & x=0\end{cases}\tag{2-10}$$

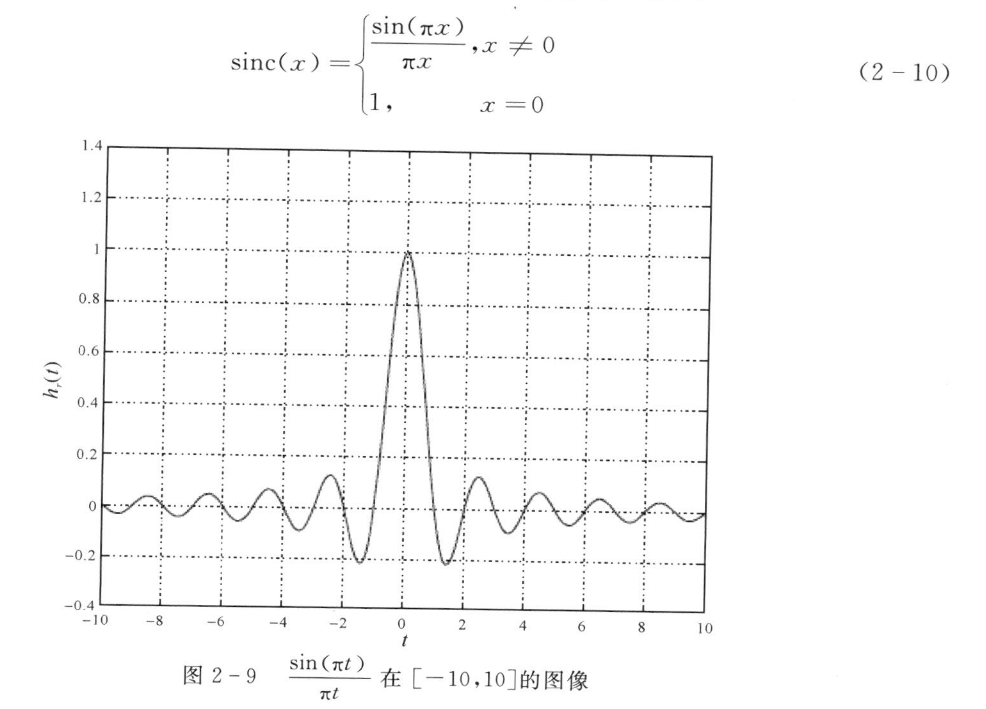

图 2－9　$\dfrac{\sin(\pi t)}{\pi t}$ 在 [－10,10]的图像

注意到,sinc 函数在 $x=0$ 时也有定义,并将式(2－9a)简化为

$$\hat{x}(t)=\sum_{n=-\infty}^{\infty}x[n]\operatorname{sinc}\left[\frac{(t-nT_s)}{T_s}\right]\tag{2-11}$$

sinc 函数在现行版本的 MATLAB 中是内置函数之一。

(2)在任何时刻,式(2－9a)和式(2－11)的右边都是一个收敛序列,因此如果截断该序列只保留有限个项,那么引入的误差将在保持的项数量越来越大的情况下越来越小。更准确地说,有

$$\hat{x}(t)\approx\sum_{n=-N}^{N}x[n]\operatorname{sinc}\left[\frac{(t-nT_s)}{T_s}\right]\tag{2-12}$$

只要 N 足够大。实际上,可用样本的数量总是有限的,因此式(2－12)在将数字采样转换为连续波形时很有用。下面的例子说明了这个重要的问题。

例 2.4　考虑连续时间系统

$$x(t)=5+1.5\sin(0.2\pi t)+1.3\cos(0.4\pi t)-0.9\sin(0.5\pi t)-0.5\cos(0.6\pi t)$$

其最大频率是 0.3 Hz。根据香农定理,采样频率高于 0.6 Hz 就可以。图 2－10(a)描述了在时间间隔[－4, 4]内的 $x(t)$ 。离散时间信号是由时间间隔为 $-96\leqslant t\leqslant 96$ 的信号在采样频率 $f_s=1$ Hz 采样得到的,即 $\{x[n],n=-96,-95,\cdots,0,\cdots,95,96\}$ 。通过令式(2－12)中 $N=96$,就产生了一个连续时间信号 $\hat{x}(t)$ 。图 2－10(b)表示了移位和缩放脉冲响应函数 $x[n]h_r(t-n)$ 在[－4, 4]时的情况,同时图 2－10(b)还用虚线表示了原始信号 $x(t)$ 。图 2－10(c)表示了由图 2－10(b)中 $x[n]h_r(t-n)$ 叠加得到的连续时间信号 $\hat{x}(t)$,其中

$n=-96,-95,\cdots,0,\cdots,95,96$，这与式(2-12)一致。为了便于对比，图2-10(c)中比较了恢复后的信号 $\hat{x}(t)$（虚线表示）和原始信号 $x(t)$（实线表示），可以看到，两者并没有可视差别。

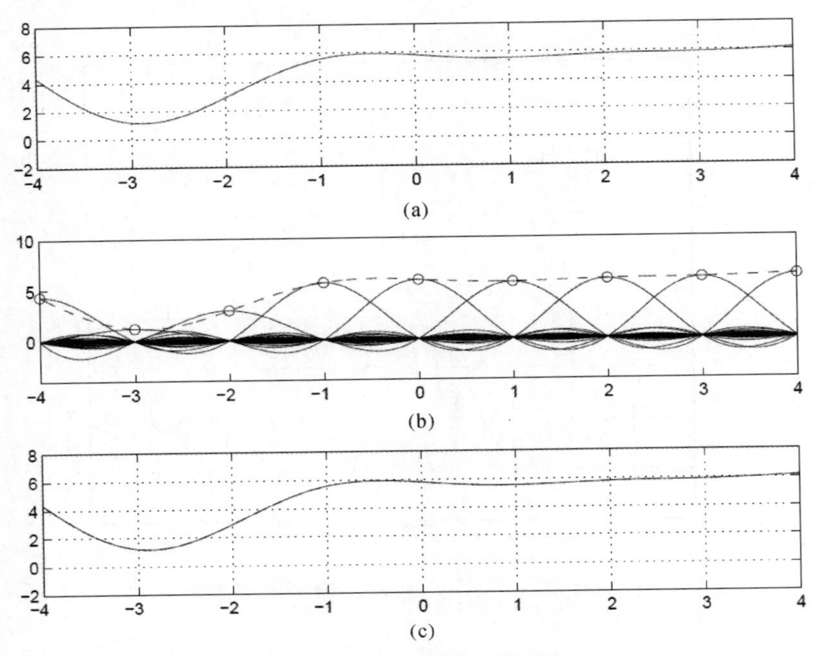

图 2-10 连续信号的采样与恢复

(a)原始连续信号；(b)移位和缩放脉冲响应函数；(c)恢复后的信号

2.4 混叠误差和抗混叠滤波器

混叠误差与较低的采样频率有关。如果采用图2-7(a)所示的采样和理想低通滤波器，那么对于给定的模拟信号 $x(t)$ 和采样频率 $f_s=\dfrac{1}{T_s}$，其混叠失真可通过式(2-12)进行量化评估。

例 2.5 例2.4中信号 $x(t)$ 的频率是0.3 Hz。假设 $x(t)$ 分别通过 $f_s=0.55$ Hz和 $f_s=0.6$ Hz两个采样频率分别采样。可以看到，随着采样频率的增高，混叠失真会逐渐下降，并且当采样频率满足奈奎斯特条件时，混叠失真完全消失(见图2-11)。

一个DSP系统在采样前先通过抗混叠滤波器的原因是：对一个给定的数字信号处理任务，识别(或估计)包含输入信号中有用信息的频域 $[f_L,f_H]$ 是十分重要的。基于此，一个通带宽度恰好覆盖 $[f_L,f_H]$ 的抗混叠滤波器可被设计和用来对输入信号进行滤波。抗混叠滤波器的输出是一个带限信号，其中原始输入信号的有用信息已被保存。处理带限(模拟)信号的便利性在于，可以准确知道信号应该采样多少以便在数字域中对其进行处理。

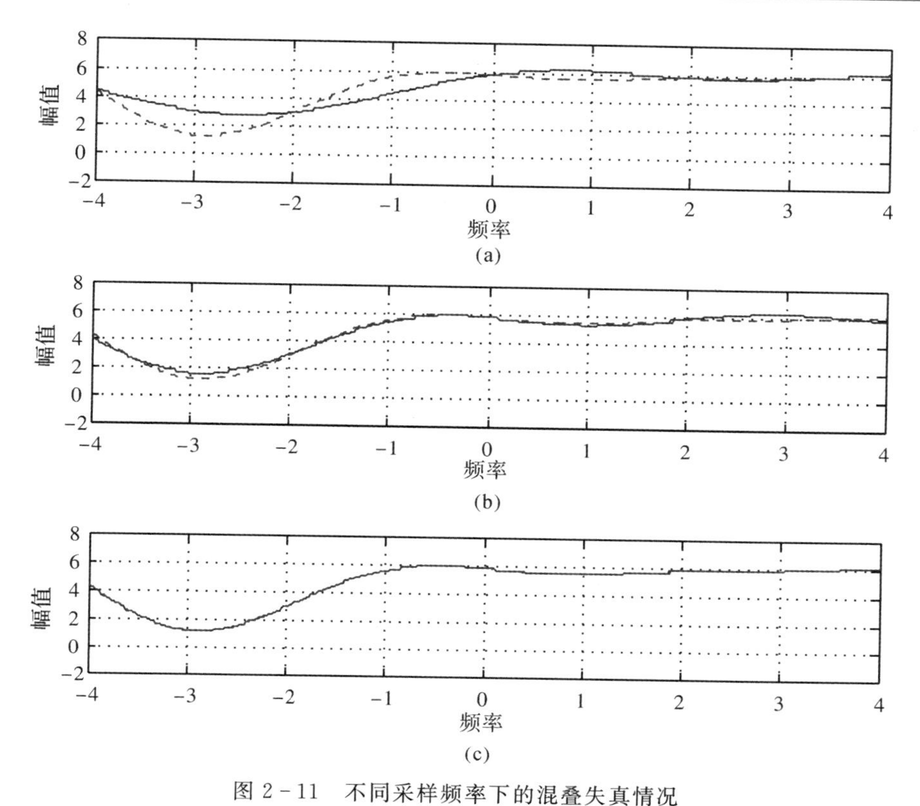

图 2-11　不同采样频率下的混叠失真情况

(a)$\hat{x}$(实线)与 x(虚线)对比：f_s=0.5 Hz；(b)$\hat{x}$(实线)与 x(虚线)对比：f_s=0.55 Hz；(c)$\hat{x}$(实线)与 x(虚线)对比：f_s=0.6 Hz

例 2.5 的 MATLAB 程序代码如下：

```
% Use formula(2-12) to reconstruct the continuous-time function x(t) in
% Example 2.5 on time interval[-4,4] using samples obtained at rate fs.
% Written by W.-S.Lu, University of Victoria. Last modified: Oct.21,2011.
% Examples:xh = exp2_5(0.5,96); xh = exp2_5(0.55,96); xh = exp2_5(0.6,96)

functionxh = exp2_5(fs,N)
% Get samples x[n]
Ts = 1/fs;
tn = Ts * (-N:1:N);
xn1 = 5+1.5 * sin(0.2 * pi * tn)+1.3 * cos(0.4 * pi * tn);
xn2 = -0.9 * sin(0.5 * pi * tn)-0.5 * cos(0.6 * pi * tn);
xn = xn1 + xn2;
% Use formula(2-12) to construct x_hat(t) on [-4, 4]
t = -4:8/499:4;
xh = 0;
fori = 1:(2 * N+1)
```

```
    n = i-N-1;
tw = (t-n * Ts)/Ts;
xh = xh+xn(i) * sinc(tw(:));
end
% Evaluate x(t) on [-4, 4] and comparison with x_hat(t)
x1 = 5+1.5 * sin(0.2 * pi * t)+1.3 * cos(0.4 * pi * t);
x2 = -0.9 * sin(0.5 * pi * t)-0.5 * cos(0.6 * pi * t);
x = x1+x2;
x =x(:);
figure(1)
plot(t,xh,'-','linewidth',1.5)
holdon
plot(t,x,'--','linewidth',1.5)
axis([-4 4 -2 8])
title('(a) Comparing x_hat(t)(solid line)with x(t)(dashed line):fs=1Hz,25 samples')
xlabel('Time in seconds')
grid
holdoff
```

2.5 带通信号采样

当连续时间信号满足 $\Omega_L \leqslant \Omega \leqslant \Omega_H$ 并且 $\Omega_L > 0$ 时，这种信号称为带通信号，并且其带宽定义为 $\Delta\Omega = \Omega_H - \Omega_L$ 。举例来说，在无线电广播中，一个音频信号（相对低频）经过高频载波调制后，就会变成一个具有窄带宽的带通信号。

为方便起见，接下来假设带通信号 $x(t)$ 的高频是带宽的数倍，即

$$\Omega_H = M\Delta\Omega \tag{2-13}$$

并且选取信号带宽的两倍作为采样频率 Ω_s ，即

$$\Omega_s = 2\Delta\Omega = 2\,\Omega_H/M \tag{2-14}$$

那么，根据式(2-2)，采样模拟信号 $x_s(t)$ 的傅里叶变换成为

$$X_s(j\Omega) = \frac{1}{T_s}\sum_{k=-\infty}^{\infty} X[j(\Omega - 2k\Delta\Omega)] \tag{2-15}$$

根据图 2-12，可以看到采样信号 $x_s(t)$ 经过适当地带通滤波能恢复初始的带通信号 $x(t)$ 。注意，与之前的情况不同，之前所讨论的信号 $x(t)$ 的频域是 $0 \leqslant \Omega \leqslant \Omega_{max}$ ，并且采样频率至少为 $2\,\Omega_{max}$ ，因为 M 是一个比 1 大的整数，根据式(2-14)所得的采样频率小于 $2\,\Omega_H$ 。对于这种看似互相矛盾的现象的一种解释是：由于低通信号的带宽是 $\Delta\Omega = \Omega_{max} - 0 = \Omega_{max}$ ，所以香农定理中的 $\Omega_s \geqslant 2\,\Omega_{max}$ 可以被理解为 $\Omega_s \geqslant 2\Delta\Omega$ ，这与式(2-14)是一致的。

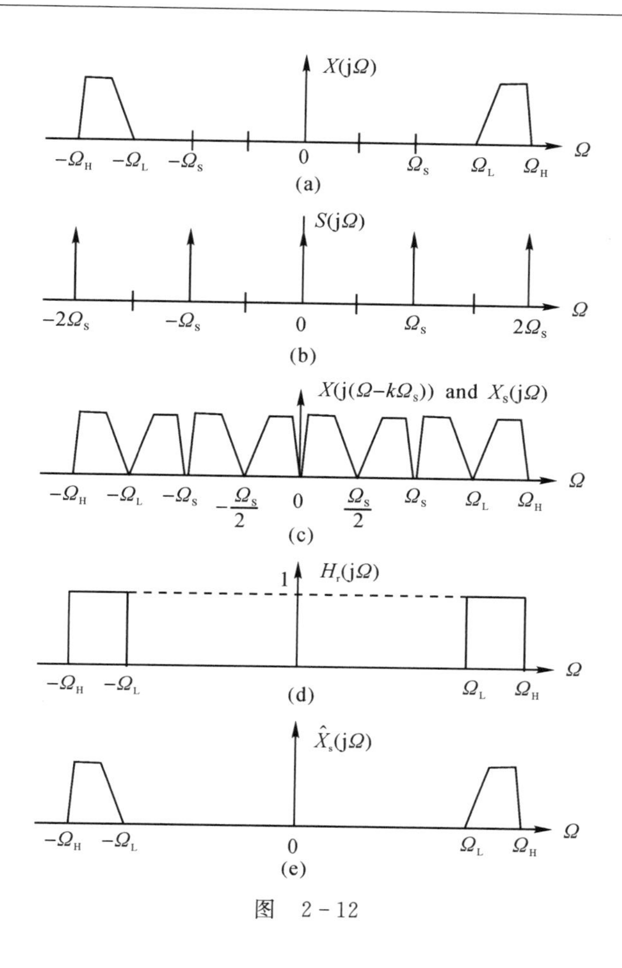

图　2 - 12

2.6　过　采　样

过采样是当采样频率大于奈奎斯特频率（$2f_{\max}$）时出现的一种现象。另外，频率低于奈奎斯特频率的采样操作被称为欠采样，而采样频率恰好为奈奎斯特频率的采样操作称为临界采样。

由 2.3 节可知，一个抗混叠滤波器可用来产生一个有限带宽信号。实际上，由于理想的抗混叠滤波器是不存在的，因此混叠现象无论怎样都会出现。

目前有几种方法可以缓解混叠失真。一种方法是构建具有平稳通带增益和陡峭衰减（意味着窄过渡带和令人满意的阻带衰减）的高质量抗混叠滤波器。这样的模拟滤波器能够很好地逼近理想的抗混叠滤波器，这样一来，混叠误差将会降至最小。然而，如预想的那样，这种滤波器的阶数通常很高，因此构建起来很昂贵。

另一种替代方法是使用一种低阶抗混叠滤波器，其过采样策略可适应不那么陡峭的衰减，如图 2 - 13 所示。图 2 - 13(a)是连续时间信号 $x(t)$ 的频谱图，其中阴影部分包含了信号的重要信息，通带边缘为 Ω_p 。同样，图 2 - 13(a)还显示了抗混叠滤波器的频率响应（虚线部分），其通带边缘为 Ω_p ，阻带边缘为 $3\Omega_p$ 。现在假设信号 $x(t)$ 首先通过抗混叠滤波器，再以高于必须频率的频率 4 Ω_p 进行采样(这种情况下必须的采样频率为 2 Ω_p),这样便得到了图2-13(d)所示的采样模拟信号的频谱。注意到主要的混叠失真仅仅出现在[Ω_p,3 Ω_p]这一区域,因此位于[$-\Omega_p$,Ω_p]的频率成分实际上不会受到影响。可以看到相比之前的方法,这种抗混叠滤波器可以以一种相对较低的代价实现。

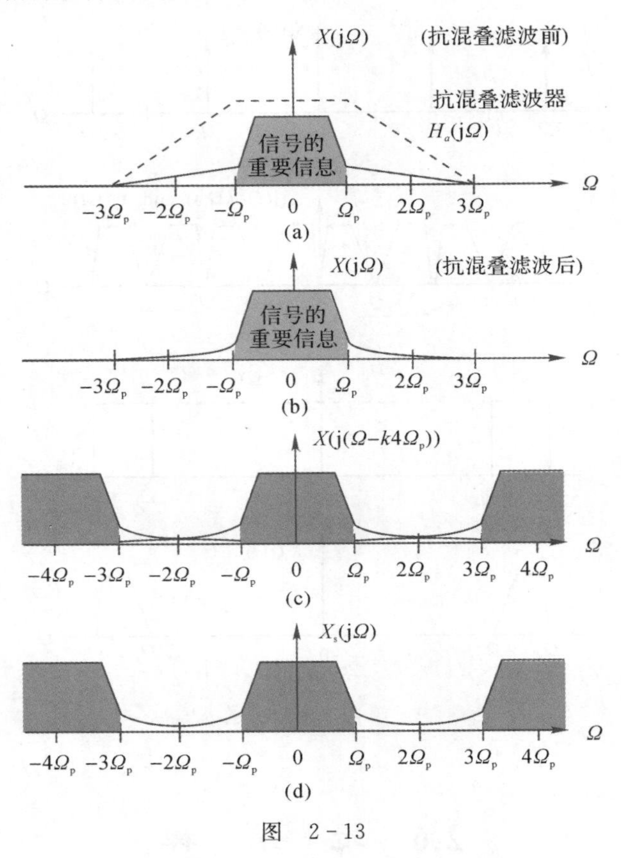

图 2-13

对于那些要求最小混叠误差的应用,采样频率一般选为抗混叠模拟滤波器的通带边缘 Ω_p 的 3~4 倍。而那些对混叠不那么严格的应用,采样频率选为通带边缘 Ω_p 的 2 倍一般足矣。

例 2.6 在脉冲编码调制(Pulse Code Modulation,PCM)电话系统中,具有 3.6 kHz 的通带边缘和 4 kHz 的阻带边缘的抗混叠模拟滤波器将话音信号限制到 4 kHz 的带宽,然后以 8 kHz采样抗混叠滤波器的输出。可以通过三阶椭圆滤波器来满足上述抗混叠模拟滤波器的规格。

2.7 从信号采样中学习民主集中制

信号采样就是按照一定的规律从连续信号中抽出部分瞬时值形成离散信号,这些离散信号却代表了连续信号的绝大多数性质,从而达到减少计算量、便于数字化处理等目的。

一般而言,采样频率越高,采样点数就越密,所得离散信号就越逼近于原信号。但过高的采样频率并不可取,因为其会给计算机增加不必要的计算工作量和存储空间。采样频率过低,采样点间隔过远，则离散信号不足以反映原有信号波形特征，无法使信号复原，造成信号混叠。根据采样定理可知：当采样频率大于原信号中最大组成频率的两倍时，可以比较好地还原信号；若小于最大组成频率的两倍则为欠采样，会出现信号混叠现象。

由上可知，信号采样就像生活中常见的民主集中制制度。当全体表决方式无法实现时，采用代表制，选取合适的代表进行民主集中，以实现大多数个体意愿的表决。

民主集中制由列宁最早提出。中国共产党领导下的中国就是实行民主集中制的社会主义国家。《中国共产党章程》明确指出："民主集中制是民主基础上的集中和集中指导下的民主相结合，它既是党的根本组织原则，也是群众路线在党的生活中的运用。"民主集中制既是中国共产党的根本组织原则，也是群众路线在党的生活中的运用。

《中国共产党章程》对民主集中制提出了六条基本原则：

(1)党员个人服从党的组织，少数服从多数，下级组织服从上级组织，全党各个组织和全体党员服从党的全国代表大会和中央委员会；

(2)党的各级领导机关，除它们派出的代表机关和在非党组织中的党组外，都由选举产生；

(3)党的最高领导机关，是党的全国代表大会和它所产生的中央委员会；

(4)党的上级组织经常听取下级组织和党员群众的意见，及时解决他们提出的问题；

(5)党的各级委员会实行集体领导和个人分工负责相结合的制度；

(6)党禁止任何形式的个人崇拜。

民主集中制服从、服务于党的群众路线，保证党的群众路线有效贯彻实施。没有民主集中制，就不可能真正坚持党的群众路线；没有党的群众路线，民主集中制也会流于形式。坚持党的群众路线是加强民主集中制的实践基石。

人民代表大会制度是按照民主集中制原则，由选民直接或间接选举代表组成人民代表大会作为国家权力机关，统一管理国家事务的政治制度。以人民代表大会为基石的人民代表大会制度是我国的根本政治制度。

人民代表大会制度是适合我国国情的根本政治制度，它直接体现我国人民民主专政的国家性质，是建立我国其他国家管理制度的基础。

第一，有利于保证国家权力体现人民的意志。人民不仅有权选择自己的代表，随时向代表反映自己的要求和意见，而且对代表有权监督，有权依法撤换或罢免那些不称职的代表。

第二，有利于保证中央和地方的国家权力的统一。在国家事务中，凡属全国性的、需要在全国范围内做出统一决定的重大问题，都由中央决定。属于地方性问题，则由地方根据中央的方针因地制宜地处理。这既保证了中央集中统一的领导，又发挥了地方的积极性和创造性，使中央和地方形成坚强的统一整体。

第三，有利于保证我国各民族的平等和团结。依照宪法和法律规定，在各级人民代表大会中，都有适当名额的少数民族代表。在少数民族聚集地区实行民族区域自治，设立自治机关，使少数民族能管理本地区、本民族的内部事务。

总之，我国人民代表大会制度，能够确保国家权利掌握在人民手中，符合人民当家作主的宗旨，适合我国的国情。

2.8 小结

本章主要讲述了信号的采样及重构过程，香农(奈奎斯特)采样定理告诉我们，不管什么信号，只要信号本身是一个频率带限信号，只要时间域中的采样频率大于带限信号最高频率的2倍，那么采集到的采样信号就包含了该信号的所有信息，而由于采样造成的采样点之间的数据丢失，都可以用采样信号恢复出来。如果不满足采样定理，恢复出的信号就会发生混叠。在满足采样定理的条件下，可以通过信号重构方程恢复出原始信号所有信息。此外，本章还讲述了带通信号的采样定理以及缓解混叠现象的一些常见方式。

习题

2.1　考虑正弦波 $x(t)=10\cos(880\pi t+\varphi)$，假设以时间 nT_s 对其进行采样得到数字序列 $x[n]=x(nT_s)=10\cos(880\pi t+\varphi)$，其中 $-\infty<n<\infty$，假设 $T_s=0.000\ 1$，求：

(1)一个正弦波周期内有多少个样本？

(2)考虑 $y(t)=10\cos(\omega_0 t+\varphi)$，确定一个频率 $\omega_0>880\pi$，使得对所有的整数 n 都有 $y(nT_s)=x(nT_s)$ 成立；

(3)对于(2)，$y(t)$ 的一个周期内有多少个样本？

2.2　令 $x(t)=7\sin(11\pi t)$，离散时间信号 $x[n]$ 是以频率 f_s 对 $x(t)$ 进行采样得到的，其中 $x[n]=A\cos(2\pi f_0 n+\varphi)$。对于以下三种情况，分别确定 A，φ 和 f_0 的值，并说明是否为过采样或欠采样：

(1) $f_s=10$ 样本/s；

(2) $f_s=5$ 样本/s；

(3) $f_s=15$ 样本/s。

2.3　假设离散时间信号 $x[n]=2.2\cos\left(0.3\pi n-\dfrac{\pi}{3}\right)$ 是以采样频率 $f_s=6\ 000$ 样本/s 对连续时间信号 $x(t)=A\cos(2\pi f_0 t+\varphi)$ 采样得到的。请确定三个不同的可以产生 $x[n]$ 的连续时间信号，它们的频率应小于 8 kHz，写出其数学表达式。

2.4　离散时间信号 $x[n]=A\cos(\omega_0 n+\varphi)$ 在 $0\leqslant n\leqslant 4$ 时的值为

n：	0	1	2	3	4
$x[n]$：	2.427 1	2.900 2	2.981 6	2.660 3	1.979 8

绘制 $x[n]$，并确定 A，φ 和 ω_0 的值，精确到小数点后四位。

2.5　对模拟信号 $x(t)=4+2\cos\left(150\pi t+\dfrac{\pi}{3}\right)+4\sin(350\pi t)$ 以频率 $f_s=200$ Hz 进行采样得到离散信号 $x[n]$，假设 $x[n]=4+2\cos\left(0.75\pi n+\dfrac{\pi}{3}\right)-4\sin(0.25\pi n)$：

(1) $x(t)$ 中包含的频率是多少？

(2) $x[n]$ 中包含的频率是多少？

(3)请解释为何(1)和(2)中的频率不同？

2.6　连续时间信号 $x(t)$ 由频率为 250 Hz,450 Hz,1.0 kHz 和 4.05 kHz 的正弦信号的线性组合组成。信号 $x(t)$ 以 1.5 kHz 的频率采样,得到的采样序列通过截止频率为 750 Hz 的理想低通滤波器,进而产生连续时间信号 $\hat{x}(t)$,请问重建信号 $\hat{x}(t)$ 中的频率成分是多少?

2.7　连续时间信号 $x(t)$ 由频率为 F_1,F_2,F_3,F_4 的正弦信号的线性组合组成。信号 $x(t)$ 以 8 kHz 的频率采样,然后采样的序列通过截止频率为 3.8 kHz 的理想低通滤波器,产生连续时间信号 $\hat{x}(t)$,分别由三个频率为 450 Hz,625 Hz 和 950 Hz 的正弦信号组成。F_1,F_2,F_3 和 F_4 可能的值为多少?答案是唯一的吗?如果不是,请提供这些频率的另一组可能值。

2.8　连续时间信号

$$x(t)=3\cos(400\pi t)+5\sin(1\,200\pi t)+6\cos(4\,400\pi t)+2\sin(5\,200\pi t)$$

以 4 kHz 的频率进行采样,得到序列 $x[n]$,请确定 $x[n]$ 的具体表达式。

2.9　证明:理想低通滤波器的脉冲响应为式(2-7),对于所有的 n 有 $h_r(nT_s)=\delta(n)$,截止频率为 $\Omega_c=\dfrac{\Omega_s}{2}$,其中 Ω_s 为采样频率。

2.10　在实际中,考虑到实现式(2-11)和式(2-12)所需的计算复杂度,寻找如下的替代公式:

(1)
$$\sin\left[\frac{\pi(t-nT_s)}{T_s}\right]=(-1)^n\sin\left(\frac{\pi t}{T}\right)$$

(2)使用(1)中的式来寻找式(2-11)和式(2-12)的替代公式:

$$\hat{x}(t)=\frac{\sin\left(\frac{\pi t}{T}\right)}{\frac{\pi}{T}}\sum_{n=-\infty}^{\infty}x[n]\frac{(-1)^n}{t-nT} \tag{T2-1}$$

$$\hat{x}(t)\approx\frac{\sin\left(\frac{\pi t}{T}\right)}{\frac{\pi}{T}}\sum_{n=-N}^{N}x[n]\frac{(-1)^n}{t-nT} \tag{T2-2}$$

分别比较式(T2-1)和式(2-11),以及式(T2-2)和式(2-12)的计算复杂度。

2.11　一个连续时间信号 $x(t)$ 的带阻频谱 $X(\mathrm{j}\Omega)$ 如图 T2-1 所示,确定对信号 $x(t)$ 采样的最小频率 f_s,使得根据其采样信号 $x[n]$ 在带边 Ω_1 和 Ω_2 间每组的值可以恢复信号 $x(t)$,草绘出以最小采样频率 f_s 对 $x(t)$ 采样得到的信号 $x[n]$ 的傅里叶变换,以及下列每种情况下用来恢复信号 $x(t)$ 的理想重建滤波器的频率响应。

(1) $\Omega_1=160\pi$,$\Omega_2=200\pi$;

(2) $\Omega_1=120\pi$,$\Omega_2=160\pi$;

(3) $\Omega_1=110\pi$,$\Omega_2=150\pi$。

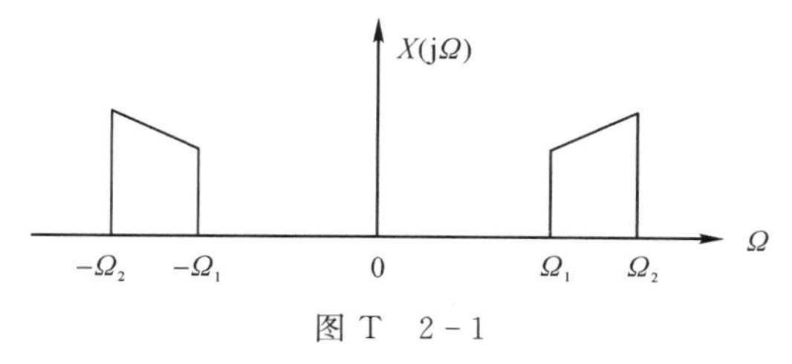

图 T　2-1

第3章　离散时间信号分析

我们在生活中接触到的信号都是以时间贯穿，比如股票的走势、人的身高、汽车的轨迹等都会随着时间发生改变。这种以时间作为参照来观察动态信号的方法称为时域分析。时间万物都在随着时间不停地改变，并且永远不会静止下来。

虽然信号在时域上表示较为形象和直观，但是在解决实际问题时，信号的频域分析则更为简练，剖析问题更为深刻和方便。频域是描述信号在频率方面特性时用到的一种坐标系。用线性代数的语言来说就是装着正弦函数的空间。频域最重要的性质是：它不是真实的，而是一个数学构造。频域是一个遵循特定规则的数学范畴。正弦波是频域中唯一存在的波形，这是频域中最重要的规则，即正弦波是对频域的描述，因为时域中的任何波形都可用正弦波合成。对一个信号来说，信号强度随时间的变化规律就是时域特性，信号由哪些单一频率信号合成的就是频域特性。时域分析与频域分析是对信号的两个观察面。时域分析是以时间轴为坐标表示动态信号的关系；频域分析是把信号变为以频率轴为坐标表示出来。它们互相联系，缺一不可，相辅相成。本章主要就是介绍涉及将信号在时域和频域中相互转换的几种变换方法，如 z 变换、傅里叶变换及离散余弦变换。

3.1　离散时间信号的 z 变换

z 变换是一种处理离散时间信号的重要工具，这是因为：

(1)展示了离散时间信号的频域信息(频谱)；

(2)逆变换可以恢复信号的时域分布；

(3)可以将描述递归和非递归数字系统的差分方程转换为容易求解的代数方程；

(4)通过传递函数在频域中描述数字滤波器是很有效的。

令 $x(nT_s)$ 为时刻 nT_s 处指定的具有整数 n 和采样间隔 T_s 的离散时间信号，则 $x(nT_s)$ 的 z 变换为

$$X(z)=\sum_{n=-\infty}^{\infty}x(nT_s)z^{-n} \tag{3-1a}$$

式中，z 是式(3-1a)中的序列收敛域中的复变量。当式(3-1a)中的变量 z 被限制在单位圆内，即 $z=e^{j\omega T_s}$，ω 从 $0\sim 2\pi/T_s$，z 变换就变为

$$X(e^{j\omega T_s})=\sum_{n=-\infty}^{\infty}x(nT_s)e^{j\omega T_s} \tag{3-1b}$$

为符号简单起见，使用 ω 代替式(3-1b) 中的 ωT_s，这也被称为从 $0\sim 2\pi$ 的归一化标准频

率。这意味着标准频率 π 相当于物理频率 $2\pi/T_s$，后者等于 ω_s 以弧度计的每秒钟采样频率。根据标准化频率 ω，式(3-1b) 可以被简化为

$$X(e^{j\omega}) = \sum_{n=-\infty}^{\infty} x[n]e^{jn\omega} \tag{3-2}$$

如果 $X(z)$ 在一些开环中收敛(关于原点)，那么离散时间信号可以通过求复数积分来恢复：

$$x(nT_s) = \frac{1}{2\pi j}\oint_{\Gamma} X(z)z^{n-1}dz \tag{3-3}$$

其中，Γ 是逆时针包围 $X(z)z^{n-1}$ 的所有奇点(极点)的轮廓。

例 3.1　长度为 N 的滑动平均滤波器是一个线性器件，其输出样本是通过取 N 个最近输入样本的算术平均值得到的。这种输入－输出关系可以用差分方程来描述：

$$y[k] = \frac{1}{N}\sum_{n=0}^{N-1} x[k-n], \quad k=0,1,\cdots \tag{3-4}$$

式(3-4)应用 z 变换可以得到

$$Y(z) = \frac{1}{N}\sum_{n=0}^{N-1} X(z)z^{-n} = \left(\frac{1}{N}\sum_{n=0}^{N-1} z^{-n}\right)X(z)$$

$X(z)$和 $Y(z)$分别表示输入和输出信号的 z 变换。因而移动平均滤波器的传递函数如下：

$$H(z) = \frac{Y(z)}{X(z)} = \frac{1}{N}\sum_{n=0}^{N-1} z^{-n}$$

3.2　离散傅里叶变换及其特性

3.2.1　离散傅里叶变换

离散傅里叶变换(DFT)将有限长度的离散时间信号 $x[n]$变为信号的频谱信息。它被定义为

$$X(k) = \sum_{n=0}^{N-1} x[n]e^{-j2\pi kn/N}, \quad 0 \leqslant k \leqslant N-1 \tag{3-5a}$$

式(3-5a)中的 DFT 有一种更通用的表达形式如下：

$$X(k) = \sum_{n=0}^{N-1} x[n]W_N^{kn}, \quad W_N = e^{-j2\pi/N}, \quad 0 \leqslant k \leqslant N-1 \tag{3-5b}$$

DFT 特性有如下几方面。

1. 线性

如果 $\{X(k)\}$ 和 $\{Y(k)\}$ 分别是 $\{x[n]\}$ 和 $\{y[n]\}$ 的 DFT 变换，α 和 β 是任意数，则 $\{\alpha X(k)+\beta Y(k)\}$ 是 $\{\alpha x(n)+\beta y(n)\}$ 的 DFT 变换。

2.周期性

可以证实，当指数 k 超过 $N-1$ 时，$X(k)$ 的值便会在 $0 \leqslant k \leqslant N-1$ 时的值之间重复。这意味着 $X(k)$ 是一个以 N 为周期的周期序列，即 $X(k+N)=X(k)$。

3. DFT 冗余

如果信号 $x[n]$ 仅取实数值，则 $X(N-k)=X^*(k)$，其中 $k=0,1,\cdots,N/2$，$X^*(k)$ 是

$X(k)$ 的复共轭，因此只有$\frac{N}{2}+1$ 的 DFT 部分是独立的，并且 $\{|X(k)|, k=0,1,\cdots,N-1\}$ 显示了一个镜像对称图形。

4.两个实值

如果信号 $\{x[n]\}$ 是实值并且 N 是偶数，那么 $X(0)$ 和 $X(N/2)$ 是实数(见习题 3.3)。

DFT 揭示了频域中的信号，因此，理解 DFT 中关于物理频率的内容是重要的，因为这可以更好地理解原始模拟信号和与之联系的数字采样信号之间的关系。假设实值离散时间信号 $x[n]$($n=0,1,\cdots,N-1$) 是由 $x(t)$ 以频率 f_s(Hz) 采样得到的，$x[n]$ 的 DFT 根据式(3-5)记为 $X(k)$。那么它的参数范围 $0\leqslant k\leqslant N-1$ 相当于$[0,f_s]$。既然只有$\frac{N}{2}+1$ 的 DFT 部分是独立的，并且 $\{|X(k)|, k=0,1,\cdots,N-1\}$ 显示了一个镜像的幅频图，因此可以选择绘制 $|X(k)|$ 的一半数据加 1 个分量 (即 $k=0,1,\cdots,N/2$)，并且它覆盖的频率区域恰好是$[0, f_s/2]$。

例 3.2 离散时间信号 $x[n]$ 是通过以 512 Hz 的频率对连续时间信号 $x(t)=\cos(100\pi t)e^{-10t}$ 进行采样并从 $t=0$ 开始收集 256 个采样得到的。$x[n]$ 如图 3-1(a)所示，其离散傅里叶变换与实际频率的关系如图 3-1(b)所示。可以看到该信号包含一个占主导地位的 50 Hz 分量。

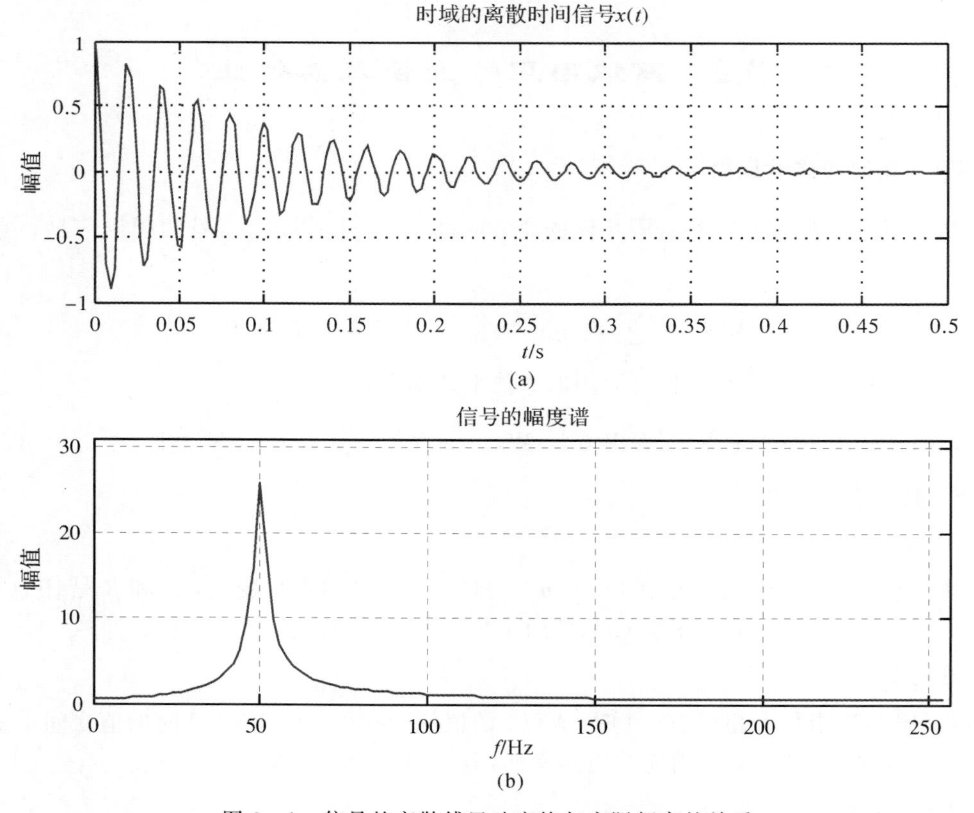

图 3-1 信号的离散傅里叶变换与实际频率的关系

例 3.2 的 MATLAB 代码如下：

```
Ts=1/512;%define sampling interval
t = 0:1/512:(0.5 - 1/512);% define time instances for a 512 Hz sampling rate
x = cos(100 * pi * t). * exp(- 10 * t);% sample the continuous - time signal
X =fft(x); % perform DFT of x[n]
figure(1)
subplot(211)
plot(t,x)
grid
title('Discrete - time signal x(t) in the time - domain')
xlabel('(a)         Time in seconds')
subplot(212)
f = 0:2:254;% define frequencies in [0, fs/2]
plot(f,abs(X(1:128)))

axis([0 256 0 1.2 * max(abs(X(1:128)))])
grid
title('Amplitude spectrum of the signal')
xlabel('(b)         Frequency in Hz')
printfig3_1 - deps
```

3.2.2　傅里叶变换算法

根据式(3－5)可知计算 DFT 的复杂度，为了计算 N 点 DFT，需要针对 $k=0,1,\cdots,N-1$(即 N 次)计算 $X(k)$，其中每个 $X(k)$ 使用式(3－5) 计算，需要进行 N 次复数乘法(和 $N-1$ 次加法)。换句话说，计算 N 点 DFT 总共需要 N^2 次复数乘法。例如，如果必须使用式(3－5)，则计算 1 024 点 DFT 将消耗超过一百万次的乘法运算。快速傅里叶变换(FFT)是一种算法，它可以产生与式(3－5)完全相同的 DFT，但速度更快。

为了阐述 FFT 是如何工作的，首先观察式(3－5b)中的 $W_N=\mathrm{e}^{-\mathrm{j}2\pi/N}$，很容易得到

$$W_N^{2k}=W_{N/2}^{k} \tag{3-6}$$

FFT 算法的基本思想可以被描述为“分裂”：一个 N 点 DFT 可以看作两个 $N/2$ 点 DFT 的和，每个 $N/2$ 点 DFT 需要$(N/2)^2$ 次乘法。要明白这个，将奇数次和偶数次项分开并重写式(3－5b)：

$$X(k)=\sum_{n=0}^{N-1}x[n]W_N^{kn}=\sum_{n=0}^{N/2-1}x[2n]W_N^{2kn}+W_N^k\sum_{n=0}^{N/2-1}x[2n+1]W_N^{2kn}$$

与式(3－6)联立可得：

$$X(k)=\sum_{n=0}^{N/2-1}x[2n]W_{N/2}^{kn}=W_N^k\sum_{n=0}^{N/2-1}x[2n+1]W_{N/2}^{2kn},\quad k=0,1,\cdots,N-1 \tag{3-7}$$

显然，式(3－7)中的两个和式是奇数次序列和偶数次序列的离散傅里叶变换。可以看到虽然式(3－7)需要计算 N 次，但式(3－7)中的和式都以 $N/2$ 为周期。又有

$$W_N^k=-W_N^{k-N/2},\quad k\geqslant N/2 \tag{3-8}$$

换句话说，$\{W_N^k\}$ 也以 $N/2$ 为周期。因此，使用式(3－7) 的计算方法，总的复数乘法次数

将从N^2减少到$2(N/2)^2+N/2=N^2/2+N/2$。例如，对于一个1 024点的DFT来说，这意味着计算量将从1 048 576减少到524 800，减少了将近50%的计算量。

但是FFT并不仅仅只能分裂一次，如果N是2的指数倍，即$N=2^K$，那么分裂可以重复K次(记$K=\mathrm{lb}N$)，每次分裂都与式(3-7)类似。这种操作的结果是产生了N个和式，每个和式中只有一个项，每个分裂阶段进行$N/2$次复数乘法，因此总的次数为

N点FFT的复数乘法次数

$$\mathrm{FFT}=\frac{N}{2}K=\frac{N}{2}\mathrm{lb}N \tag{3-9}$$

对于$N=1\ 024$(即$K=10$)，计算次数将从传统DFT算法所需的1 048 576减少到5 120，减少的计算量超过99.5%!

3.2.3 逆离散傅里叶变换

逆离散傅里叶变换(IDFT)可以从频谱$\{X[k],\ k=0,1,\cdots,N-1\}$恢复信号$\{x[n],\ n=0,1,\cdots,N-1\}$，它的定义如下：

$$x[n]=\frac{1}{N}\sum_{k=0}^{N-1}X(k)W_N^{kn},\quad 0\leqslant n\leqslant N-1 \tag{3-10}$$

为了证明式(3-10)，使用式(3-5)将式(3-10)的右边写为(为避免概念混杂，使用m代替n)

$$\frac{1}{N}\sum_{k=0}^{N-1}X(k)W_N^{kn}=\frac{1}{N}\sum_{k=0}^{N-1}\Big(\sum_{m=0}^{N-1}x[m]\mathrm{e}^{-\mathrm{j}2\pi km/N}\Big)\mathrm{e}^{\mathrm{j}2\pi kn/N}=\frac{1}{N}\sum_{m=0}^{N-1}x[m]\Big(\sum_{k=0}^{N-1}\mathrm{e}^{\mathrm{j}2\pi k(n-m)/N}\Big) \tag{3-11}$$

其中

$$\sum_{k=0}^{N-1}\mathrm{e}^{\mathrm{j}2\pi k(n-m)/N}=\begin{cases}N,m=n\\0,m\neq n\end{cases} \tag{3-12}$$

因此有

$$\frac{1}{N}\sum_{k=0}^{N-1}X(k)W_N^{-kn}=\frac{1}{N}\sum_{m=0}^{N-1}x[m]\Big(\sum_{k=0}^{N-1}\mathrm{e}^{\mathrm{j}2\pi k(n-m)/N}\Big)=\frac{1}{N}x[n]\cdot N=x[n]$$

这就证明了式(3-10)。

根据式(3-5b)和式(3-10)，DFT和IDFT定义了一组映射：一个有限长度的离散时间信号(可以被表示为一个长度为N的向量)和它的频率分布(同样长度的向量)。因此很自然地将DFT和IDFT用矩阵的形式表示为

$$\boldsymbol{X}=\boldsymbol{F}_N\boldsymbol{x} \tag{3-13a}$$

并且

$$\boldsymbol{x}=\frac{1}{N}\boldsymbol{F}_N^*\boldsymbol{X} \tag{3-13b}$$

其中

$$\boldsymbol{x}=\begin{bmatrix}x[0]\\x[1]\\\vdots\\x[N-1]\end{bmatrix},\quad \boldsymbol{X}=\begin{bmatrix}X[0]\\X[1]\\\vdots\\X[N-1]\end{bmatrix}$$

$$
\boldsymbol{F}_N=\begin{bmatrix}1 & 1 & 1 & \cdots & 1\\ 1 & W_N^1 & W_N^1 & \cdots & W_N^{N-1}\\ 1 & W_N^2 & W_N^4 & \cdots & W_N^{2(N-1)}\\ \vdots & \vdots & \vdots & & \vdots\\ 1 & W_N^{N-1} & W_N^{2(N-1)} & \cdots & W_N^{(N-1)\times(N-1)}\end{bmatrix}
$$

$\boldsymbol{F}_N^*$ 是矩阵 $\boldsymbol{F}_N$ 的复共轭。

3.2.4　使用 MATLAB 进行 DFT

在 MATLAB 中，DFT 和 IDFT 是通过使用快速傅里叶变换和逆快速傅里叶变换进行的。具体来说，MATLAB 命令 fft(x) 和 ifft(x) 分别对信号 $\{x[n],\ n=0,1,\cdots,N-1\}$ 和 $\{X(k),\ k=0,1,\cdots,N-1\}$ 进行求值。

另外与 DFT 相关的 MATLAB 命令是 fft(x,L)，其中 L 是由用户指定的向量长度。假设信号 $x[n]$ 的长度为 N，如果 $L<N$，那么 fft(x,L) 返回 fft(x) 的前 L 个样本；如果 $L>N$，fft(x,L) 会做两件事情：在信号 x 的末尾填充 $L-N$ 个零并对扩展向量执行 L 点 DFT。命令 ifft(x,L) 通过相同的方式返回一个 L 长度的 $\{X(k),\ k=0,1,\cdots,N-1\}$ 的 IDFT。

除此而外，MATLAB 的信号处理工具箱中的命令 dftmtx(N) 会返回一个式(3 - 13)中的矩阵 $\boldsymbol{F}_N$。

3.2.5　DFT 的一种应用——时域的零插入

假设有一个 N 点的离散时间信号 $\{x[n],\ n=0,\ 1,\cdots,N-1\}$。通过在 $x[n]$ 的最后采样插入 K 个 0，可以构造一个信号 $y[n]$，也即 $\{y[n],n=0,1,\cdots,K+N-1\}=\{x[0],\ x[1],\ \cdots,\ x[N-1],\ 0,\ \cdots,\ 0\}$。根据定义，$y[n]$ 的 DFT 如下：

$$
Y(k)=\sum_{n=0}^{N+K-1}y[n]\mathrm{e}^{-\mathrm{j}2\pi kn/N+K}=\sum_{N=0}^{N-1}x[n]\mathrm{e}^{-\mathrm{j}2\pi kn/(N+K)},\quad K=0,1,\cdots,N+K-1 \tag{3-14}
$$

式(3 - 14)是 N 点信号 $x[n]$ 的 $(N+K)$ 点 DFT，其揭示了 $x[n]$ 在更密集频率网格处的频谱。换句话说，$\{Y(k),k=0,1,\cdots,N+K-1\}$ 提供信号频谱的内插，并且内插密度取决于插入的零的数量。由于理论上对附加零的数量没有限制，因此对内插量没有限制，这种时域中零插入的效应可以得到连续的 DFT。

必须要强调的是，这种频域插值的思想在实际中是很有价值的，因为即使对于非常多点数的 DFT 的计算也有很快的算法。同样值得注意的是，当附加信号的长度可以被表示为 2 的幂时(如 8,16,…,1 024,2 048,等等)，可以充分发挥快速离散傅利叶变换的优势。

例 3.3　考虑一个长度 $N=32$ 的分段常数信号，其 MATLAB 定义如下：

```
x=[ones(1,16),-ones(1,16)];
fn11 = 0:1:31;
subplot(2,2,1)
plot(fn11,x,'b-',fn11,x,'x')
grid
axis([0 32 -1.2 1.2])
```

```
xlabel('(a) n');
ylabel('x[n]');
title('Original signal:N=32');
```

其图像(时域中)如图 3-2(a)所示。信号 x 的 DFT 使用 MATLAB 计算:

```
X1=fft(x);
```

信号 x 在归一化频域[0, 0.5]内的幅值谱|X1|如图 3-2(c)所示:

```
fn1 = 0:0.5/16:0.5;
a1= abs(X1(1:17));
subplot(2,2,3)
plot(fn1,a1,'b-',fn1,a1,'o')
grid
axis([0 0.6 0 25])
xlabel('(c) Normalized frequency');
ylabel('|X_1(k)|');
```

现在在$\{x[n]\}$的尾端插入 $K=224$ 个 0,增加后的长度为 $N+K=256$ 的离散信号如图 3-2(b)所示。

```
xx=[ones(1,16),-ones(1,16),zeros(1,224)];
fn22 = 0:1:255;
subplot(2,2,2)
plot(fn22,xx,'b-',fn22,xx,'x')
grid
axis([0 256 -1.2 1.2])
xlabel('(b) n');
ylabel('x[n]');
title('Signal padded with 224 zeros:N+K=256');
```

其 DFT 由 MATLAB 可得:

```
X2=fft(x,256);
```

在归一化频域[0, 0.5]内的幅值谱|X2|如图 3-2(d)所示。可以看到它实际上是信号 x 的 DFT 的连续版本。

```
fn2=0:0.5/128:0.5;
a2=abs(X2(1:129));
subplot(2,2,4);
plot(fn2,a2,'-',fn2,a2,'o');
grid
axis([0 0.6 0 25]);
xlable('Normalized frequency');
ylabel('|X_2(k)|');
```

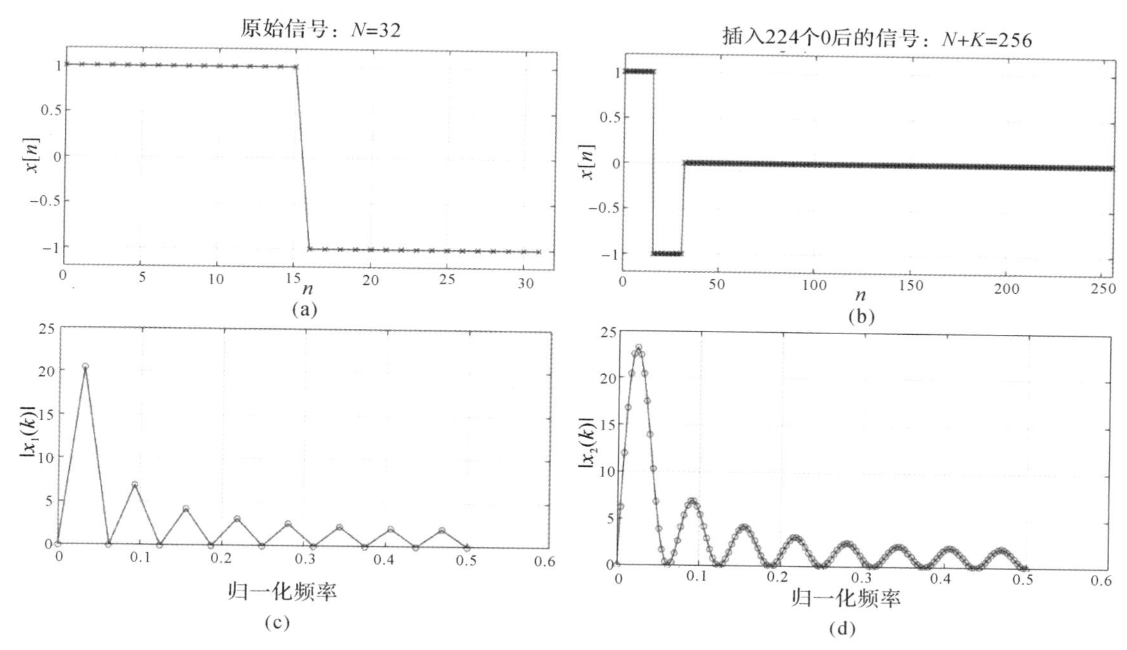

图 3-2　信号的傅里叶变换

3.3　离散余弦变换

3.3.1　一维离散余弦变换

许多应用中所涉及的离散时间信号都具有实数值分量。但从式(3-5)可知，DFT 总的来说却是复值。相比之下，一维离散余弦变换(DCT)是一种实值之间的的变换，它在图像编码应用中有着广泛的应用。

$$C(k)=\alpha(k)\sqrt{2/N}\sum_{n=0}^{N-1}x[n]\cos\left[\frac{(2n+1)k\pi}{2N}\right],\quad 0\leqslant k\leqslant N-1 \tag{3-15a}$$

其中

$$\alpha(k)=\begin{cases}1/\sqrt{2}, k=0\\ 1, 1\leqslant k\leqslant N-1\end{cases} \tag{3-15b}$$

逆离散正弦变换可以把 $\{C(k),\ k=0,\ 1,\ \cdots,\ N-1\}$ 恢复为信号 $\{x[n]\}$，它的定义如下：

$$x[n]=\sqrt{2/N}\sum_{k=0}^{N-1}\alpha(k)C(k)\cos\left[\frac{(2n+1)k\pi}{2N}\right],\quad 0\leqslant n\leqslant N-1 \tag{3-16}$$

如果令

$$\boldsymbol{x}=\begin{bmatrix}x[0]\\ x[1]\\ \vdots\\ x[N-1]\end{bmatrix},\quad \boldsymbol{C}=\begin{bmatrix}C[0]\\ C[1]\\ \vdots\\ C[N-1]\end{bmatrix}$$

则式(3-15a)可以被表示为

$$\boldsymbol{C}=\boldsymbol{D}_N\boldsymbol{x} \tag{3-17a}$$

其中

$$\boldsymbol{D}_N=\sqrt{\frac{2}{N}}\begin{bmatrix} 1/\sqrt{2} & 1/\sqrt{2} & \cdots & 1/\sqrt{2} \\ \cos\left(\frac{\pi}{2N}\right) & \cos\left(\frac{3\pi}{2N}\right) & \cdots & \cos\left[\frac{(2N-1)\pi}{2N}\right] \\ \vdots & \vdots & & \vdots \\ \cos\left[\frac{(N-1)\pi}{2N}\right] & \cos\left[\frac{3(N-1)\pi}{2N}\right] & \cdots & \cos\left[\frac{(2N-1)(N-1)\pi}{2N}\right] \end{bmatrix} \tag{3-17b}$$

容易证明式(3-17b)中的矩阵 $\boldsymbol{D}_N$ 是一个正交矩阵，即 $\boldsymbol{D}_N\boldsymbol{D}_N^{\mathrm{T}}=\boldsymbol{D}_N^{\mathrm{T}}\boldsymbol{D}_N=\boldsymbol{I}_N$ 。因此，式(3-17a)可写为

$$\boldsymbol{x}=\boldsymbol{D}_N^{\mathrm{T}}\boldsymbol{C} \tag{3-18}$$

这与式(3-16)中的 IDCT 一致。

另一对与 DCT 相关的 MATLAB 命令是 dct(x,L)和 idct(C,L)，其中 L 是指定的向量长度。假设信号 $x[n]$ 的长度是 N，如果 $L\leqslant N$，那么 dct(x,L)会返回 dct(x)的前 L 个采样点。如果 $L>N$，那么 dct(x,L)会做两件事情：在信号 x 的末尾填充 $L-N$ 个零并对扩展向量执行 N 点 DCT。命令 idct(x,L)通过相同的方式返回一个 L 长度的$\{C(k),\ k=0,1,\cdots,N-1\}$ 的 IDCT。

例 3.4 给定一个 8 采样点的信号 $\boldsymbol{x}=[4\ 8\ 12\ 16\ 11\ 7\ 4\ 3]^{\mathrm{T}}$，它的 DCT 是

$$\boldsymbol{C}=\begin{bmatrix} 22.981\,0 \\ 4.030\,0 \\ -10.578\,2 \\ -3.815\,3 \\ 1.060\,7 \\ 0.882\,6 \\ -0.593\,3 \\ -1.386\,9 \end{bmatrix}$$

如果用阈值 1.5 量化 DCT 序列，将幅度不大于 1.5 的任何分量设置为零，则 DCT 序列被修改为

$$\boldsymbol{C}_m=\begin{bmatrix} 22.981\,0 \\ 4.030\,0 \\ -10.578\,2 \\ -3.815\,3 \\ 0 \\ 0 \\ 0 \\ 0 \end{bmatrix}$$

对修正后的序列 $\boldsymbol{C}_m$ 使用 IDCT，会得到一个修正后的时间序列 $\boldsymbol{x}_m$ 如下：

$$\boldsymbol{x}_m=\begin{bmatrix}3.6286\\8.1485\\13.1395\\14.4644\\11.5585\\7.1586\\4.0534\\2.8484\end{bmatrix}$$

从这里并结合图 3-3 可以发现，虽然 $\boldsymbol{x}_m$ 来自一个修正过（并且相当稀疏）的 DCT 序列，但仍然能够很好地逼近原始信号 $\boldsymbol{x}$。

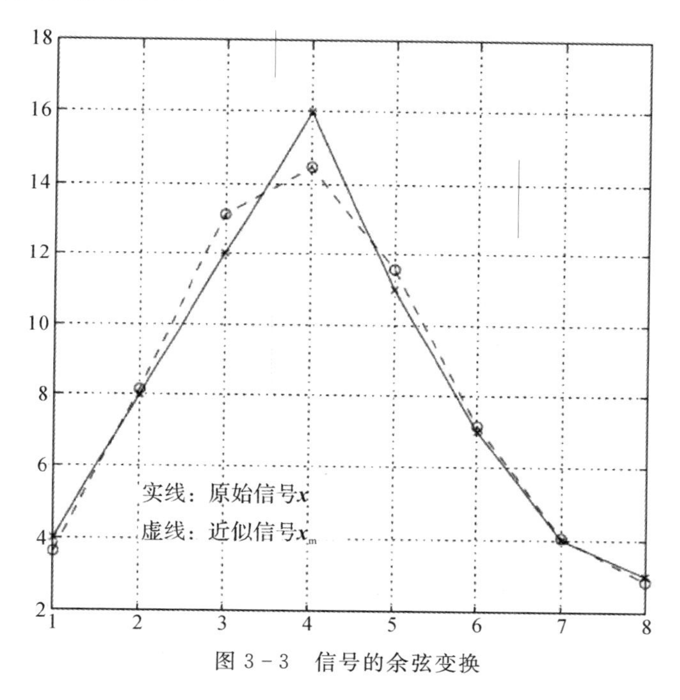

图 3-3　信号的余弦变换

3.3.2　二维离散正弦变换

对于一个 $N\times N$ 的数组 $\{x[m,n]，m，n=0，1，\cdots，N-1\}$，可以被看作是一个二维（2-D）信号，其二维 DCT 被定义为

$$C(i,k)=\frac{2\alpha(i)\alpha(k)}{N}\sum_{m=0}^{N-1}\sum_{n=0}^{N-1}x[m,n]\cos\left[\frac{(2m+1)i\pi}{2N}\right]\cos\left[\frac{(2n+1)k\pi}{2N}\right]\quad(3-19a)$$

其中 $i，k=0，1，\cdots，N-1$，$\alpha(k)$ 的定义为式（3-15b）。二维 IDCT 定义如下：

$$x[m,n]=\frac{2}{N}\sum_{i=0}^{N-1}\sum_{k=0}^{N-1}\alpha(i)\alpha(k)C(i,k)\cos\left[\frac{(2m+1)i\pi}{2N}\right]\cos\left[\frac{(2n+1)k\pi}{2N}\right]$$

（3-19b）

其中 $m，n=0，1，\cdots，N-1$。

二维 DCT 和 IDCT 可以分别通过 MATLAB 命令 dct2 和 idct2 实现求值。

3.3.3 二维 DCT 的基本特性

为方便说明，接下来假设 $N=8$，在许多图像处理相关的 2－D DCT 应用中也是如此。式(3－19a)可以更具体地写为下式：

$$C(i,k)=\frac{\alpha(i)\alpha(k)}{4}\sum_{m=0}^{7}\sum_{n=0}^{7}x[m,n]\cos\left[\frac{(2m+1)i\pi}{16}\right]\cos\left[\frac{(2n+1)k\pi}{16}\right] \tag{3-20}$$

式中，$0\leqslant i,k\leqslant 7$。64 个 DCT 系数的定义如式(3－20)，当 $(i,\ k)=(0,0)$ 时：

$$C(0,0)=\frac{1}{8}\sum_{m=0}^{7}\sum_{n=0}^{7}x[m,n]$$

这显然与信号均值成正比。因此 $C(0,0)$ 有时被称为直流系数，而当 $(i,k)\neq(0,0)$ 时被称为交流系数。

如果将一个 8×8 的图像记为矩阵 $\boldsymbol{x}=\{x[m,\ n],\ m,\ n=0,\ 1,\cdots,7\}$，对于其中每个 $(i,\ k)$：

$$B_{i,k}=\left\{\frac{\alpha(i)\alpha(k)}{4}\cos\left[\frac{(2m+1)i\pi}{16}\right]\cos\left[\frac{(2n+1)k\pi}{16}\right],m,\ n=0,\ 1,\cdots,7\right\} \tag{3-21}$$

则式(3－20)所定义的 2－D DCT 可以被简单表示为

$$C(i,k)=x\circ B_{i,k} \tag{3-22}$$

式中，$\circ$ 表示两个矩阵的点积的分量之和。更进一步，易证：

$$\boldsymbol{B}_{i,k}\circ\boldsymbol{B}_{p,q}=\begin{cases}16,(i,k)=(p,q)\\0,\text{其他}\end{cases}$$

因此式(3－18)中的 8×8 矩阵 $\{\boldsymbol{B}_{i,k}\}$ 可以被看作为图像空间中的正交基矩阵，2－D DCT 是正交变换。图 3－4 通过将它们中的每一个可视化来输出 64 个基本矩阵。

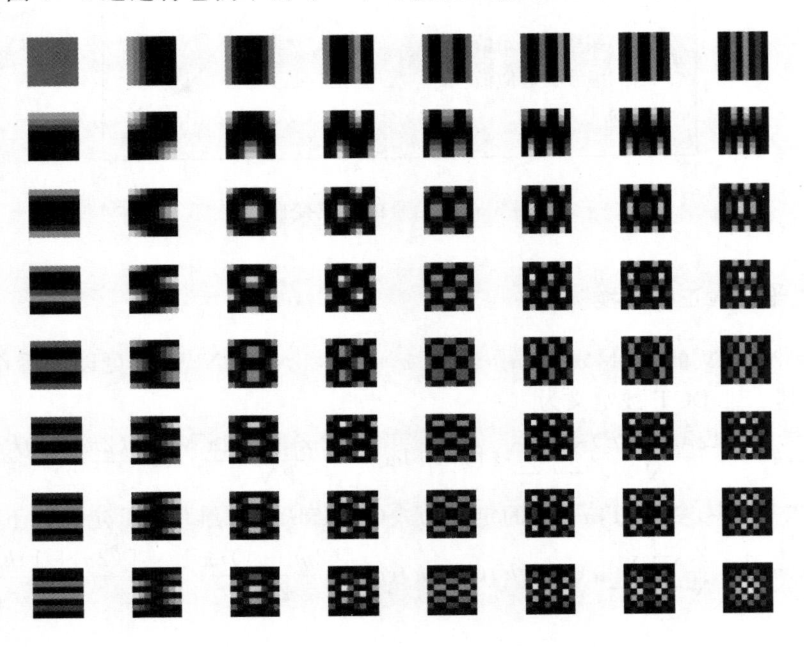

图 3－4　图像空间中正交基的矩阵

1.2-D DCT 能量守恒且正交

一个 2-D 信号 $\{x[m,n]\}$ 的能量被定义为所有元素的二次方和，即

$$\{x[m,n]\}=\sum_{m=0}^{N-1}\sum_{n=0}^{N-1}x^2[m,n]$$

使用式(3-19)可以计算信号 $\{x[m,n]\}$ 的能量(为方便起见，信号的所有元素都设为实数值)：

$$\begin{aligned}
&\{x[m,n]\}\text{的能量}=\\
&\sum_{m=0}^{N-1}\sum_{n=0}^{N-1}x^2[m,n]=\\
&\sum_{m=0}^{N-1}\sum_{n=0}^{N-1}x[m,n]\cdot x[m,n]=\\
&\sum_{m=0}^{N-1}\sum_{n=0}^{N-1}x[m,n]\cdot\frac{2}{N}\sum_{i=0}^{N-1}\sum_{k=0}^{N-1}\alpha(i)\alpha(k)C(i,k)\cos\left[\frac{(2m+1)i\pi}{2N}\right]\cos\left[\frac{(2n+1)k\pi}{2N}\right]=\\
&\sum_{i=0}^{N-1}\sum_{k=0}^{N-1}C(i,k)\cdot\frac{2\alpha(i)\alpha(k)}{N}\sum_{m=0}^{N-1}\sum_{n=0}^{N-1}x[m,n]\cos\left[\frac{(2m+1)i\pi}{2N}\right]\cos\left[\frac{(2n+1)k\pi}{2N}\right]=\\
&\sum_{i=0}^{N-1}\sum_{k=0}^{N-1}C(i,k)\cdot C(i,k)=\\
&\sum_{i=0}^{N-1}\sum_{k=0}^{N-1}C^2(i,k)=\\
&\{C(i,k)\}\text{的能量}
\end{aligned}$$

这说明 2-D DCT 不会改变信号的能量。

2.2-D DCT 是可分离的

从式(3-19a)可知，涉及参数 i 的项和涉及参数 k 的项彼此可以分开。利用这个优点可以将式(3-19a)写为

$$C(i,k)=\underbrace{\sqrt{\frac{2}{N}}\alpha(i)\sum_{m=0}^{N-1}\cos\left[\frac{(2m+1)i\pi}{2N}\right]\cdot\underbrace{\left\{\sqrt{\frac{2}{N}}\alpha(k)\sum_{n=0}^{N-1}x[m,n]\cos\left[\frac{(2n+1)k\pi}{2N}\right]\right\}}_{m\text{固定，可看成}\{\text{经}x[m,n]\}\text{的一维DCT变换，得到}\hat{C}(m,k)}}_{k\text{固定，“信号”}\hat{C}(m,k)\text{的一维DCT变换}}\tag{3-23}$$

换句话说，2-D DCT 可以由两个简单的 1-D 步骤形成：对输入的 2-D 信号 $\{x[m,n]\}$ 逐行进行 1-D DCT，可以得到一个中间的 2-D“信号”，记为 $\hat{C}(m,k)$；再对 $\hat{C}(m,k)$ 逐列进行 1-D DCT，这样就得到了 $\{C(i,k)\}$ 的 2-D DCT。

如果将 $\{C(i,k)\}$ 看作一个 $N\times N$ 的矩阵并记为 $\boldsymbol{C}_N$，则式(3-23)隐含 $\boldsymbol{C}_N=\boldsymbol{D}_N\boldsymbol{X}\boldsymbol{D}_N^{\mathrm{T}}$，其中 $\boldsymbol{X}=\{x[m,n]\}$，并且

$$\boldsymbol{D}_N=\sqrt{\frac{2}{N}}\begin{bmatrix}1/\sqrt{2} & 1/\sqrt{2} & \cdots & 1/\sqrt{2}\\ \cos\left(\frac{\pi}{2N}\right) & \cos\left(\frac{3\pi}{2N}\right) & \cdots & \cos\left[\frac{(2N-1)\pi}{2N}\right]\\ \vdots & \vdots & & \vdots\\ \cos\left[\frac{(N-1)\pi}{2N}\right] & \cos\left[\frac{3(N-1)\pi}{2N}\right] & \cdots & \cos\left[\frac{(2N-1)(N-1)\pi}{2N}\right]\end{bmatrix}$$

$\boldsymbol{D}_N$ 如式 3－17b 所示。特别地，对于一个 8×8 的数据块 $\boldsymbol{B}$，它的 2－D DCT 如下：

$$\boldsymbol{C}_8=\boldsymbol{D}_8\boldsymbol{B}\boldsymbol{D}_8^{\mathrm{T}}$$

其中

$$\boldsymbol{D}_8=\begin{bmatrix} 0.3536 & 0.3536 & 0.3536 & 0.3536 & 0.3536 & 0.3536 & 0.3536 & 0.3536 \\ 0.4904 & 0.4157 & 0.2778 & 0.0975 & -0.0975 & -0.2778 & -0.4157 & -0.4904 \\ 0.4619 & 0.1913 & -0.1913 & -0.1913 & -0.4619 & -0.4619 & -0.1913 & 0.1913 \\ 0.4157 & -0.0975 & -0.4904 & -0.2778 & 0.2778 & 0.4904 & 0.0975 & -0.4157 \\ 0.3536 & -0.3536 & -0.3536 & 0.3536 & 0.3536 & -0.3536 & -0.3536 & 0.3536 \\ 0.2778 & -0.4904 & 0.0975 & 0.4157 & -0.4157 & 0.0975 & 0.4904 & -0.2778 \\ 0.1913 & -0.4619 & 0.4619 & -0.1913 & 0.1913 & 0.4619 & -0.4619 & 0.1913 \\ 0.0975 & -0.2778 & 0.4157 & -0.4904 & 0.4904 & -0.4157 & 0.2778 & -0.0975 \end{bmatrix}$$

注意到矩阵 $\boldsymbol{D}_N$ 是正交的，因此它满足 $\boldsymbol{D}_N\boldsymbol{D}_N^{\mathrm{T}}=\boldsymbol{D}_N^{\mathrm{T}}\boldsymbol{D}_N=\boldsymbol{I}_N$ 。

3.解相关能力

图像中的冗余性是其可以被“压缩”的一个重要原因，压缩图像的过程本质上是去除图像的冗余性。为了说明图像中的冗余性，下面来看看图 3－5(b)所示的 256×256 灰度测试图 Lena[见图 3－5(a)]的第 128 行的数据。

(a)

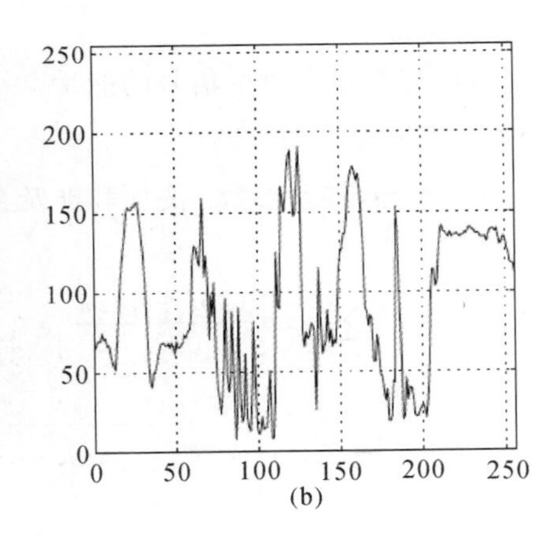

(b)

图 3－5　Lena 图像的灰度直方图

(a)Lena 图；(b)Lena 图第 128 行的 8 位字节灰度级

图像的第 128 行数据及其自相关函数，分别如图 3－6(a)(b)所示。自相关函数是衡量信号与其自身移动后的信号相关程度的度量，从图 3－6(b)可以明显看出，信号包含很大的冗余度，因为信号与其相邻采样之间的相关性很强并且相对于信号移动的位数自相关衰减相当缓慢。

现在对以上信号应用 1－D DCT，其 1－D DCT $\{\hat{C}(128,k)\}$ 以及自相关函数如图 3－7 所示，它清晰地表明了 DCT 的解相关能力。

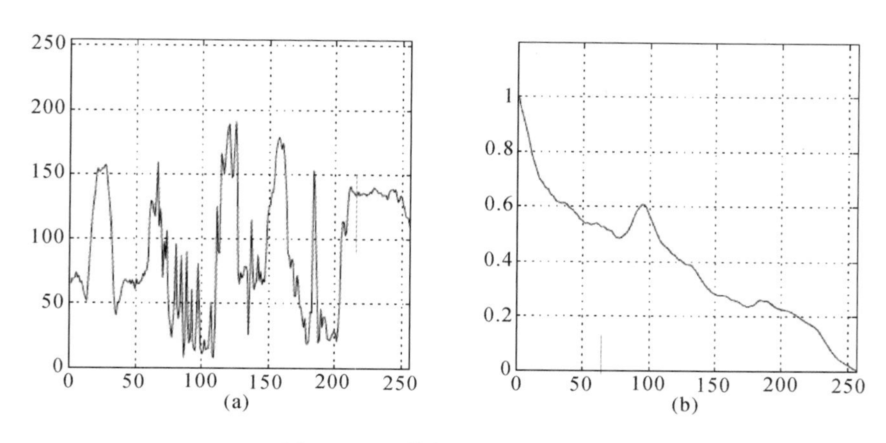

图 3-6 图像数据的自相关函数

(a)Lena 图第 128 行的 8 位字节灰度级;(b)归一化后的自相关系数

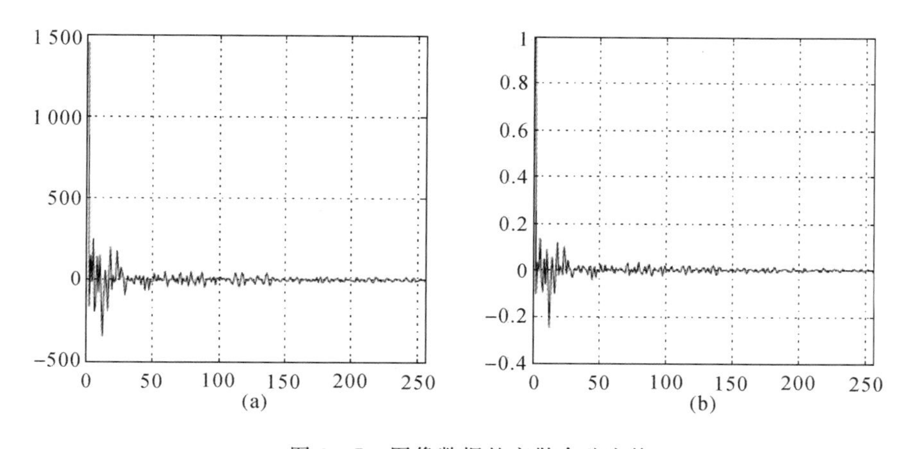

图 3-7 图像数据的离散余弦变换

(a)Lena 图第 128 行的 8 位字节灰度级;(b)归一化后的自相关系数

4.能量压缩能力

信号的能量是 $2.690\,9\times10^6$,由于 DCT 是能量守恒的,因此信号的 DCT 的能量同样是 $2.690\,9\times10^6$。

通过观察图 3-7(a)可知:绝大部分 DCT 序列的能量仅仅集中在序列开始阶段的一小部分采样点上。事实上,前 15 个 DCT 采样点的能量为 $2.478\,6\times10^6$,这大约是总体能量的 92.11%。应当注意到,能量压缩不仅仅是出现在这种特定情况下的巧合,而是 1-D 和 2-D DCT的固有性质。

图 3-8 是 Lena 图和其 2-D DCT,它体现了 2-D DCT 的能量压缩特性。图 3-8(b)中的白点代表灰度值较大的样本,而黑点则代表灰度值较小(但非负)的样本。

(a)

(b)

图 3-8　Lina 图像的二维离散余弦变换

(a)Lena 图;(b)经过二维 DCT 变换后的 Lena 图

3.4　2-D DCT 的应用:JPEG 标准的图像压缩

假设待压缩的图像尺寸为 $M \times N$,其中 M 和 N 都是 8 的整数倍。那么图片可以被分解为 8×8 的小块,对这些小块应用以下步骤,并用 $\boldsymbol{B}$ 表示 8×8 的数据块。

1.调整数据(level off)和 2-D DCT

由于 DCT 作用在像素值从 $-128 \sim 127$ 的范围比从 $0 \sim 255$ 的范围效果要好,因此 $\boldsymbol{B}$ 通过从各通道减去 128 来进行调整。为说明起见,将 256×256 的 Lena 图的第 (16,18)小块记为矩阵 $\boldsymbol{B}$:

$$\boldsymbol{B}=\begin{bmatrix} 125 & 134 & 137 & 139 & 138 & 138 & 141 & 142 \\ 113 & 119 & 126 & 134 & 139 & 141 & 144 & 149 \\ 80 & 95 & 103 & 106 & 114 & 127 & 141 & 147 \\ 63 & 65 & 53 & 62 & 75 & 86 & 108 & 130 \\ 93 & 80 & 60 & 33 & 35 & 35 & 52 & 69 \\ 126 & 108 & 88 & 74 & 53 & 45 & 35 & 32 \\ 130 & 116 & 90 & 96 & 62 & 63 & 55 & 49 \\ 115 & 80 & 61 & 65 & 68 & 88 & 68 & 75 \end{bmatrix}$$

从 $\boldsymbol{B}$ 中减去 128 得到的修正后的数据块如下:

$$\widetilde{\boldsymbol{B}}=\begin{bmatrix} -3 & 6 & 9 & 11 & 10 & 10 & 13 & 14 \\ -15 & -9 & -2 & 6 & 11 & 13 & 16 & 21 \\ -48 & -33 & -25 & -22 & -14 & -1 & 13 & 19 \\ -65 & -63 & -75 & -66 & -53 & -42 & -20 & 2 \\ -35 & -48 & -68 & -95 & -93 & -93 & -76 & -59 \\ -2 & -20 & -40 & -54 & -75 & -83 & -93 & -96 \\ 2 & -12 & -38 & -32 & -66 & -65 & -73 & -79 \\ -13 & -48 & -67 & -63 & -60 & -40 & -60 & -53 \end{bmatrix}$$

对 $\widetilde{\boldsymbol{B}}$ 应用 2-D DCT 可得

$$\boldsymbol{C}=\boldsymbol{D}_8\widetilde{\boldsymbol{B}}\boldsymbol{D}_8^{\mathrm{T}}=\begin{bmatrix} -272.3750 & 17.1771 & 46.7784 & 4.2270 & 6.1250 & -0.5799 & 0.2421 & -8.4813 \\ 182.5146 & -109.5361 & -28.0398 & -25.1231 & -8.9567 & -7.0036 & -6.1703 & 10.3445 \\ 117.4897 & 19.1429 & -30.8911 & 15.7065 & 1.7309 & 6.7882 & 5.4116 & -8.5788 \\ -23.4612 & 97.7162 & -0.0872 & -7.0795 & -1.0461 & 2.6980 & -2.9351 & 2.5446 \\ -48.3750 & -35.2958 & 27.0407 & 6.4060 & 4.1250 & -7.3615 & 3.5470 & 4.3781 \\ 15.8386 & -7.1742 & -7.9234 & -6.7518 & -0.5166 & 3.8019 & -8.3849 & -7.4654 \\ 0.4477 & 1.3348 & -5.5884 & 3.4787 & -4.6406 & -0.7361 & 4.6411 & 2.6707 \\ -3.6673 & 9.8948 & 6.2377 & -7.3148 & -7.0342 & 1.0065 & -0.6727 & 2.3138 \end{bmatrix}$$

或者可以对 $\widetilde{\boldsymbol{B}}$ 使用 MATLAB 函数 dct2 来得到 $\boldsymbol{C}$。

2.量化

图像压缩中的重要一步是对 $\boldsymbol{C}$ 中的 DCT 系数进行量化并编码。可以通过转换矩阵 $\boldsymbol{C}=\{c_{i,j}\}$ 为矩阵 $\boldsymbol{S}=\{s_{i,j}\}$ 来进行量化。其中，$s_{i,j}$ 为

$$s_{i,j}=\mathrm{round}\left[\frac{c_{i,j}}{q_{i,j}}\right]$$

式中，$\boldsymbol{Q}=\{q_{i,j}\}$ 是一个量化矩阵，它可以通过压缩的目标量级来进行选择。在 JEPG 标准中，包括人类的视觉在内的主观实验可以用来产生量化矩阵。举个例子，对于量化等级 50(quality level，等级可以从 1～100)的标准量化矩阵，有

$$\boldsymbol{Q}_{50}=\begin{bmatrix} 16 & 11 & 10 & 16 & 24 & 40 & 51 & 61 \\ 12 & 12 & 14 & 19 & 26 & 58 & 60 & 55 \\ 14 & 13 & 16 & 24 & 40 & 57 & 69 & 56 \\ 14 & 17 & 22 & 29 & 51 & 87 & 80 & 62 \\ 18 & 22 & 37 & 56 & 68 & 109 & 103 & 77 \\ 24 & 35 & 55 & 64 & 81 & 104 & 113 & 92 \\ 49 & 64 & 78 & 87 & 103 & 121 & 120 & 101 \\ 72 & 92 & 95 & 98 & 112 & 100 & 103 & 99 \end{bmatrix}$$

其他质量标准的量化矩阵可以通过将比例因子 τ 乘以上面的标准量化矩阵得到。其中 τ 为

$$\tau=(100-\text{量化等级})/50,\quad \text{量化等级}>50$$

并且

$$\tau=50/\text{量化等级},\quad \text{量化等级}<50$$

然后对缩放后的量化矩阵进行四舍五入，并将其剪裁为 0～255 之间的整数值。根据第一步得到的 $\boldsymbol{C}$ 和式(3-24)中的 $\boldsymbol{Q}=\boldsymbol{Q}_{50}$，式(3-24)中的矩阵 $\boldsymbol{S}$ 如下：

$$S=\begin{bmatrix}-17 & 2 & 5 & 0 & 0 & 0 & 0 & 0\\ 15 & -9 & -2 & -1 & 0 & 0 & 0 & 0\\ 8 & 1 & -2 & 1 & 0 & 0 & 0 & 0\\ -2 & 6 & 0 & 0 & 0 & 0 & 0 & 0\\ -3 & -2 & 1 & 0 & 0 & 0 & 0 & 0\\ 1 & 0 & 0 & 0 & 0 & 0 & 0 & 0\\ 0 & 0 & 0 & 0 & 0 & 0 & 0 & 0\\ 0 & 0 & 0 & 0 & 0 & 0 & 0 & 0\end{bmatrix}$$

显然，如果降低一个量化矩阵的质量标准，那么 $\boldsymbol{S}$ 会有更多的 0，因此可以以降低图像质量为代价来获取更高的压缩比。

3.编码

然后，量化矩阵 $\boldsymbol{S}$ 会被一个译码器转换为一串二进制数据如{1001101……}。编码过程的详细讲解超出了本课程的范围：

(1)8×8 块的直流系数(见图 3－9)经过差分脉冲编码调制(DPCM)进行编码(也被称作直流预测)。

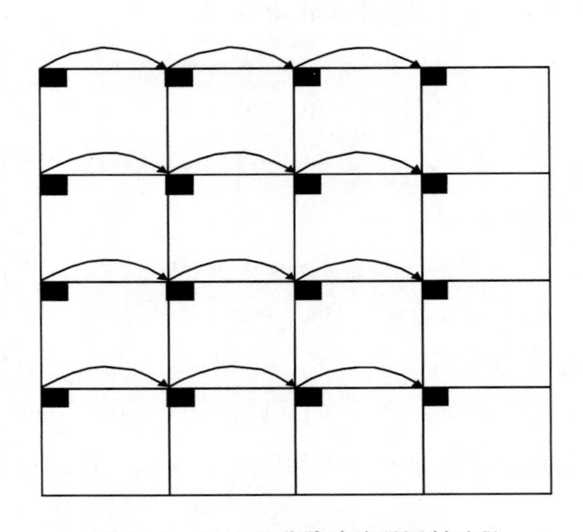

图 3－9　8×8 差分脉冲编码调制过程

(2)由于系数的位置因块而异，所以量化的 AC 系数被以锯齿状顺序扫描(见图 3－10)并按(run，level)成对编码，其中“level”表示非零系数的值，“run”表示在其之前的零系数的数量。

(3)这些(run，level)对是熵编码的，即对出现频率低的(run，level)对采用较长的编码，反之亦然。

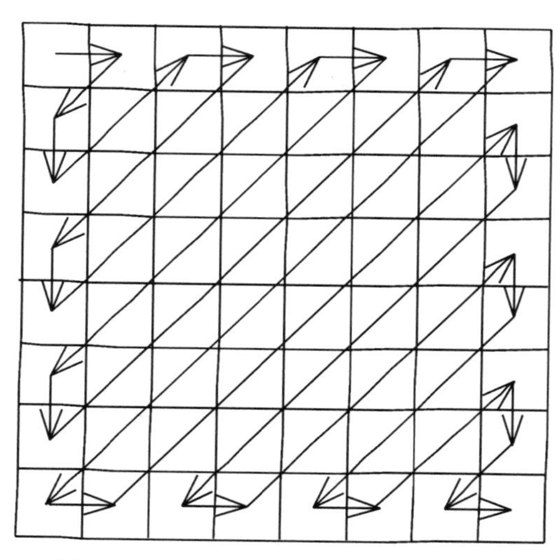

图3-10　AC系数被以锯齿状顺序扫描

4.解压缩

在接收器上重建图像还需最后一步——解压缩操作。它包括接下来的三种简单操作：

(1)使用量化矩阵 $\boldsymbol{Q}$ 逐点相乘矩阵 $\boldsymbol{S}$ 可以得到一个图像块 $\boldsymbol{R}=\boldsymbol{Q}\circ\boldsymbol{S}$，在例子中，$\boldsymbol{Q}$ 矩阵被认为是 $\boldsymbol{Q}_{50}$ 所产生的。

$$\boldsymbol{R}=\begin{bmatrix} -272 & 22 & 50 & 0 & 0 & 0 & 0 & 0 \\ 180 & -108 & -28 & -19 & 0 & 0 & 0 & 0 \\ 112 & 13 & -32 & 24 & 0 & 0 & 0 & 0 \\ -28 & 102 & 0 & 0 & 0 & 0 & 0 & 0 \\ -54 & -44 & 37 & 0 & 0 & 0 & 0 & 0 \\ 24 & 0 & 0 & 0 & 0 & 0 & 0 & 0 \\ 0 & 0 & 0 & 0 & 0 & 0 & 0 & 0 \\ 0 & 0 & 0 & 0 & 0 & 0 & 0 & 0 \end{bmatrix}$$

(2)对矩阵 $\boldsymbol{R}$ 使用2-D IDCT。注意到这个过程可以通过使用MATLAB命令idct2来完成。或者使用 $\boldsymbol{D}_8^{\mathrm{T}}\boldsymbol{R}\boldsymbol{D}_8$ 也可以达到这一效果。如下：

$$\boldsymbol{E}=\boldsymbol{D}_8^{\mathrm{T}}\boldsymbol{R}\boldsymbol{D}_8=\begin{bmatrix} 2.7181 & 2.1228 & 2.2693 & 4.2600 & 7.6484 & 10.8548 & 12.7203 & 13.3406 \\ -18.1034 & -10.6760 & -0.3337 & 7.7581 & 11.5839 & 12.5496 & 12.8140 & 13.1153 \\ -43.2294 & -34.5413 & -23.6264 & -15.8552 & -9.7946 & -0.4317 & 12.7343 & 23.0141 \\ -57.9809 & -58.9924 & -63.0283 & -67.8737 & -64.7907 & -46.4675 & -17.7381 & 4.4189 \\ -40.7650 & -50.9610 & -69.2674 & -88.8143 & -98.8380 & -92.2600 & -73.6202 & -57.6914 \\ 0.1073 & -12.7805 & -34.0432 & -57.0831 & -76.3805 & -89.4098 & -96.5154 & -99.3926 \\ 6.4904 & -8.6805 & -28.5866 & -43.2078 & -52.0062 & -61.1538 & -73.3190 & -83.0164 \\ -25.3942 & -44.5619 & -65.1582 & -70.4424 & -60.8203 & -50.0267 & -47.8854 & -50.9752 \end{bmatrix}$$

(3)考虑到步骤一中的level off操作的作用，对矩阵 $\boldsymbol{E}$ 的所有通道加上128即得到以上矩阵。这产生了对应图像块 $\boldsymbol{B}$ 的重构图像块 $\hat{\boldsymbol{B}}$ 如下：

$$\hat{\boldsymbol{B}}=\boldsymbol{E}+128=\begin{bmatrix}130.7181 & 130.1228 & 130.2693 & 132.2600 & 135.6484 & 138.8548 & 140.7203 & 141.3406\\ 109.6966 & 117.3240 & 127.6663 & 135.7581 & 139.5839 & 140.5496 & 140.8140 & 141.1153\\ 84.7706 & 93.4587 & 104.3736 & 112.1448 & 118.2054 & 127.5683 & 140.7343 & 151.0141\\ 70.0191 & 69.0076 & 64.9717 & 60.1263 & 63.2093 & 81.5325 & 110.2619 & 132.4189\\ 87.2350 & 77.0390 & 58.7326 & 39.1857 & 29.1620 & 35.7400 & 54.3798 & 70.3086\\ 128.1073 & 115.2195 & 93.9568 & 70.9169 & 51.6195 & 38.5902 & 31.4846 & 28.6074\\ 134.4904 & 119.3195 & 99.4134 & 84.7922 & 75.9938 & 66.8462 & 54.6810 & 44.9836\\ 102.6058 & 83.4381 & 62.8418 & 57.5576 & 67.1797 & 77.9733 & 80.1146 & 77.0248\end{bmatrix}$$

通过比较块 $\hat{\boldsymbol{B}}$ 和块 $\boldsymbol{B}$(步骤 1 中给出),可以看到 $\hat{\boldsymbol{B}}$ 很好地近似 $\boldsymbol{B}$。

对于一个尺寸为 $M\times N$ 的图像,并且 M 和 N 都是 8 的整数倍,该图像可以被分为 $m\times n$ 个块,每块的尺寸都是 8×8,其中 $m=M/8,n=N/8$。对于一个确定的质量等级,以上的操作步骤会应用到每一个块,并且所有矩阵 $\boldsymbol{R}$(见步骤 4)中所包含的 0 的数目被看作是整体的 0 的数目。这很好地表明了图像压缩的情况。正如预期的那样,降低质量等级会导致矩阵中出现更多的 0,但图像重构质量也会随之降低。图 3-11 显示了基于 DCT 的压缩方法的结果,该方法应用于尺寸为 256 × 256 的 Lena 图像,质量等级分为 3 个等级(50,30 和 10)。

图 3-11 基于 DCT 的压缩方法

(a)原图;(b)压缩,量化等级=50,零占比:84.9%;(c)压缩,量化等级=30,零占比:88.8%;(d)压缩,量化等级=10,零占比:94.9%

3.5　从傅里叶变换中学习整体与局部的辩证关系

傅里叶变换能将满足一定条件的某个函数表示成三角函数(正弦和/或余弦函数)或者它们的积分的线性组合。在不同的研究领域,傅里叶变换具有多种不同的变体形式,如连续傅里叶变换和离散傅里叶变换。最初傅里叶分析是作为热过程的解析分析的工具被提出的。

傅里叶(Jean Baptiste Joseph Fourier,1768—1830)是一位法国数学和物理学家,傅里叶对热传递很感兴趣,于1807年在法国科学学会上发表了一篇论文,运用正弦曲线来描述温度分布。论文里有个在当时具有争议性的决断:任何连续周期信号可以由一组适当的正弦曲线组合而成。当时审查这个论文的人,其中有两位是历史上著名的数学家拉格朗日(Joseph Louis Lagrange,1736—1813)和拉普拉斯(Pierre Simon de Laplace,1749—1827)。当拉普拉斯和其他审查者投票通过并要发表这个论文时,拉格朗日坚决反对,在他此后生命的6年中,拉格朗日坚持认为傅里叶的方法无法表示带有棱角的信号,如在方波中出现非连续变化斜率。法国科学学会屈服于拉格朗日的威望,拒绝了傅里叶的工作。幸运的是,傅里叶还有其他事情可忙,他参加了政治运动,随拿破仑远征埃及,法国大革命后因会被推上断头台而一直在逃避。直到拉格朗日死后15年这个论文才被发表出来。

谁是对的呢?拉格朗日是对的:正弦曲线无法组合成一个带有棱角的信号。但是,可以用正弦曲线来非常逼近地表示它,逼近到两种表示方法不存在能量差别。基于此,傅里叶是对的。

为什么要用正弦曲线来代替原来的曲线呢?如也还可以用方波或三角波来代替,分解信号的方法是无穷的,但分解信号的目的是更加简单地处理原来的信号。用正余弦来表示原信号会更加简单!因为正余弦拥有原信号所不具有的性质:正弦曲线保真度。一个正弦曲线信号输入后,输出的仍是正弦曲线,只有幅度和相位可能发生变化,但是频率和波的形状仍是一样的,且只有正弦曲线才拥有这样的性质。

了解到傅里叶变换的本质,就不难联想到马克思主义辩证法里面的整体与局部的关系。信号就是整体,各正弦波就是局部。各正弦波数值表示信号中各种频率信号所占整个信号能量的占比,表达了信号具有一定频率正弦波的属性。但又不能代表整个信号本身。因此,信号决定了各正弦波是否存在及其大小,一个正弦波不能决定整个信号,这是一种辩证关系。正如马克思主义辩证法中所述:整体决定部分,部分不能决定整体,要从整体上把握事物的联系。

整体与部分是标志客观事物的可分性和统一性的一对哲学范畴。整体是构成事物的诸要素的有机统一,部分是整体中的某个或某些要素。

古代的哲学家们就提到过全与分、一与多的关系。亚里士多德还表述过整体并不是其部分的总和的命题。近代的唯物主义者认为整体是物质性的,但他们往往把整体看作是各个部分的机械联结和聚集。

整体包含部分,部分从属于整体。两者在一定条件下可以互相影响,互相转化。整体具有其组成部分在孤立状态中所没有的整体特性。整体是指由事物的各内在要素相互联系构成的有机统一体及其发展的全过程。部分是指组成有机统一体的各个方面、要素及其发展全过程的某一个阶段。

因此,我们应当树立全局观念,立足于整体,统筹全局,选择最佳方案,实现整体的最优目标，从而达到整体功能大于部分功能之和的理想效果，同时必须重视部分的作用，搞好局部，用局部的发展推动整体的发展。

3.6 小　　结

本章主要介绍了对离散时间信号进行分析和处理的几种变换，如 z 变换、傅里叶变换及离散余弦变换。变换的目的是为了能够将信号从时域变换到频域，能够更加准确和深刻地把握信号的本质特征，并在实际工程应用问题中方便处理。首先介绍了 z 变换的概念和特点，然后从 z 变换引入离散傅里叶变换，并介绍了离散傅里叶变换的几个重要特征以及能够加速运算的快速傅里叶算法。针对傅里叶变换的冗余性及复数运算在工程应用上的局限又引入了离散余弦变换，包括一维信号和二维信号的离散余弦变换。最后介绍了采用二维离散余弦变换为核心算法的 JEPG 压缩标准。

习　　题

3.1　考虑数字滤波器，其输入 $x[k]$ 和输出 $y[k]$ 如下：

$$y[k] = -0.0889y[k-1] - 0.4039y[k-2] - 0.0053y[k-3] + 0.2209x[k] - 0.4851x[k-1] + 0.4503x[k-2] - 0.1527x[k-3]$$

(1) 滤波器的传递函数是多少？

(2)使用 MATLAB 命令 freqz 绘制滤波器的幅频响应；

(3)此滤波器是哪种类型的滤波器(FIR 或者 IIR)？

3.2　证明式(3-5a)中定义的 DFT 是以 N 为周期的 k 的复函数。

3.3　证明当离散时间信号 $\{x[n], n=0,1,\cdots,N-1\}$ 是实值时，其 DFT 成分只有 $N/2+1$个是互相独立的。具体来讲，即证明：

(1) $X(N-K)=X^*(k)$，其中 $k=0,1,\cdots,N/2$；

(2) $X(0)$ 为实值；

(3) $X(N/2)$ 为实值(假设 N 为偶数)。

3.4　考虑以下 8 位长度的序列，其中 $n=0,1,\cdots,7$：

(1) $\{x_1[n]\}=\{1\ 1\ 1\ 0\ 0\ 0\ 1\ 1\}$

(2) $\{x_2[n]\}=\{1\ 1\ 1\ 0\ 0\ 0\ -1\ -1\}$

(3) $\{x_3[n]\}=\{0\ 1\ 1\ 0\ 0\ 0\ -1\ -1\}$

(4) $\{x_4[n]\}=\{0\ 1\ 1\ 0\ 0\ 0\ 1\ 1\}$

哪个序列具有实值的 8 点 DFT？哪个序列具有虚数值的 8 点 DFT？

3.5　令 $X(k)$ 为一个长度序列为 N 的 $x[n]$ 的 N 点 DFT 变换，其中 N 为偶数。定义以下两个 $N/2$ 长度的序列如下：

$$g[n]=\frac{1}{2}\{x[2n]+x[2n+1]\}, h[n]=\frac{1}{2}\{x[2n]-x[2n+1]\}, 0\leqslant n\leqslant \frac{N}{2}-1$$

假设 $G(k)$ 和 $H(k)$ 分别表示 $g[n]$ 和 $h[n]$ 的 $N/2$ 点 DFT 变换，请根据这两个 $N/2$ 点的 DFT 变换确定 N 点 DFT 变换 $X(k)$。

3.6　使用 MATLAB 验证式(3－7)，即

$$X(k)=\sum_{n=0}^{N/2}x[2n]W_{N/2}^{kn}+W_N^{kn}\sum_{n=0}^{N/2}x[2n+1]W_{N/2}^{kn},\quad k=0.1,\cdots,N-1$$

(1)随机生成一个 8 点的离散信号：

```
randn ('state',17)
x=randn (1,8);
```

(2)得到 x 的 DFT 变换；

(3)通过计算 x 的偶指数序列，即 xe=[x(1) x(3) x(5) x(7)] 的 DFT，记为 Xe，得到式(3－7)的第一部分和，其中 $k=0,1,2,3$；

(4)对于 $k=0,1,2,3$，为了得到第二部分的和，做如下操作：

1)计算 x 的奇指数序列，即 xo=[x(2)，x(4)，x(6)，x(8)]的 DFT 变换，记为 Xo；

2)计算 W＝[1，w，w^2，w^3]，其中 w＝exp(－j＊2＊pi/8)；

3)获得 W 的逐点乘积 Xo，将结果记为 WXo 。

(5)根据式(3－7)得到 $X(k)$，其中 $k=0,1,2,3$，此时 X1＝Xe＋WXo；

(6)根据式(3－7)和式(3－8)得到 $X(k)$，其中 $k=4,5,6,7$，此时 X2＝Xe－WXo；

(7)比较(2)得到的结果和由(5)及(6)得到的结果。

3.7　如式(3－7)中解释，分裂进行 FFT 算法的想法不限于偶数长度的信号。该问题涉及一类长度 N 为 3 的倍数的信号。请推导出式(3－7)在该种情况下的表达式。

3.8　根据下式

$$\sum_{k=0}^{N-1}\alpha^k=\frac{1-\alpha^N}{1-\alpha}$$

证明式(3－12)。

3.9　证明式 (3－16)，其中 $\{C(k),k=0,1,\cdots,N-1\}$ 由式(3－15)定义。

3.10　假设长度为 N 的序列 $x[n]$ 的 N 点 DCT 变换记为 $C(k)$ [见式(3－15)]，请证明 $x*[n]$ 的 N 点 DCT 变换为 $C*(k)$ 。

3.11　假设长度为 N 的序列 $x[n]$ 的 N 点 DCT 变换记为 $C(k)$ [见式(3－15)]，请证明 DCT 是一种能量保持变换，即 $\sum_{n=0}^{N-1}|x[n]|^2=\sum_{k=0}^{N-1}|C(k)|^2$ 。

3.12　证明式(3－19b)，其中 $\{C(i,k)\}$ 由式(3－19a)定义。

3.13　式(3－19a)中 2－D DCT 的定义仅适用于方形 2－D 信号。修改式(3－19a)和式(3－19b)，使它们适用于大小为 $N\times M$ 的矩形 2－D 信号。

第4章 数字滤波器和滤波器组

数字滤波器是由数字乘法器、加法器和延时单元组成的一种算法和装置。数字滤波器的功能是对输入离散信号的数字代码进行运算处理，以达到改变信号频谱的目的。数字滤波器可以分为两大部分，即经典滤波器和现代滤波器。经典滤波的概念，是根据傅里叶分析和变换提出的一个工程概念。任何一个满足一定条件的信号，都可以被看成由无限个正弦波叠加而成。换句话说，就是工程信号是不同频率的正弦波线性叠加而成的，组成信号的不同频率的正弦波叫作信号的频率成分或叫作谐波成分。实际上，任何一个电子系统都具有自己的频带宽度（对信号最高频率的限制），频率特性反映出了电子系统的这个基本特点。而滤波器，则是根据电路参数对电路频带宽度的影响而设计出来的工程应用电路。现代滤波思想是和经典滤波思想不同的。现代滤波是利用信号的随机性的本质，将信号及其噪声看成随机信号，通过利用其统计特征，估计出信号本身。一旦信号被估计出，得到的信号本身比原来的信噪比高出许多。典型的数字滤波器有卡尔曼滤波、维纳滤波、自适应滤波和小波变换等。从本质上讲，数字滤波实际上是一种算法，这种算法在数字设备上得以实现。这里的数字设备不仅包含计算机，还有嵌入式设备如DSP、FPGA和RM等。

数字滤波具有高精度、高可靠性、可程控改变特性或复用、便于集成等优点。在语音信号处理、图像信号处理、医学生物信号处理及其他应用领域都得到了广泛应用。数字滤波有高通、低通、带通、带阻和全通等类型。它可以是时不变或时变的、因果的或非因果的、线性的或非线性的。应用最广泛的是线性、时不变数字滤波器。从空域上分，可以分为有限脉冲响应（Finite Impulse Response，FIR）滤波器、无限脉冲响应（Infinite Impulse Response，IIR）滤波器。

4.1 有限脉冲响应（FIR）滤波器

一个有限脉冲响应滤波器的特性是其数字输入信号与数字输出信号之间存在线性和非递归的关系。这种关系可以被一个线性差分方程定量描述，如下式：

$$y(nT_s)=h[0]x(nT_s)+h[1]x((N-1)T_s)+\cdots+h[N-1]x((n-N+1)T_s)=\sum_{k=0}^{N-1}h[k]x((n-k)T_s)$$

式中，T_s 表示采样周期。通过对上式作 z 变换，并把输入信号 $\{x[n]\}$ 和输出信号 $\{y[n]\}$ 的 z 变换分别记为 $X(z)$ 和 $Y(z)$，就得到了滤波器的频域特性如下：

$$Y(z)=H(z)X(z)$$

$$\frac{Y(z)}{X(z)}=H(z)$$

式中

$$H(z)=\sum_{n=0}^{N-1}h[n]z^{-n} \tag{4-1}$$

$H(z)$ 被称为 FIR 滤波器的传递函数。将 $z=e^{j\omega T_s}$ 代入式(4-1)就可以得到滤波器的频率响应：

$$H(e^{j\omega T_s})=\sum_{n=0}^{N-1}h[n]e^{-jn\omega T_s} \tag{4-2}$$

式中，ω 是频率。为使符号简单和易于说明，式(4-2)中的 ωT_s 始终被 ω 代替，ω 被称为归一化频率。于是式(4-2)可以简化为

$$H(e^{j\omega})=\sum_{n=0}^{N-1}h[n]e^{-jn\omega} \tag{4-3}$$

式中，ω 从 $-\pi$ 到 π。这样，频率响应就是一个以$[-\pi,\pi]$为周期的周期函数。必须要强调的是，归一化频率隐含的意思是归一化后的 $\omega=\pi$ 相当于真实频率的最高频率，也是采样频率的一半，即 $\omega_s/2$ 或 $f_s/2$。

式(4-1)中的 $H(z)$ 共有 N 项，因此 FIR 滤波器的长度为 N。有些时候由于 $H(z)$ 是 z^{-1} 的 $(N-1)$ 阶多项式，因此称为 $(N-1)$ 阶滤波器。

为了解释“有限脉冲响应”(FIR)，使用单位脉冲信号，即

$$x[n]=\begin{cases}1, n=0\\0, 其他\end{cases} \tag{4-4}$$

作为滤波器的输入。可以证明前 N 项的输出样本同滤波器系数一模一样，即为 $\{h[0],h[1],\cdots,h[N-1]\}$，之后项都变为 0。正是出于这个原因，对于一个 FIR 数字滤波器，它的系数和脉冲响应是同义词，所以它们经常交换使用。

滤波器的幅频和相频响应分别定义如下：

$$\left.\begin{aligned}M(\omega)&=|H(e^{j\omega})|\\\theta(\omega)&=\arg H(e^{j\omega})\end{aligned}\right\} \tag{4-5}$$

其群延时定义如下：

$$\tau=-\frac{d\theta(\omega)}{d\omega} \tag{4-6}$$

如果式(4-5)中的 $\theta(\omega)$ 是频率 ω 的线性函数，即

$$\theta(\omega)=-\tau\omega+\theta_0 \tag{4-7}$$

则称该数字滤波器具有线性相位。

其中 θ_0 是一个常数。在许多数字信号处理应用中，线性相位数字滤波器相对于非线性相位滤波器是一个更好的选择。这是因为线性相位滤波器的使用不会使得输入信号的相位响应失真。从式(4-6)可知，如果一个数字滤波器的群延时是常数时，其相位响应就是线性的。对于一个常数群延时并且 $\theta_0=0$ 的 FIR 滤波器，它的系数必须关于中点对称，即

$$h[n]=h[N-1-n],\quad 0\leqslant n\leqslant N-1 \tag{4-8}$$

这种情况下，FIR 滤波器的群延时是滤波器阶数的一半：

$$\tau=\frac{N-1}{2} \tag{4-9}$$

如果脉冲响应是反对称的，即

$$h[n]=-h[N-1-n],\quad 0\leqslant n\leqslant N-1 \tag{4-10}$$

那么 FIR 滤波器仍有常数群延时，其中 τ 由式(4-9)给出，并且 $\theta_0=\pm\pi/2$。

例 4.1 长度为 N 的移动平均滤波器是一个 FIR 滤波器，其传递函数如下：

$$h[n]=\frac{1}{N},\quad n=0,1,\cdots,N-1$$

滤波器的名称反映了这样一个事实：其每个输出采样等于 N 个最近输入采样上的平均值（称为算术平均值）。显然，移动平均滤波器总是具有线性相位响应。图 4-1 描绘了长度为 10 的移动平均滤波器的幅频响应。可以看到，平均数据本质上是一个低通滤波。

例 4.1 的 MATLAB 代码如下：

```
h = 0.1 * ones(1,10):
[H,w] = freqz(h,1,1024);
plot(w,abs(H))
axis([0 pi 0 1])
grid
title('Amplitude response of a moving average filter with N= 10')
xlabel('Norrnalized frequency')
print fig3_2 - deps
```

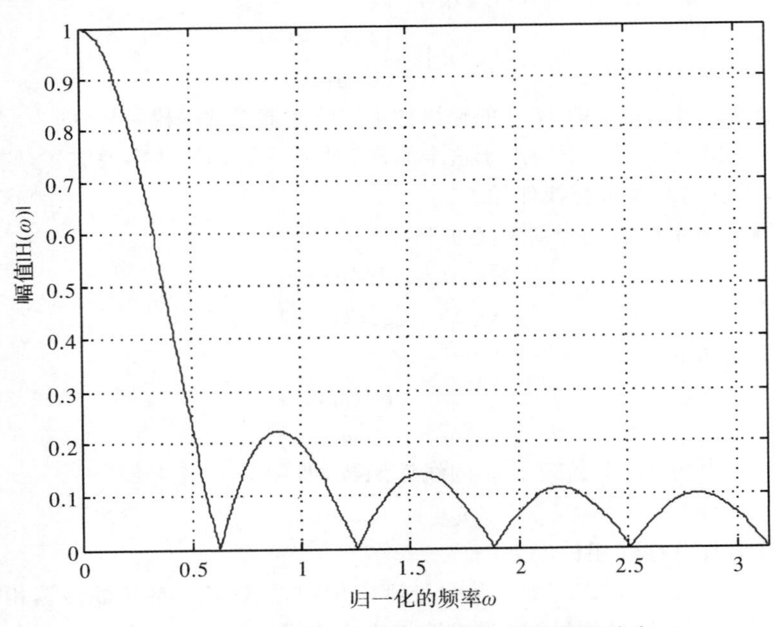

图 4-1 长度为 10 的移动平均滤波器的幅频响应

4.2 使用窗口傅里叶级数法设计 FIR 滤波器

这种思想在用来设计线性相位 FIR 滤波器时十分简单，特别是当感兴趣的滤波器是“标准类型”时，例如低通、高通、带通、带阻滤波器，希尔伯特变换器和数字微分器。

典型地，如果已知期望的 FIR 滤波器的频率响应 $H_d(e^{j\omega})$ 以及长度 N，则设计步骤主要包含三步：

(1)计算理想滤波器的脉冲响应 $\{h_d[n], n=0,1,\cdots,N-1\}$；

(2)选择并计算窗口函数 $\{\omega[n], n=0,1,\cdots,N-1\}$；

(3)获取 FIR 滤波器的脉冲响应 $h[n]=w[n]\,h_d[n]$，$n=0,1,\cdots,N-1$。

4.2.1 理想滤波器的脉冲响应

理想的频率响应 $H_d(\mathrm{e}^{\mathrm{j}\omega})$ 是归一化频率 ω 的周期函数，而且当 $H_d(\mathrm{e}^{\mathrm{j}\omega})$ 给定时，$[-\pi,\pi]$ 通常被当作基本区间(被称为基带)。$H_d(\mathrm{e}^{\mathrm{j}\omega})$ 可以用傅里叶级数表示为

$$H_d(\mathrm{e}^{\mathrm{j}\omega})=\sum_{n=-\infty}^{\infty} h_d[n]\,\mathrm{e}^{-\mathrm{j}n\omega}$$

其中系数可用下式计算：

$$h_d[n]=\frac{1}{2\pi}\int_{-\pi}^{\pi} H_d(\mathrm{e}^{\mathrm{j}\omega})\,\mathrm{e}^{\mathrm{j}n\omega}\,\mathrm{d}\omega \tag{4-11}$$

当开始实施设计程序的步骤(1)时，式(4－11)是一个通用的非常重要的公式。在某些情况下得到一个简化的公式是有可能的，其中一种情况是当想要设计一个线性相位的 FIR 滤波器。这种情况下的期望频率响应一般被假设为

$$H_d(\mathrm{e}^{\mathrm{j}\omega})=\mathrm{e}^{-\mathrm{j}M\omega}\,A_d(\omega) \tag{4-12a}$$

式中，$A_d(\omega)$ 表示期望的幅值响应；$M>0$ 是一个表示期望的群延时的常数。期望的频率响应由式(4－12a)给出，则式(4－11)就变为

$$h_d[n]=\frac{1}{\pi}\int_{0}^{\pi} A_d(\omega)\cos[(n-M)\omega]\,\mathrm{d}\omega \tag{4-12b}$$

必须要强调的是，式(4－12b)中的索引参数 n 从 $0,1,\cdots$，到 $N-1$。为了设计一个长度为 N 的线性相位 FIR 滤波器，理想滤波器的脉冲响应必须是关于中点对称的。这只有当群延时 M 为 $M=(N-1)/2$ 时才有可能。

对“标准” $H_d(\mathrm{e}^{\mathrm{j}\omega})$ 应用式(4－12b)[或式(4－11)]时，就可能得到易于实施的公式。以下给出了理想的低通、高通、带通和带阻滤波器，以及希尔伯特变换和离散时间微分器的 $h_d[n]$ 的具体公式，其中假设 $M=(N-1)/2$，$n=0,1,\cdots,N-1$。作为示例，理想的低通、高通、带通和带阻滤波器的幅频响应如图 4－2 所示。

1.低通滤波器

截止频率为 ω_c(因此奈奎斯特频率 $\omega_s/2\mathrm{rad/s}$ 相当于 π，见图 4－2)，因此

$$h_d[n]=\begin{cases}\dfrac{\omega_c}{\pi}, & n=M\\[2ex] \dfrac{\sin[(n-M)\omega_c]}{(n-M)\pi}, & n\neq M\end{cases} \tag{4-13a}$$

无论 N 是偶数还是奇数，式(4－13a)都是可行的。容易看到 $\{h_d[n]\}$ 关于其中点 $h_d[M]$ 对称，这正是我们想要的，因为我们的目标是设计一个线性相位 FIR 数字滤波器。

使用 sinc 函数，则式(4－13a)可以被简化为

$$h_d[n]=\hat{\omega}_c\operatorname{sinc}[(n-M)\hat{\omega}_c],\quad \hat{\omega}_c=\omega_c/\pi \tag{4-13b}$$

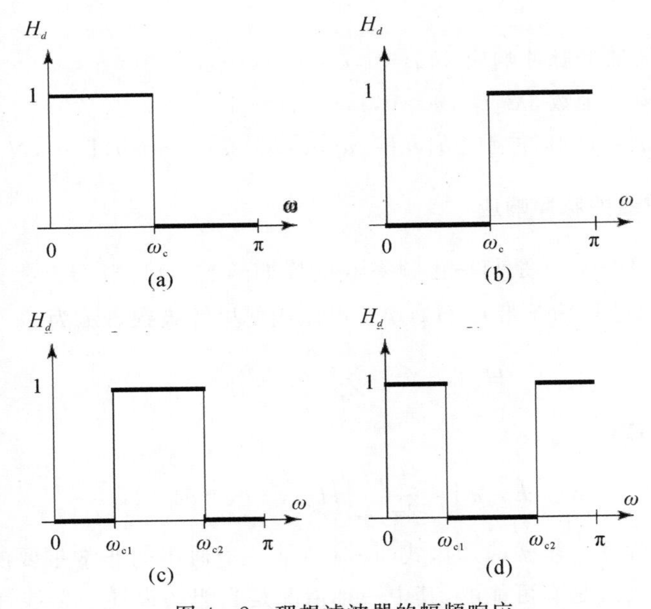

图 4－2　理想滤波器的幅频响应

(a) 低通；(b) 高通；(c) 带通；(d)带阻

2.高通滤波器

由图 4－2(b)可知，滤波器的归一化截止频率为 ω_c，假设滤波器长度 N 为奇数，则

$$h_d[n]=\begin{cases}1-\dfrac{\omega_c}{\pi} & ,n=M \\ -\dfrac{\sin[(n-M)\omega_c]}{(n-M)\omega_c} & ,n\neq M\end{cases} \tag{4-14a}$$

比较式(4－14a)和式(4－13a)，很容易发现高通滤波器的 $h_d[n]$ 不过是由 δ 函数减去低通滤波器的 $h_d[n]$ 得到的。因此将式(4－14a)写为

$$h_d[n]=\delta(n-M)-\hat{\omega}_c\text{sinc}[(n-M)\hat{\omega}_c],\quad \hat{\omega}_c=\omega_c/\pi \tag{4-14b}$$

3.带通滤波器

归一化截止频率为 ω_{c1} 和 ω_{c2}，由图 4－2(c)可知：

$$h_d[n]=\begin{cases}\dfrac{\omega_{c2}-\omega_{c1}}{\pi} & ,n=M \\ \dfrac{\sin[(n-M)\omega_{c2}]-\sin[(n-M)\omega_{c1}]}{(n-M)\pi} & ,n\neq M\end{cases} \tag{4-15a}$$

根据 sinc 函数，式(4－15a)可以被简化为

$$h_d[n]=\hat{\omega}_{c2}\text{sinc}[(n-M)\hat{\omega}_{c2}]-\hat{\omega}_{c1}\text{sinc}[(n-M)\hat{\omega}_{c2}] \tag{4-15b}$$

式中，$\hat{\omega}_{c1}=\omega_{c1}/\pi$，$\hat{\omega}_{c2}=\omega_{c2}/\pi$。

4.带阻滤波器

归一化截止频率为 ω_{c1} 和 ω_{c2} [见图 4－2(d)]，假设滤波器长度 N 为奇数，则

$$h_d[n]=\begin{cases}1-\dfrac{(\omega_{c2}-\omega_{c1})}{\pi}, & n=M\\ \dfrac{\sin[(n-M)\omega_{c1}]-\sin[(n-M)\omega_{c2}]}{(n-M)\pi}, & n\neq M\end{cases} \tag{4-16a}$$

根据 sinc 函数,式(4-16a)可以简化为

$$h_d[n]=\delta(n-M)+\hat{\omega}_{c1}\mathrm{sinc}[(n-M)\hat{\omega}_{c1}]-\hat{\omega}_{c2}\mathrm{sinc}[(n-M)\hat{\omega}_{c2}] \tag{4-16b}$$

式中,$\hat{\omega}_{c1}=\omega_{c1}/\pi$,$\hat{\omega}_{c2}=\omega_{c2}/\pi$ 。

5.希尔伯特变换

理想的希尔伯特变换可以被描述为

$$H_d(e^{j\omega})=\begin{cases}j, & -\pi<\omega<0\\ -j, & 0<\omega<\pi\end{cases} \tag{4-17}$$

假设滤波器长度为奇数,则

$$h_d[n]=\begin{cases}0, & (n-M)\text{ 为偶数}\\ \dfrac{2}{(n-M)\pi}, & (n-M)\text{ 为奇数}\end{cases} \tag{4-18}$$

6.离散时间微分器

离散时间微分器定义如下:

$$H_d(e^{j\omega})=j\omega/T_s,\ -\pi\leqslant\omega\leqslant\pi \tag{4-19}$$

假设滤波器长度 N 为奇数,则

$$h_d[n]=\begin{cases}0, & n=M\\ \dfrac{\cos[(n-M)\pi]}{T_s(n-M)}, & n\neq M\end{cases} \tag{4-20}$$

4.2.2　窗函数

假设窗函数的长度为 N,$M=(N-1)/2$,索引参数 n 从 $0\sim N-1$。

1.汉宁窗

$$w[n]=\frac{1}{2}\left[1-\cos\left(\frac{\pi n}{M}\right)\right] \tag{4-21}$$

2.汉明窗

$$w[n]=0.54-0.46\cos\left(\frac{\pi n}{M}\right) \tag{4-22}$$

3.布莱克曼窗

$$w[n]=0.42-0.5\cos\left(\frac{\pi n}{M}\right)+0.08\cos\left(\frac{2\pi n}{M}\right) \tag{4-23}$$

4.凯塞窗

$$w[n]=\frac{I_0\left(\beta\sqrt{1-\left(\frac{n}{M}-1\right)^2}\right)}{I_0(\beta)} \tag{4-24}$$

式中，$I_0(\cdot)$是修正的第一类零阶贝塞尔函数，β是一个可调参数，它控制着最小阻带衰减，α_s可被定义如下：

$$\beta=\begin{cases}0.1102(\alpha_s-8.7), & \alpha_s>50\\ 0.5842(\alpha_s-21)^{0.4}+0.07886(\alpha_s-21), & 21\leqslant\alpha_s\leqslant 50\\ 0, & \alpha_s<21\end{cases} \tag{4-25}$$

4.2.3 MATLAB 示例

例 4.2 基于式(4-13)～式(4-16)和式(4-21)～式(4-25)，就有了一个可以设计不同线性相位 FIR 滤波器的 MATLAB 函数。为了简单起见，滤波器长度 N 假设为奇数。

例 4.2 的 MATLAB 代码如下：

```
%Inputs: N -- filter length (odd integer)
%f_type -- 1 for lowpass, 2 for highpass, 3 for bandpass,
%           and 4 forbandstop.
%f_para -- omega_c for types 1 and 2, [omega_c1 omega_c2] for
%           types 3 and 4.
%w_type -- 1 for von Hann window, 2 for Hamming window, 3 for
%           Blackman window and 4 for Kaiser window.
%b -- beta for Kaiser window (optional).
%Output: h -- filter's impulse response (coefficients).
%Written by W.-S. Lu, University of Victoria
% Last modified: Dec. 18,2002.
% Examples: h =win_fourier(71,1,0.6,2); h=win_fourier(71 ,2,0.5,3);
%h =win_fourier(71,3,[0.35 0.65],4,5); h=win_fourier(71,4,[0.3 0.7],4,5);

function h=win_fourier(N,f_type,f_para,w_type,b)

M=(N-1)/2;
n=0:M-1;
%Generate impulse response of the ideal filter
iff_type ==1, %lowpass
omec=pi * f_para;
hd =sin((n-M) * omec)./((n-M) * pi);
hd =[hd omec/pi fliplr(hd)];
elseiff_ype ==2, % highpass
omec =pi * f_para;
hd =- sin((n-M) * omec)./((n-M) * pi);
hd =[hd 1 - omec/pi fliplr(hd)];
elseiff_type==3, %bandpass
omec1=pi * f_para (1);
```

```
omec2=pi * f_para (2);
hd =(sin((n—M) * omec2)—sin((n—M) * omec1))./((n—M) * pi);
hd =[hd(omec2 - omec1)/pi fiiplr(hd)] ;
elseiff_type==4, %bandstop
omec1=pi * f_para(1);
omec2=pi * f_para(2);
hd=(sin((n—M) * omec1)—sin((n—M) * omec2))./((n—M) * pi);
hd=[hd 1 -(omec2 - omec1)/pi fliplr(hd)];
end
%Geneate window function
ifw_type==1, %von Hann
w=0.5 * (1 - cos(pi * n/M));
w=[w 1fliplr(w)];
elseifw_type ==2, % Hamming
w=0.54 - 0.46 * cos(pi * n/M);
w=[w 1fliplr(w)];
elseifw_type==3, %Blackman
w=0.42 - 0.5 * cos(pi'n/M)+0.08 * cos(2'pi * n/M);
w=[w 1 fliplr(w)];
elseifw_type ==4, %Kaiser
w=besseli(0,b * sqrt(1 -(n/M - 1).^2))/besseli(0, b);
w=[w 1 fliplr(w)];
end
% Obtain impulse response
h=w. * hd;
figure(1)
subplot(121)
plot(h)
axis([1 N 1.2 * min(h) 1.2 * max(h)])
axis('square')
grid
title('lmpulse response of the FIR filter')
% Evaluate and plot the amplitude response of the filter
[H,ww] = freqz(h,1,1024);
subplot(122)
plot(ww,20 * log10(abs(H)))
axis([0 pi - 100 10])
axis('square')
grid
title('Amplitude response of the FIR filter')
```

```
xlabel('Normalized Frequency')
```

MATLAB代码被用来实现以下设计：

(1)低通滤波器 $N=71,\omega_c=0.6\pi$，汉明窗。

MATLAB 命令为 h＝win_fourier(71,1,0.6,2)。

设计的滤波器的脉冲响应和幅度如图 4－3 所示。

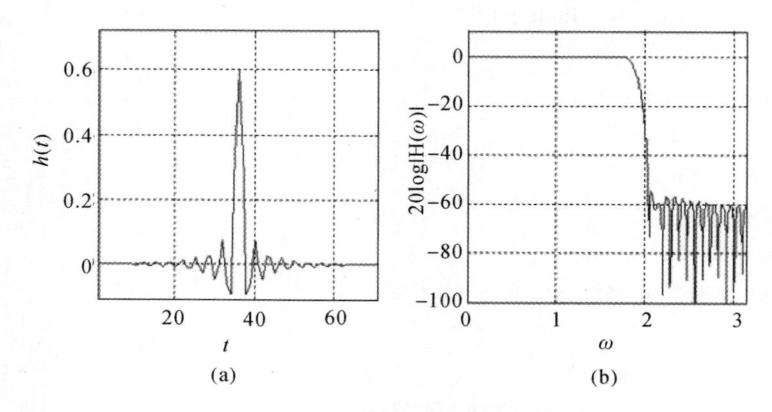

图 4－3　滤波器的脉冲响应

(a)脉冲响应；(b)幅度响应

(2)高通滤波器 $N=71,\omega_c=0.6\pi$，布莱克曼窗。

MATLAB 命令为 h＝win_fourier(71,2,0.5,3)。

设计的滤波器的脉冲响应和幅度如图 4－4 所示。

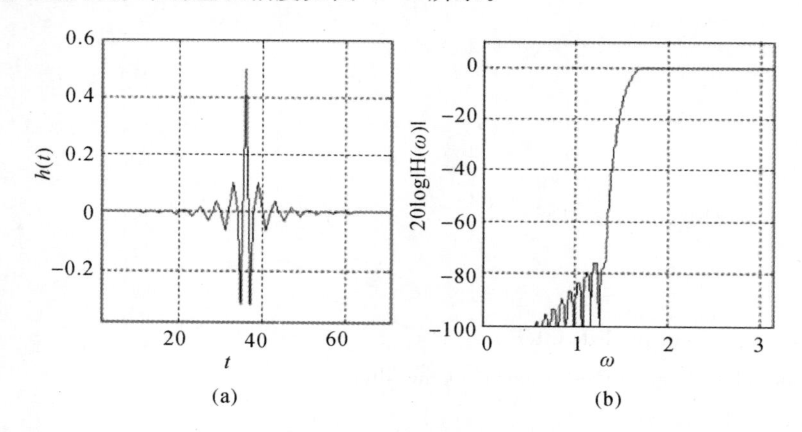

图 4－4　滤波器的脉冲响应

(a)脉冲响应；(b)幅度响应

(3)带通滤波器 $N=71,\omega_{c1}=0.35\pi,\omega_{c1}=0.65\pi$，$\beta=5$ 的凯塞窗。

MATLAB 命令为 h＝win_fourier(71,3,[0.350.65],4,5)。

设计的滤波器的脉冲响应和幅度如图 4－5 所示。

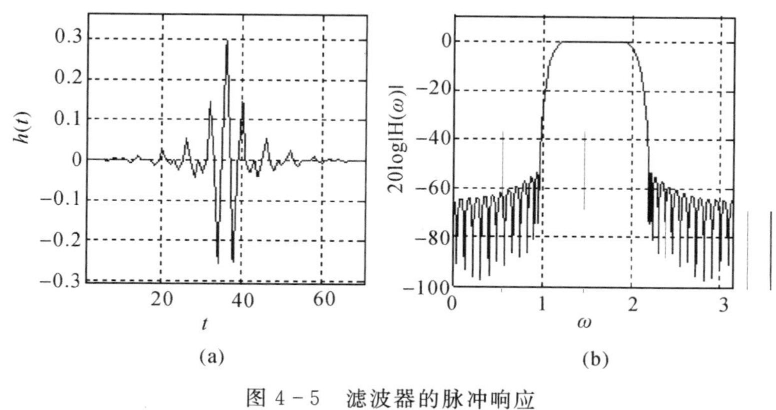

图 4－5　滤波器的脉冲响应

(a)脉冲响应;(b)幅度响应

(4)带阻滤波器 $N=71,\omega_{c1}=0.3\pi,\omega_{c1}=0.7\pi$，$\beta=5$ 的凯塞窗。

MATLAB 命令为 h＝win_fourier(71,4,[0.30.7],4,5)。

设计的滤波器的脉冲响应和幅度如图 4－6 所示。

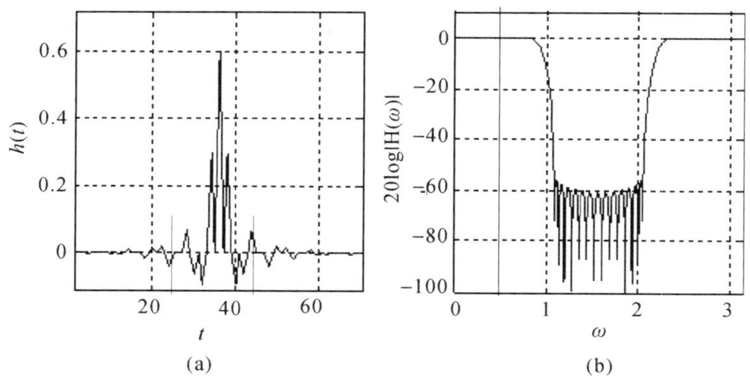

图 4－6　滤波器的脉冲响应

(a)脉冲响应;(b)幅度响应

4.3　希尔伯特变换

4.3.1　解析信号

令 $x(t)$ 是有限带宽的实值模拟信号。其频谱根据傅里叶变换定义,可以被表示如下:

$$X(f)=\int_{-\infty}^{\infty}x(t)\,\mathrm{e}^{-\mathrm{j}2\pi ft}\,\mathrm{d}t=\int_{-\infty}^{\infty}x(t)\cos(2\pi ft)\mathrm{d}t-\mathrm{j}\int_{-\infty}^{\infty}x(t)\sin(2\pi ft)\mathrm{d}t$$

可以看到,实值模拟信号的频谱是复值。这种观察的结果是对于一个基带带宽为 D 的实值信号 $x(t)$ 来说,其频谱的实际带宽是 $2D$,如图 4－7 所示。另外,还可以看到位于 $x(t)$ 频谱的负频率部分与具有正频率的 $X(f)$ 相比,并没有提供额外的信息。因此一个自然的问题是：是否可以构造一个信号，比如 $x_+(t)$，其频谱在正频率时与 $x(t)$ 相同，但在所有的负频率处没有频谱？

一个直接的观察是，这样的模拟信号 $x_+(t)$ 必须是复值的，现在的问题是如何找到它。一个直观合理的方法是创造一个单边光谱，即保存 $f \geqslant 0$ 时的 $X(f)$，而去掉当 $f < 0$ 时的 $X(f)$。如此修正过的频谱如图 4-8 所示，它可以被描述为 $u(f)X(f)$，其中 $u(f)$ 是单位阶跃函数，假定 $f<0$ 时值为 0，$f \geqslant 0$ 值为 1。

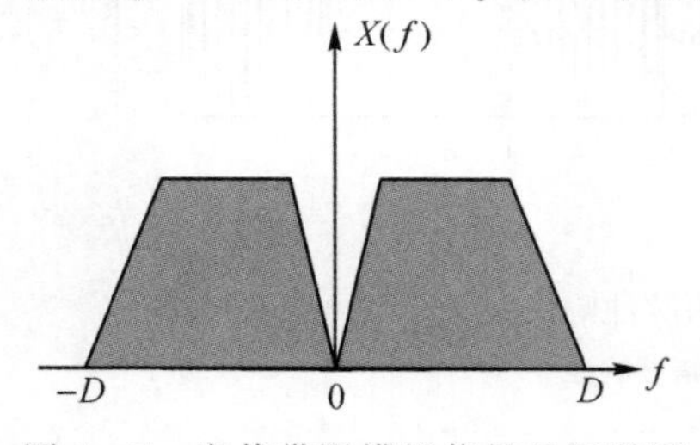

图 4-7　实值带限模拟信号的频谱图

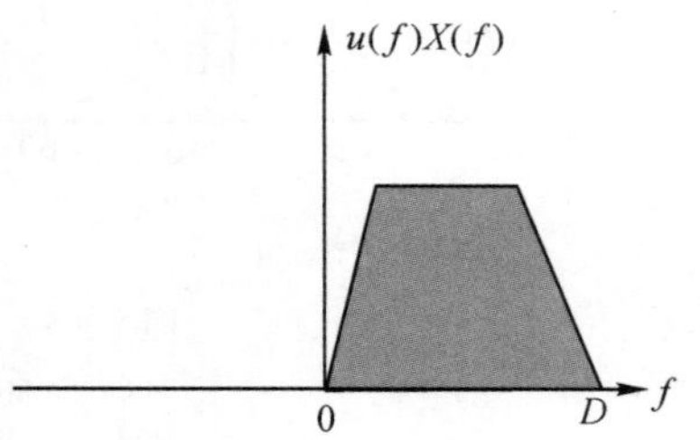

图 4-8　由 $X(f)$ 产生的单边谱图

接下来对单边谱执行逆傅里叶变换以获得期望的模拟信号，即 $x_+(t)$ 的时域表示。但在这之前，需要将单边频谱延拓至 $2u(f) * X(f)$，以便相关的模拟信号的能量与 $x(t)$ 相同，因此有

$$\begin{aligned} x_+(t) &= \mathscr{F}^{-1}[2u(f)X(f)] = \mathscr{F}^{-1}[2u(f)] \otimes \mathscr{F}^{-1}[X(f)] = \\ &\left(\delta(t) + \mathrm{j}\frac{1}{\pi t}\right) \otimes x(t) = x(t) + \mathrm{j}\,\hat{x}(t) \end{aligned} \tag{4-26a}$$

式中，$\mathscr{F}^{-1}$ 表示逆傅里叶变换；$\otimes$ 代表卷积，并且

$$\hat{x}(t) = \frac{1}{\pi t} \otimes x(t) = \frac{1}{\pi}\int_{-\infty}^{\infty} \frac{x(\tau)}{t-\tau}\mathrm{d}\tau \tag{4-26b}$$

式(4-26b)被称为 $x(t)$ 的希尔伯特变换(HT)，式(4-26)中的信号 $x_+(t)$ 被称为解析信号。

4.3.2　数字希尔伯特变换器

如图 4-9 所示，解析信号 $x_+(t)$ 可被表示为：将信号 $x(t)$ 作为其实部，将 $\hat{x}(t)$ 作为其虚部，其中 $\hat{x}(t)$ 可以通过应用滤波器实现信号 $x(t)$ 的 HT 来产生。

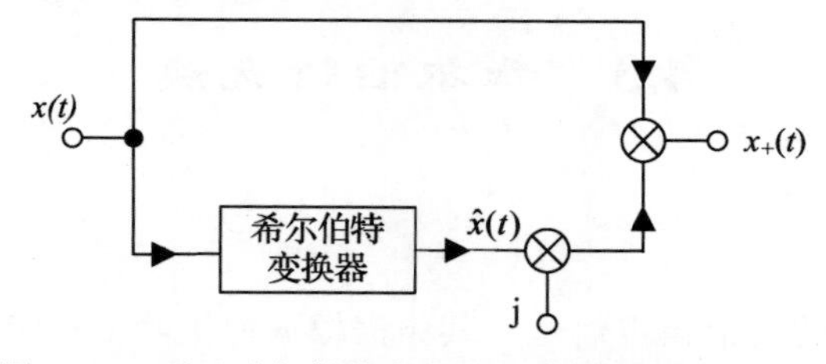

图 4-9　通过希尔伯特变换器构建解析信号 $x_+(t)$

这种滤波器被称为希尔伯特变换器，其频率响应可由式(4-26b)得到：

$$H(f) = \int_{-\infty}^{\infty} \frac{1}{\pi t}\mathrm{e}^{-\mathrm{j}2\pi f t}\mathrm{d}t = \begin{cases} -\mathrm{j}, & f > 0 \\ 0, & f = 0 \\ \mathrm{j}, & f < 0 \end{cases} \tag{4-27}$$

为了设计一个数字希尔伯特转换器，由式(4－27)可得到期望的频率响应为

$$H(e^{j\omega})=\begin{cases}-j, & 0<\omega<\pi \\ j, & -\pi<\omega<0\end{cases}$$

并使用式(4－11)计算 $h_d[k]$：

$$h_d[k]=\frac{1}{2\pi}\int_{-\pi}^{0} j\,e^{jk\omega}\,d\omega-\frac{1}{2\pi}\int_{0}^{\pi} j\,e^{jk\omega}\,d\omega=\begin{cases}0, & k=0\text{ 或偶数} \\ \dfrac{2}{k\pi}, & k\text{ 为奇数}\end{cases} \tag{4-28}$$

式中，$k=0,\pm1,\pm2,\cdots$，式(4－28)表明 $h_d[k]$ 对于任意偶数 k 都为 0，对于任意奇数 k 都为 $2/k\pi$。因此，如果假设希尔伯特转换器的长度 N 为奇数，并引进 $M=(N-1)/2$，则式(4－28)就成为

$$h_d[n]=\begin{cases}0, & (n-M)=0\text{ 或偶数} \\ \dfrac{2}{(n-M)\pi}, & (n-M)\text{ 为奇数}\end{cases} \tag{4-29}$$

式中，$n=0,1,\cdots,N-1$。希尔伯特转换器的脉冲响应 $\{h[n]\}$ 可由 $\{h[n]=w[n]*h_d[n]\}$ 得到，其中 $\{w[n]\}$ 是由设计者决定的 N 点窗函数。

4.3.3 MATLAB 示例

1.一个长度 $N=41$ 的希尔伯特转换器的设计

下面给出了实现基于窗口的设计方法的 MATLAB 代码：

```
N = 41;
M= (N-1)/2;
hz= zeros(1,M);
zw = 1:2:(M-1);
hz(1:2:(M-1)) = 2./(pi * zw);
hd = [- fliplr(hz) 0 hz];
hd = hd(:);
w = hamming(N);
h = hd. * w;
```

$H_d(z)$ 的幅频响应和 $H(z)$ 如图 4－10 所示，$H(z)$ 的相频响应和群延时如图 4－11 所示。

2.准备一个带有标准化通带 [0.1,0.9] 的随机通带测试信号

```
randn('state',5)
xw = randn(1024+300,1);
b = fir1(100,[0.1 0.9],'bandpass');
b = b(:);
xw = conv(xw,b);
x =xw(151:1174);
X =fft(x);
X =fftshift(X);
```

3.构造解析信号 $x_+(n)$ ，并比较 $x(n)$ 和 $x_+(n)$ 的频谱图。

```
xwh = conv(x, h);
xh = xwh((M+1):(M+1024));
xp = x + j * xh;
%Compute and compare the spectrum of x+(n) with that of x(n)
Xp = fft(xp);
Xp = fftshift(Xp);
figure(1)
subplot(211)
fr =-1:2/1023:1;
plot(fr,abs(X))
grid
subplot(212)
plot(fr,abs(0.5 * Xp))
grid
```

$x(n)$ 和 $x_+(n)$ 的频谱如图 4－12 所示。

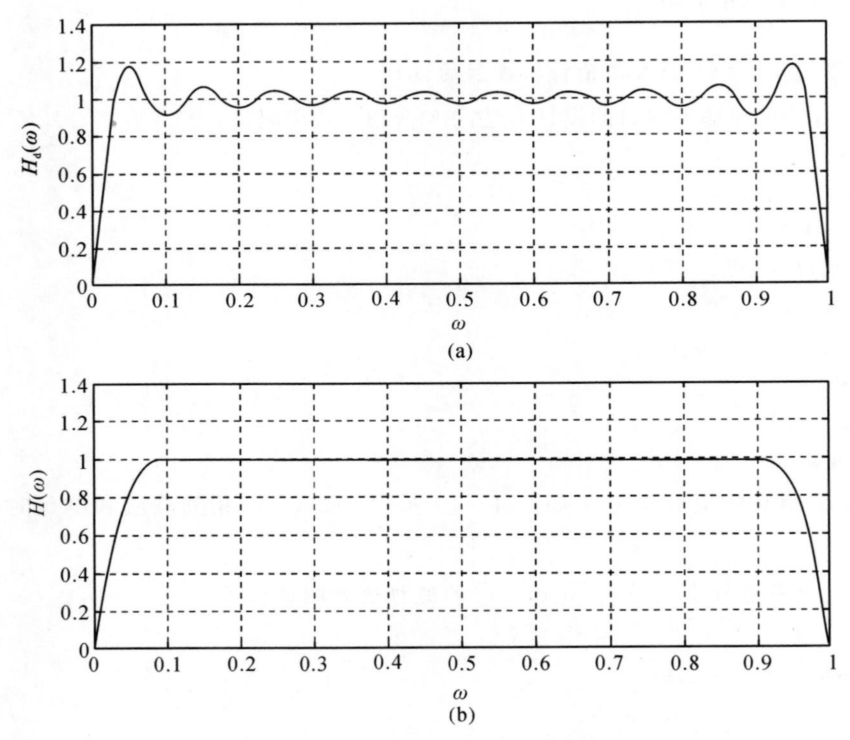

图 4－10　$H_d(z)$ 和 $H(z)$ 的幅频响应

(a) $H_d(z)$的幅频响应；(b) $H(z)$的幅频响应

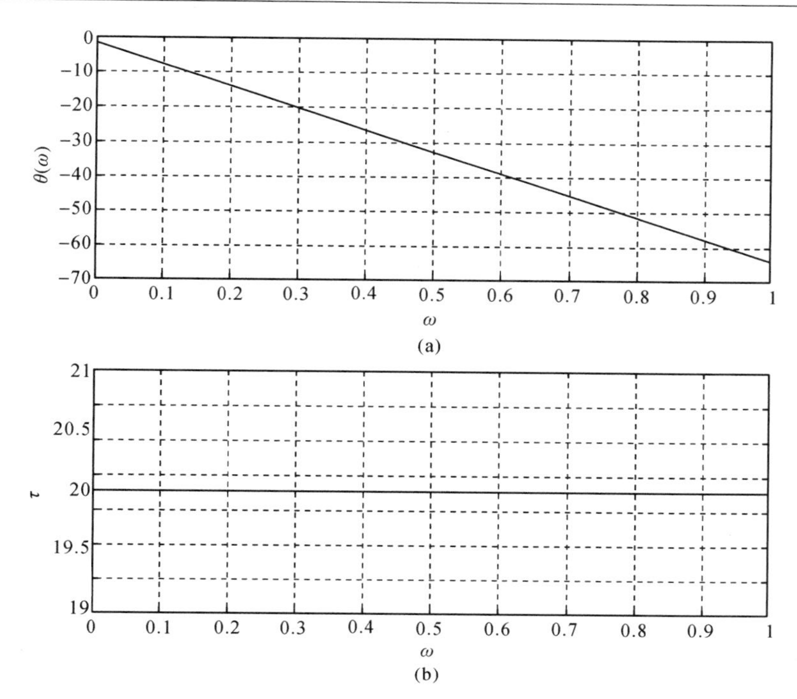

图 4－11　$H(z)$ 的相频响应和群延时

(a)正频率下 $H(z)$ 的相频响应；(b)$H(z)$ 的群延迟

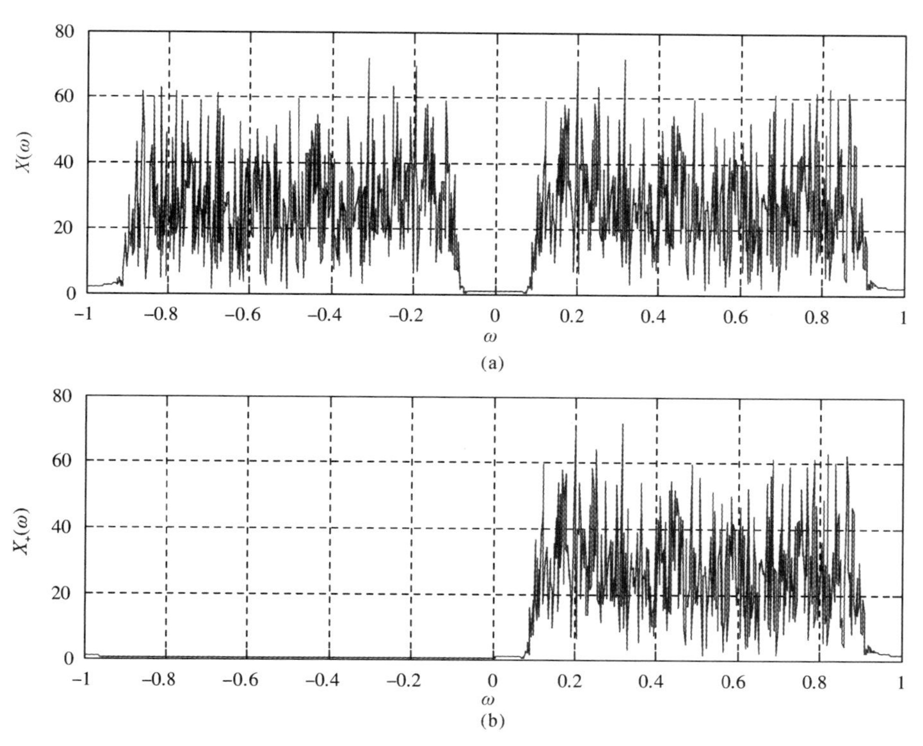

图 4－12　信号 $x(n)$ 和 $x_+(n)$ 的谱图

(a)$X(n)$的频谱图；(b)$X_+(n)$的频谱图

4.4 数字微分器

有许多应用需要精确估计某些信号的导数。例如，在机器人的运动控制中，机器人关节的速度信息具有至关重要的价值。可以使用速度传感器测量机械接头的速度。在诸如机器人机械手的多关节机械臂中，该解决方案意味着配备多个速度传感器，这不仅导致成本增加，而且还导致系统可靠性的问题，因为任何一个传感器的故障都会严重降低系统的性能。解决这个问题的一个可能的方案是使用软件定义的速度传感器，其速度是使用被称为数字微分器的数字滤波器来计算的。

数字微分器的概念十分简单，可以描述为假设得到了连续位置信号 $s(t)$ 的采样版本，并将这些采样值记为 $s(nT_s)$，其中 T_s 是采样区间，$n=0,1,2,\cdots$。根据微积分定义可以知道，位置信号 $s(t)$ 的导数近似等于 $[s(t+\Delta)-s(t-\Delta)]/2\Delta$（即中心差分法）。当然也可以使用不同的方法，如前项差分法 $[s(t+\Delta)-s(t)]/\Delta$ 或后向差分法 $[s(t)-s(t-\Delta)]/\Delta$，或者其他方法，但对于接下来的讨论，中心差分法是最方便的。为使近似更加准确，差分中所使用的 Δ 必须足够小。如果位置采样 $s(nT_s)$ 是通过一个足够高的采样频率 $f_s=1/T_s$ 采样得到的，很自然地用 T_s 作为 Δ，于是则有

$$\left.\frac{\mathrm{d}s(t)}{\mathrm{d}t}\right|_{t=nT_s}\approx\frac{s[(n+1)T_s]-s[(N-1)T_s]}{2T_s} \tag{4-30}$$

为了检验频域中式(4-30)的运算，对式(4-30)右侧应用 z 变换并令 z 为 $\mathrm{e}^{\mathrm{j}\omega T_s}$。于是：

$$\left.\frac{zs(nT_s)-z^{-1}s(nTs)}{2T_s}\right|z=\mathrm{e}^{\mathrm{j}\omega T_s}=\frac{\mathrm{e}^{\mathrm{j}\omega T_s}-\mathrm{e}^{-\mathrm{j}\omega T_s}}{2T_s}s(nT_s)=\frac{\mathrm{j}\sin\omega T_s}{T_s}s(nT_s)\approx \mathrm{j}\omega s(nT_s) \tag{4-31}$$

如果频率轴是归一化的，这时 π 相当于 $\omega_s/2=\pi/T_s$，那么对信号以频率 $1/T_s$ 采样的微分器的理想频率响应如下：

$$H_d(\mathrm{e}^{\mathrm{j}\omega})=\mathrm{j}\omega/T_s,\quad -\pi\leqslant\omega\leqslant\pi \tag{4-32}$$

由式(4-11)，长度为 N 的微分器的期望脉冲响应 $h_d[n]$ 如下：

$$h_d[n]=\begin{cases}0, & n=M\\ \dfrac{\cos[(n-M)\pi]}{T_s(n-M)}, & n\neq M\end{cases} \tag{4-33}$$

式中，$M=(N-1)/2$，$n=0,1,\cdots,N-1$。

例 4.3 对如下信号应用数字微分器，有

$$s(t)=0.3+\sum_{i=1}^{7}\{a_i\sin(2\pi it)+b_i\cos[2\pi(i-0.5)t]\} \tag{4-34}$$

根据式(4-34)，速度可以精确地计算如下：

$$v(t)=\frac{\mathrm{d}s(t)}{\mathrm{d}t}=2\pi\sum_{i=1}^{7}\{a_i\cos(2\pi it)+b_i\cos[2\pi(i-0.5)t]\} \tag{4-35}$$

信号 $s(t)$ 经过频率 $f_s=512$ Hz 进行采样，时长 2 s，得到 1 024 个采样点的 $s(n)$，其中 a_i 和 b_i 是随机产生的实值系数。根据式(4-36)，完美的速度信号是经过相同频率 f_s 采样 2 s 得到的 1 024 个采样点的 $v(n)$。MATLAB 代码如下：

```
t=0:1/512:(2-1/512);
```

```
t=t(:);
randn('state', 7)
a = 0.25 * randn(7,1);
randn('state',19)
b=0.25 * randn(7,1);
s=0.3 * ones(1024,1);
v=zeros(1024,1);
fori =1:7,
s1=a(i) * sin(2 * pi * i * t);
s2=b(i) * cos(2 * pi * ( i-0.5) * t);
s=s+s1+s2;
v1=i * a(i) * cos(2 * pi * i * t);
v2=(i-0.5) * b(i) * sin(2 * pi * (i-0.5) * t);
v=v+2 * pi * (v1-v2);
end
```

[0,2]s 的位置信号 $s(n)$ 和速度信号 $v(n)$ 分别如图 4-13(a)(b)所示。

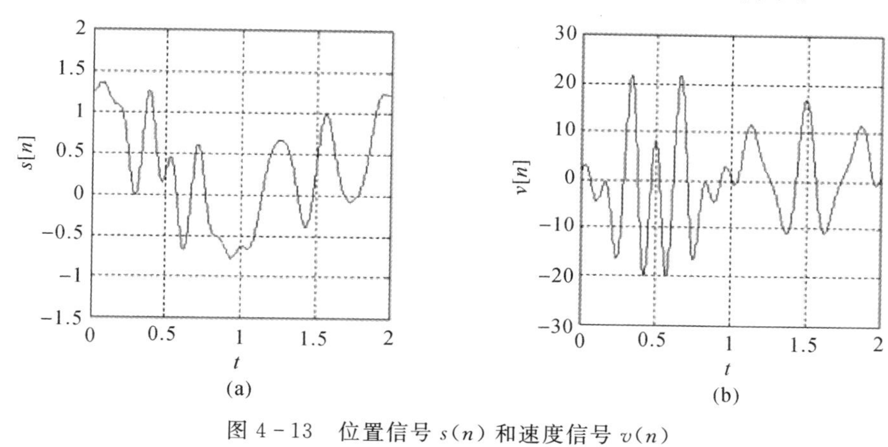

图 4-13　位置信号 $s(n)$ 和速度信号 $v(n)$

(a)位置信号 $s(n)$；(b)速度信号 $v(n)$

现在，根据 4.2 节开始所说的步骤来设计一个长度 $N=23$ 的数字微分器 $H(z)$。实现该设计的 MATLAB 代码如下：

```
fs=512;
Ts=1/fs;
N=23;
M=(N-1)/2;
n=1:1:M;
h=cos(n * pi)./(Ts * n);    % compute desired impulse response using(4-33)
h=[-fliplr(h) 0 h];    % compute desired impulse response using (4-33)
win=hamming(N);    %construct 41-point Hamming window
h_diff = win(:).* h(:);    %generate the impulse response of the differentiator
```

接下来通过离散卷积对位置信号 $s(n)$ 应用微分器：

```
sw=conv(h_diff, s);        % perform digital differentiation bydiscrete convolution
s_diff=sw(12:1035);        % reduce the output length to 1024
```

图 4－14(a)是微分器的输出，图 4－14(b)是作为比较的准确的速度信号 v 。

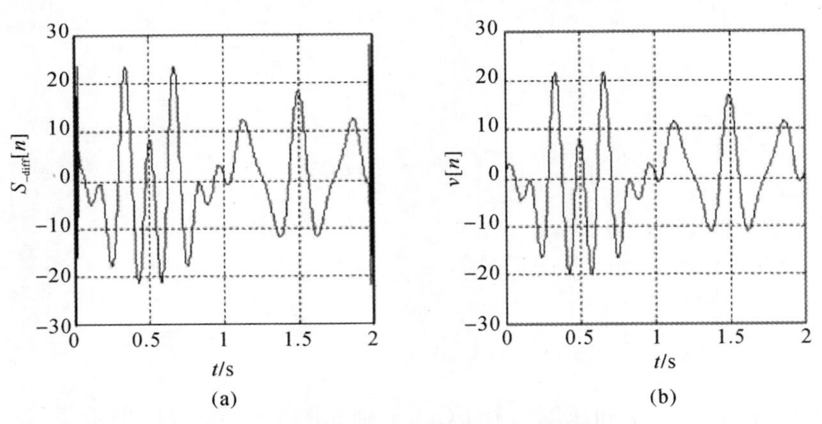

图 4－14　微分器的输出和准确的速度信号

(a)微分器的输出；(b)准确的速度信号

可以看到，除开始和结束的很短一段时间之外，数字微分器做得都很好。

4.4.1　有限带宽数字微分器的需求

上述差分器的一个缺点是，它无法在实践中使用差分器，因为它无法处理受噪声干扰的信号，即使噪声幅度很小。这种失败是由于式(4－31)和式(4－32)表征的数值微分是在整个频带内进行所造成的，因为这么做的同时，噪声也被微分了。由于典型的噪声在高频区域具有非零频谱，因此即使是小幅值的噪声仍然会产生大幅值的输出，这使得微分器在实际中很难应用。图 4－15(b)展示了对图 4－15(a)中一个噪声污染位置信号应用以上微分器时的结果。噪声信号 $x[n]$ 是通过向图 4－13(a)中显示的位置信号 $s[n]$ 添加少量高频噪声 $w[n]$ 而获得的，即

$$x[n]=s[n]+w[n] \tag{4-36}$$

产生噪声位置信号 $x[n]$ 的 MATLAB 代码如下：

```
randn('state',9);              % sets a seed state for generating a random sequence
w0=randn(1024,1 );             % generate 1024 Gaussian white random samples
mw=mean(w0);                   % evaluate its mean value
w0= w0 - mw;                   % modify w0 to have a zero - mean
c=0.3/sqrt((w0' * w0)/1024);
w0= c * w0;                    % modify w0 to have a standard deviation = 0.3
h=fir1(250, 0.7, 'high');      % get a good highpass FIR filter with cutoff freq. =0.7
w1=conv(h,w0);                 % apply highpass filtering to the white sequence
w=w1(126: 1149);               % cut the filtered sequence to a right size
w = w(:);                      % make sure w[n] is a column vector
```

```
x =s + w;                         % Generate noisy position signal
```

要注意的是，为了产生噪声信号 $x[n]$，上面的代码需要使用前面给出的代码所生成的信号 $s[n]$。

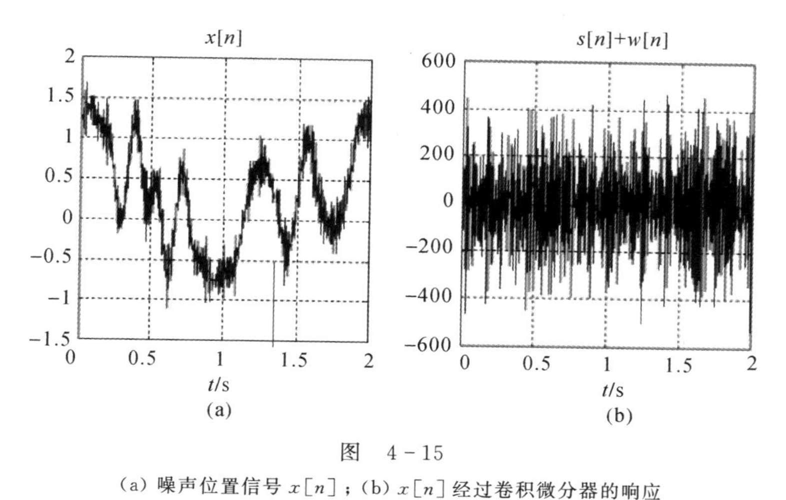

图　4 - 15

(a) 噪声位置信号 $x[n]$；(b) $x[n]$ 经过卷积微分器的响应

处理数字微分噪声信号问题的一种可能的方法是设计在特定频带中执行微分的带限微分器。带限微分的概念对信号频谱和噪声频谱不重叠的信号特别有效。图 4 - 15(a)所示的信号就是一个例子，这一点从图 4 - 16 所示的频谱中也可以看出。

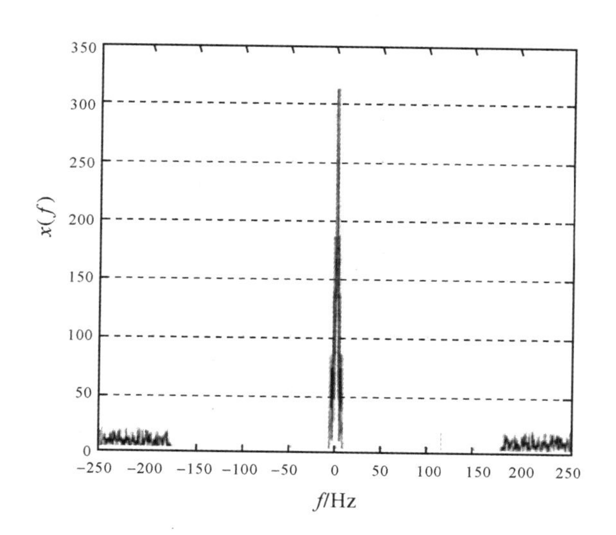

图 4 - 16　噪声位置信号 $x[n]$ 的谱图

一个群延时为 K 的带限线性相位 FIR 微分器的期望频率响应为

$$H_{\text{nldiff}}(e^{j\omega}) = e^{-jK\omega} A_{\text{bldiff}}(\omega)$$

其中

$$A_{\text{bldiff}}(\omega) = \begin{cases} j\omega / T_s, & |\omega| \leqslant \omega_c \\ 0, & \omega_c < |\omega| \leqslant \pi \end{cases} \tag{4-37}$$

式中，ω_c 是归一化截止频率；T_s 表示微分信号的采样间隔(以 s 为单位)。

根据窗口傅里叶级数思想(见 4.2 节)，假设要设计一个长度为奇数 N 的线性相位带限微分器(BLD)，其传递函数为

$$H(z)=h_0+h_1 z^{-1}+\cdots+h_{N-1} z^{-(N-1)} \tag{4-38}$$

根据式(4-11)，其理想的频率响应为

$$h_d[n]=\frac{1}{2\pi}\int_{-\pi}^{\pi} H_{\text{bldiff}}(e^{j\omega})\, e^{jn\omega}\,d\omega=\frac{1}{\pi T_s}\int_0^{\omega c}\omega\sin[(K-n)\omega]d\omega=\frac{1}{\pi T_s}\int_0^{\omega c}\omega\sin[(M-n)\omega]d\omega \tag{4-39}$$

当设置 $K=M=(N-1)/2$ 使得微分器具有线性相位响应时，最后的等式成立。根据式(4-39)可知：

$$h_d[(N-1)/2]=0$$
$$h_d[(N-1-n)/2]=-h_d[n],\ n=0,1,\cdots,(n-3)/2 \tag{4-40}$$

式中，$h_d[n]$ 由式(4-39)计算得来：

$$h_d[n]=\frac{\sin[(M-n)\omega_c]-(M-n)\omega_c\cos[(M-n)\omega_c]}{\pi(M-n)^2 T_s},\ n=0,1,\cdots,(n-3)/2 \tag{4-41}$$

因此，一个 FIR BLD 的脉冲响应变为 $h[n]=w[n]h_d[n]$，其中 $\{w[n],n=0,1,\cdots,N-1\}$，一个由设计者决定的窗函数。可以看到 BLD 的脉冲响应是反对称的。

作为示例，考虑从之前长度 $N=23$ 的 FIR BLD 所产生的噪声污染位置信号 $x[n]$ 中提取速度信息。通过查看图 4-16 中的 $x[n]$ 的频谱，选择归一化截止频率为 $\omega_c=0.3\pi$，$T_s=1/512$ s，根据式(4-40)、式(4-41)和 $h[n]=w[n]h_d[n]$，$n=0,1,\cdots,N-1$，其中 $\{w[n],n=0,1,\cdots,N-1\}$ 是一个 23 点的汉明窗，可以设计一个 BLD。

该 BLD 的前 12 个系数如下：

0.569 436 490 105 414

1.515 006 445 629 407

1.784 146 008 797 090

−0.838 367 658 515 787

−6.922 741 123 924 026

−11.090 732 814 363 195

−3.947 017 005 605 733

18.335 117 415 734 814

45.670 585 283 863 730

57.919 384 705 024 065

40.790 957 441 845 620

0

$x[n]$ 经过带限微分的结果，以及与之比较的真实速度信号 $v[n]$ 如图 4-17 所示。

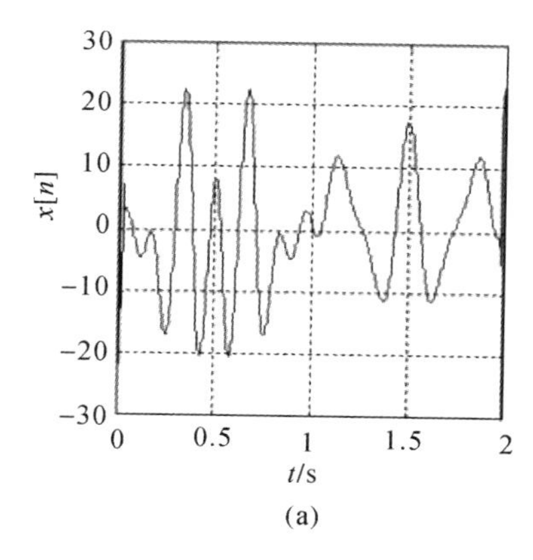

(a)

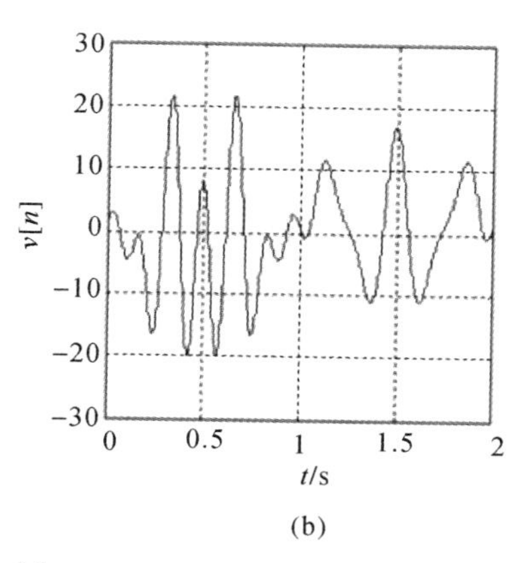

(b)

图 4-17

(a) FIR BLD 的输出;(b)确定的速度信号 $v[n]$

实现以上设计的 MATLAB 代码如下：

```
fs =512;
Ts=1/fs;
N = 23;
M=(N-1)/2;
n= 0:1:(M-1);
k=M - n;
k2 =k.^2;
fc=0.3 * pi;
h1= sin(k * fc);                    %compute desired impulse response using(4 - 41)
h2=(fc * k). * cos(k * fc);         %compute desired impulse response using(4 - 41)
hd=(h1 - h2)./(Ts * pi * k2);       %compute desired impulse response using (4 - 41)
hd=[hd 0 - fliplr(hd)];             %compute desired impulse response using (4 - 40)
win=hamming(N);                     % construct 23 - point Hamming window
h_bld = win(:). * hd(:);            % generate the impulse response of the differentiator
vw =conv(h_bld, x);                 % performdigital differentiation by discrete convolution
v_bid=vw(12:1035);                  %reduce the output length to 1024
figure(1 )
plot(t, v_bid)
grid
axis([0 2 - 30 30])
axis square
xlabel('(a) Time in seconds')
title('Output of FIR BLD')
figure(2)
plot(t,v)
grid
axis([0 2 - 30 30])
axis square
```

```
xlabel('(b) Time in seconds')
title('Exact velocity signal v[n]')
```

4.5 二通道滤波器组

4.5.1 使用滤波器组进行信号传送

假设要传送两个数字 a 和 b。可以直接传送它们，即先传送 a，再传送 b，或者可以通过发送两个不同但等价的数字间接传输它们，即二者的平均值：

$$c=(b+a)/2$$

以及二者的差值：

$$d=(b-a)/2$$

新的数据对 $\{c,d\}$，同原先的数据对 $\{a,b\}$ 包含相同数量的信息，因为从 $\{c,d\}$ 可以完美地恢复 $\{a,b\}$：

$$a=c-d$$
$$b=c+d$$

但这有什么意义呢？

可以将这两个数字 a 和 b 看作音频信号的两个连续样本。如果采样频率足够高，则 a 和 b 可能彼此接近，即 $a\approx b$。

因此，可以得到 $c\approx a$ 和 $d\approx 0$。所以，由于统计上 d 会非常小，因此传输数据对 $\{c,d\}$ 比传输原始数据对 $\{a,b\}$ 更经济（有效）。

这个简单例子的意义在于它提出了一个非常有用的数据传输/重建机制。

上述的数据转换和重构可以稍加修改：

$$c=\frac{b+a}{\sqrt{2}},\quad d=\frac{b-a}{\sqrt{2}}$$

以及

$$a=\frac{c-d}{\sqrt{2}},\quad b=\frac{c+d}{\sqrt{2}}s$$

这样，将原始数据对 $\{a,b\}$ 变换到数据对 $\{c,d\}$ 的变换矩阵就变为正交矩阵：

$$\begin{bmatrix}c\\d\end{bmatrix}=\begin{bmatrix}\frac{1}{\sqrt{2}} & \frac{1}{\sqrt{2}}\\ -\frac{1}{\sqrt{2}} & \frac{1}{\sqrt{2}}\end{bmatrix}\begin{bmatrix}a\\b\end{bmatrix}$$

如果 $\boldsymbol{AA}^{\mathrm{T}}=\boldsymbol{I}$，则矩阵 $\boldsymbol{A}$ 即为正交矩阵。因此，这使得上述正交矩阵的转置矩阵就是其逆矩阵，因此很容易实现从 $\{c,d\}$ 恢复 $\{a,b\}$：

$$\begin{bmatrix}a\\b\end{bmatrix}=\begin{bmatrix}\frac{1}{\sqrt{2}} & -\frac{1}{\sqrt{2}}\\ \frac{1}{\sqrt{2}} & \frac{1}{\sqrt{2}}\end{bmatrix}\begin{bmatrix}c\\d\end{bmatrix}$$

或者可以考虑将一对信号采样的平均值通过线性滤波的 FIR 数字滤波器来实现，其传递函数由下式给出：

$$H_0(z)=\frac{1}{\sqrt{2}}(1+z^{-1}) \tag{4-42}$$

$H_0(z)$ 是一个线性相位低通滤波器，其频率响应如图 4－18(a)所示。

同样，一对信号样本的移动差分同样可以利用 FIR 滤波器进行：

$$H_1(z)=\frac{1}{\sqrt{2}}(1-z^{-1}) \tag{4-43}$$

$H_1(z)$ 是一个线性相位高通滤波器，其频率响应如图 4－18(b)所示。

滤波器 $H_0(z)$ 和 $H_1(z)$ 由式(4－42)和式(4－43)给出，它们通常也被称为 Haar 滤波器。

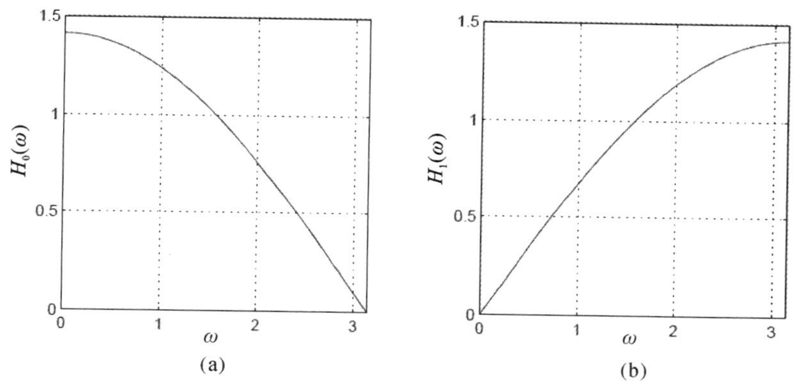

图 4－18　线性相位低通、高通滤波器

(a) $H_0(z)$ 的幅频响应；(b) $H_1(z)$ 的幅频响应

图 4－19 说明了如何将两个信号样本变换为等效数字对，其中两个滤波器构成一个分析滤波器组。

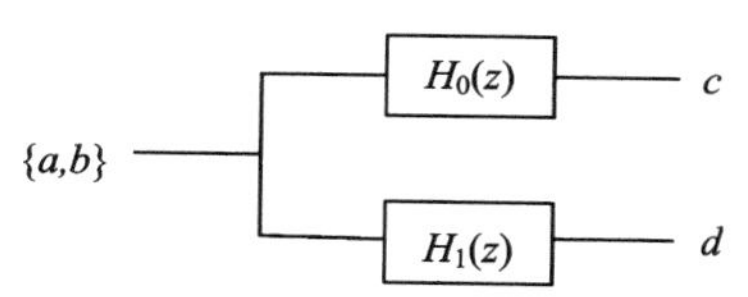

图 4－19　两个滤波器构成一个分析滤波器组

对于具有两个以上采样样本的输入信号，可以将信号分组为不同的数据块，并根据如上所述对每个数据块进行处理。这种逐数据块处理的方式可以被视为等同于没有分块的滤波，接着是称为下采样或子采样的操作。比如，对一个序列 $\{\cdots,a_0,a_1,a_2,a_3,a_4,\cdots\}$ 进行 2 倍下采样，就能得到一半长度的序列 $\{\cdots,a_0,a_2,a_4,\cdots\}$ 。通过包含的子采样块，分析滤波器组可以连续处理输入信号，而非逐块地进行，滤波器组如图 4－20 所示。

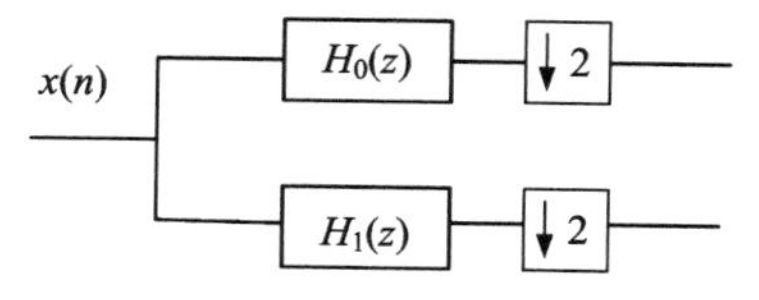

图 4－20　下采样滤波器组

假设要传送一个长度为偶数 N 的离散时间信号。从图 4－20 可以看出，信号被分成两个子信号，滤波器组的每个输出都是长度为 $N/2$ 的子信号。与输入信号的长度相比，滤波器组输出端的样本总数保持不变。如前所述，分析滤波器组可能会产生多达（接近）一半的值很小的输出样本。在信号传输（或存储）的过程中，可以使用较少的位数来编码具有小数值的数据。

这种将信号分解为不同频带中的子信号的想法是非常重要的，因为图 4－20 中所示的双通道分析滤波器组可以用作构建块以构建具有树形结构的分析滤波器组。显然，这种类型的滤波器组可以产生更多的“小”输出值（大部分小的输出值是由高通滤波器产生的）。总的来说，假如输入信号的长度 N 是 2 的幂次，即 $N=2^K$，则树层次最大为 K，如图 4－21 所示。

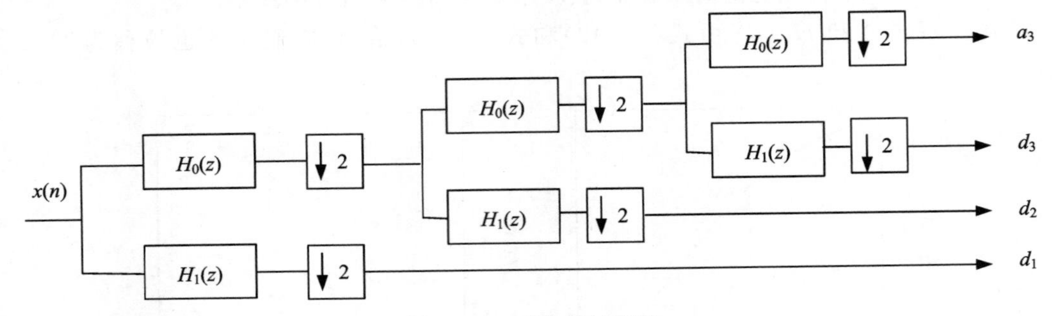

图 4－21　多级滤波器组

例 4.4　考虑对连续时间采样得到的长度为 1 024 的离散时间信号

$$x(t)=e^{-5t}\sin(80t),\quad 0\leqslant t\leqslant 1$$

分别使用由式(4－42)和式(4－43)表征的具有低通和高通滤波器的 10 级树形结构分析滤波器组来对离散信号进行变换（分解）。图 4－22 显示了输入信号和变换后的信号，它显示出大量很小的输出值。图 4－22(c)描绘了当使用长度为 4 的 Daubechies 小波滤波器时获得的变换样本，其中可以观察到更多可以被忽略的输出样本。

图 4－22(b)(c)中的曲线图是使用 Vigo 大学研究人员开发的 Toolbox Uvi_Wave 生成的。

例 4.4 的 MATLAB 代码如下：

```
t = 0:1/1023:1;% define time instants on [0, 1] of the time-axis
x = exp(-5*t).*sin(80*t);% generate 1024 signal samples
H0 = [1 1]/sqrt(2);% analysis lowpass Haar filter
H1 = [1 -1]/sqrt(2);% analysis highpass Haar filter
y_haar = wt(x,H0,H1,10); % perform 10-level Haar decomposition
[H,G,RH,RG] = daub(4); % obtain Daubechies-4 (D4)filter coefficients
y_d4 =wt(x,H,G,10); % perform 10-level D4 decomposition
figure(1)
subplot(311)
plot(t,x)
grid
title('(a): Input signal x(t)')
```

```
subplot(312)
plot(t,y_haar)
grid
title('(b): Transformed signal by 10-level Haar tree')
subplot(313)
plot(t,y_d4)
axis([0 1 -4 4])
grid
title('(c): Transformed signal by 10-level Daubechies-4 tree')
```

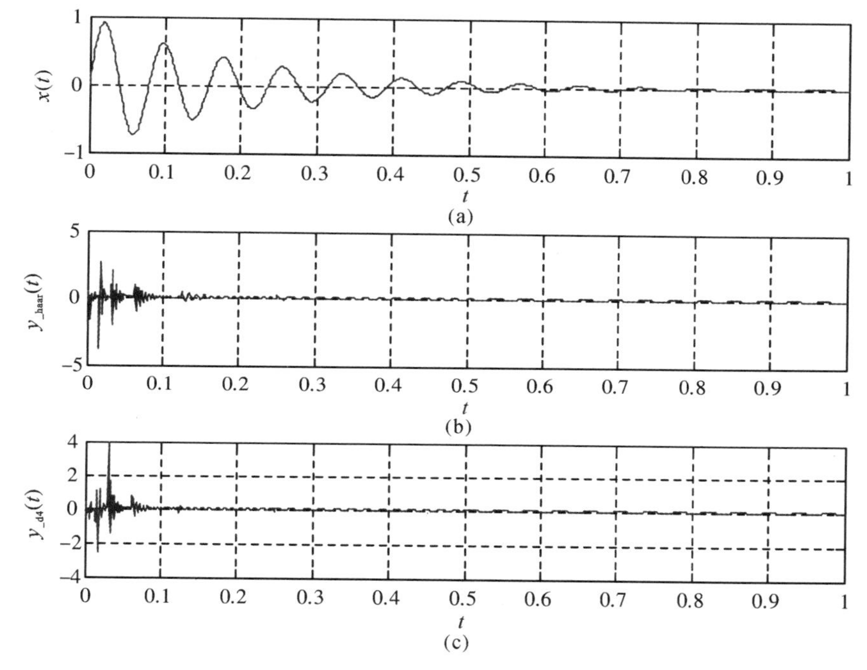

图 4-22　使用长度为 4 的 Daubechies 小波滤波器时获得的变换样本

(a)输入信号 $x(t)$；(b)Haar 小波变换 10 层的信号；(c)Daubechies-4 小波变换 10 层的信号

现在回到基本的 2 通道分析滤波器组。为了从分析滤波器组输出处的样本重构输入信号，在每个通道中使用 2 倍上采样，接着是滤波器，其系数是对应分析滤波器的镜像。这形成了一个合成滤波器组。完整的 2 通道子带系统如图 4-23 所示。

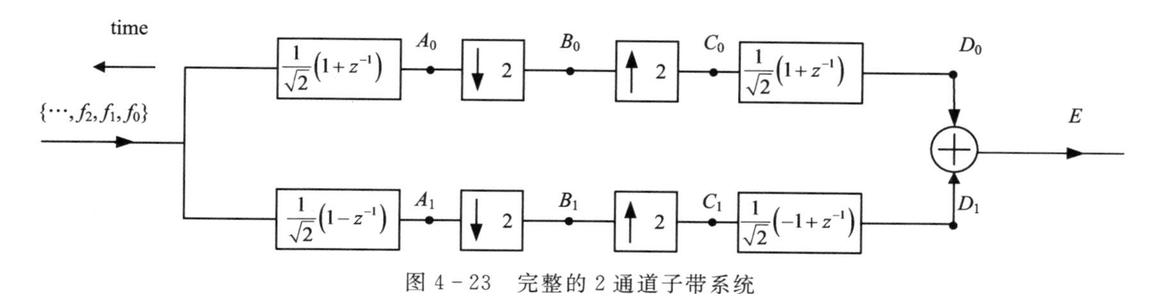

图 4-23　完整的 2 通道子带系统

2 倍上采样在每两个输入样本之间插入 0。因此,2 倍上采样应用于长度 $N/2$ 的序列时,会产生长度为 N 的序列(同理,m 倍上采样将会在每个输入采样之间插入 $m-1$ 个 0)。

为了了解在这个 2 通道子带系统中信号分解和完全重建是如何完成的,在下面的例子中我们看看系统各个节点处的子信号。要注意这里输入信号的“分组”是按照 $\{0,f_0\}$,$\{f_1,f_2\}$ 等进行的。

$A_0,B_0,C_0,D_0,A_1,B_1,C_1,D_1$ 和 E 处的信号为

$$A_0:\frac{1}{\sqrt{2}}\{f_0,f_1+f_0,f_2+f_1,f_3+f_2,f_4+f_3,f_5+f_4,f_6+f_5,\cdots\}$$

$$B_0:\frac{1}{\sqrt{2}}\{f_0,f_2+f_1,f_4+f_3,f_6+f_5,\cdots\}$$

$$C_0:\frac{1}{\sqrt{2}}\{f_0,0,f_2+f_1,0,f_4+f_3,0,f_6+f_5,\cdots\}$$

$$D_0:\frac{1}{\sqrt{2}}\{f_0,f_0,f_2+f_1,f_2+f_1,f_4+f_3,f_4+f_3,f_6+f_5,\cdots\}$$

$$A_1:\frac{1}{\sqrt{2}}\{f_0,f_1-f_0,f_2-f_1,f_3-f_2,f_4-f_3,f_5-f_4,f_6-f_5,\cdots\}$$

$$B_1:\frac{1}{\sqrt{2}}\{f_0,f_2-f_1,f_4-f_3,f_6-f_5,\cdots\}$$

$$C_1:\frac{1}{\sqrt{2}}\{f_0,0,f_2-f_1,0,f_4-f_3,0,f_6-f_5,\cdots\}$$

$$D_1:\frac{1}{\sqrt{2}}\{f_0,f_0,f_2-f_1,f_2-f_1,f_4-f_3,f_4-f_3,f_6-f_5,\cdots\}$$

$$E:\{0,f_0,f_1,f_2,f_3,f_4,f_5,\cdots\}$$

具体来说,通过将节点 D_0 处的信号添加到节点 D_1 处的信号来获得节点 E 处的系统输出采样。可以看到输出是一个样本延迟输入的完美副本。对于具有树结构的分析滤波器组,输入信号可以用合成滤波器组来重构,该合成滤波器组具有分析滤波器组的镜像结构。图 4-24展示了一个 3 级树的子带系统。

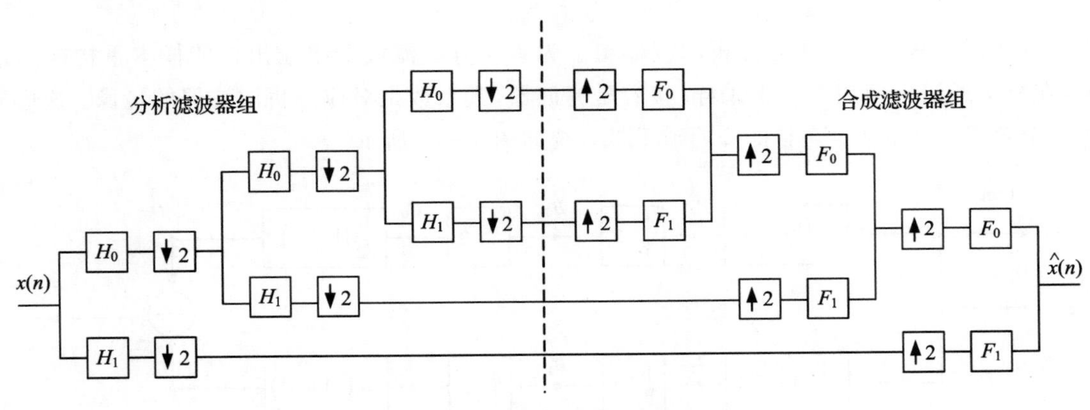

图 4-24　3 级树的子带系统

可以想象，为了完美地重构任意输入信号，分析和综合滤波器组中使用的滤波器不能是任意的，它们会受到一定的限制，很快就会解决这个重要问题。

例 4.5　由式(4-42)和式(4-43)定义的 Haar 滤波器可用于构建具有完美重建(PR)属性的子带系统。

$$x(t)=e^{-5t}\sin(80t),\quad 0\leqslant t\leqslant 1$$

图 4-25 显示了使用一个 10 级树结构综合滤波器组从 10 级转换信号(见例 4.4 和图 4-24)重建信号的结果。

$$\left.\begin{aligned} F_0(z)&=\frac{1}{\sqrt{2}}(1+z^{-1}) \\ F_1(z)&=\frac{1}{\sqrt{2}}(-1+z^{-1}) \end{aligned}\right\} \tag{4-44}$$

例 4.5 的 MATLAB 代码如下：

```
t = 0:1/1023:1;% define time instants on [0, 1] of the time - axis
x = exp(- 5 * t). * sin(80 * t);% generate 1024 signal samples
H0 = [1 1]/sqrt(2);% analysis lowpass Haar filter
H1 = [1 - 1]/sqrt(2);% analysis highpass Haar filter
y_haar = wt(x,H0,H1,10); % perform 10 - level Haar decomposition
F0 =fliplr(H0); % get synthesis lowpass filter using mirror - image symmetry
F1 =fliplr(H1);    % get synthesis highpass filter using mirror - image symmetry
xh = iwt(y_haar,F0,F1,10); % perform signal reconstruction using
% decomposed signal y_haar
subplot(311)
plot(t,x)
grid
title('(a): Input signal x(t)')
subplot(312)
plot(t,y_haar)
grid
title('(b): Transformed signal by 10 - level Haar tree')
subplot(313)
plot(t,xh)
grid
title('(c): Output of synthesis filter with mirror - image Haar tree')
```

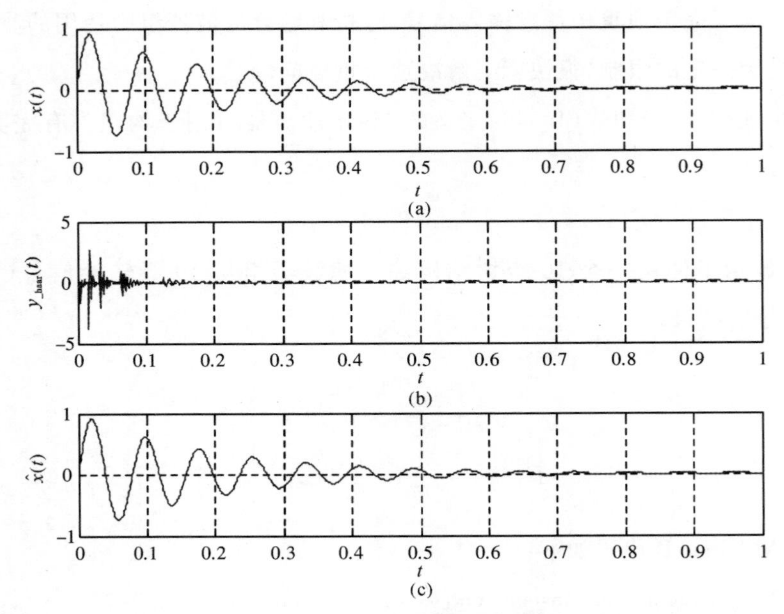

图 4-25　一个 10 级树结构综合滤波器组

4.5.2　下采样和上采样

1.下采样

M 倍下采样的操作同之前的 2 倍下采样操作一样。考虑对一个通用的离散时间信号 $\{x[n], -\infty < n < \infty\}$ 进行 M 倍下采样。其结果可被表示为

$$x_d[n] = x[nM], \quad -\infty < n < \infty$$

对一个连续信号在 $t=\cdots,-3,-2,-1,0,1,2,3,\cdots$ 进行采样获得 $x[n]$，那么对同一连续时间信号在 $t=\cdots,-3M,-2M,-M,0,M,2M,3M,\cdots$ 进行采样即可获得 $x_d[n]$。因此，如果获取 $x[n]$ 的采样频率为 f_s，则获取 $x_d[n]$ 的采样频率需要减少到 f_s/M。对于有限长度的离散时间信号，向下采样将其长度缩短为输入信号的 $1/M$，因此该设备也称为采样频率压缩器。下采样器通常用图 4-26 中的符号表示。

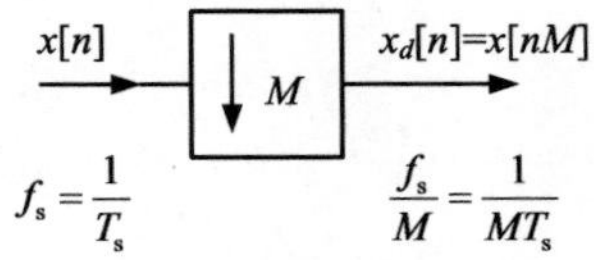

$x[n]$ → $\boxed{\downarrow M}$ → $x_d[n]=x[nM]$

$f_s=\dfrac{1}{T_s}$　　　$\dfrac{f_s}{M}=\dfrac{1}{MT_s}$

图 4-26　下采样器

在频域中，下采样可以通过查看 $x[n]$ 的频谱 $X(e^{j\omega})$ 和 $x_d[n]$ 的频谱 $X_d(e^{j\omega})$ 之间的关系来理解。

为简化起见，假设 $M=2$，即 $x_d[n]=x[2n]$。现在考虑中间信号 $u[n]=\{\cdots,x[0],0,x[2],0,x[4],\cdots\}$，显然，对信号 $u[n]$ 进行 2 倍下采样可以产生信号 $x_d[n]$。根据 $u[n]$ 的定义，其频谱为

$$U(e^{j\omega}) = \sum_{n\text{为偶数}} x[n]e^{jn\omega} = \frac{1}{2}\sum x[n]e^{jn\omega} + \frac{1}{2}\sum x[n]e^{jn(\omega+\pi)}$$

即

$$U(e^{j\omega}) = \frac{1}{2}\{X(e^{j\omega}) + X[e^{j(\omega+\pi)}]\}$$

另外，由于 $u[n]$ 的奇指数部分都是 0，因此可得

$$U(e^{j\omega}) = \sum u[n]e^{jn\omega} = \sum u[2n]e^{j2n\omega} = \sum x[2n]e^{j2n\omega} = \sum x_d[n]e^{-j2\omega n} = X_d(e^{j2\omega})$$

因此有

$$X_d(e^{j\omega}) = \frac{1}{2}[X(e^{j\omega/2}) + X(e^{j\omega/2+\pi})] \tag{4-45a}$$

这相当于

$$Y(z) = \frac{1}{2}[X(z^{1/2}) + X(-z^{1/2})] \tag{4-45b}$$

对于一个 M 倍下采样操作，有

$$Y(e^{j\omega}) = \frac{1}{M}[X(e^{j\omega/M}) + X(e^{j(\omega+2\pi)/M}) + \cdots + X(e^{j(\omega+(M-1)2\pi)/M})] \tag{4-45c}$$

相当于

$$Y(z) = \frac{1}{M}\sum_{k=0}^{M-1} X(z^{1/M}W_M^{-k}) \tag{4-45d}$$

其中，$W_M = e^{j2\pi/M}$ [同见式(3-56b)]。

由于下采样操作会丢失一些样本，因此信号 $x[n]$ 可能会或可能不会从分样信号 $x_d[n]$ 中恢复。换句话说，下采样可能会引入混叠，从而阻止从 $x_d[n]$ 恢复 $x[n]$。正如可以预料的那样，这一切都取决于采样频率 f_s 与原始信号带宽的关系以及 M 的值。

2.上采样

M 倍上采样的操作同之前的 2 倍上采样操作一样。对一个信号 $x[n]$ 进行 M 倍上采样会在每一个信号采样之间插入 $M-1$ 个 0，这会产生序列：

$$x_u = \{\cdots, x[-1], \underbrace{0\cdots0}_{M-1\text{个零}}, x[0], \underbrace{0\cdots0}_{M-1\text{个零}}, x[1], \underbrace{0\cdots0}_{M-1\text{个零}}, \cdots\}$$

显然，上采样可以被定义为

$$x_u[n] = \begin{cases} x[n/M], & n = 0, \pm M, \pm 2M, \cdots \\ 0 & ,\text{其他} \end{cases}$$

对于有限长度的离散时间信号，上采样会产生多达 M 倍的输入采样，因此该器件也称为采样－频率扩展器。通常，上采样器由图 4-27 中的符号表示。

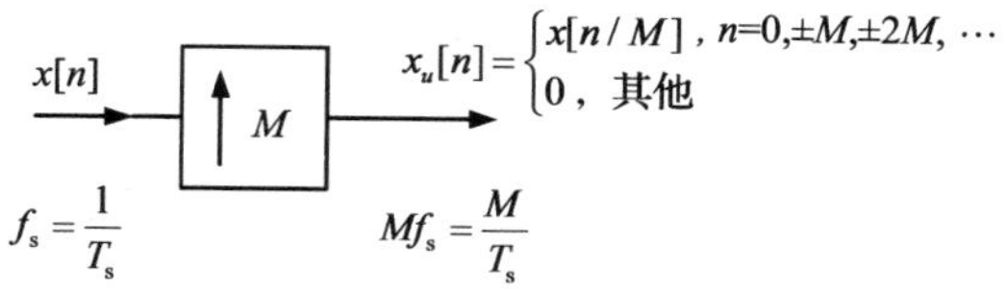

图 4-27　上采样器

在频域中，上采样信号 $x_u[n]$ 与信号 $x[n]$ 相关：

$$x_u[z]=\sum_{n=-\infty}^{\infty}x_u[n]z^{-n}=\sum_{\substack{n=-\infty \\ n=mM}}^{\infty}x[n/M]z^{-n}=\sum_{m=-\infty}^{\infty}x[m](z^M)^{-m}=X(z^M)$$

即

$$\left.\begin{aligned}X_u(z)&=X(z^M)\\X_u(e^{j\omega})&=X(e^{jM\omega})\end{aligned}\right\}\tag{4-45e}$$

图 4-28 阐述了 $M=2$ 时式(4-45e)的关系。可以看到图 4-28(b)中的频谱 $X_u(e^{j\omega})$ 是压缩后的 $X(e^{j\omega})$ 的 2 倍重复。换句话说，在 $X_u(e^{j\omega})$ 中，输入频谱 $X(e^{j\omega})$ 被压缩，压缩因子为 2，因为输入光谱的附加“图像”[见图 4-28(b)中的阴影副本]，因此上采样过程通常称为镜像。

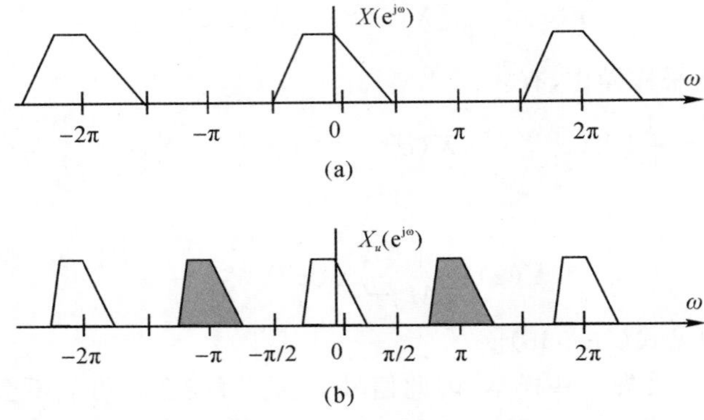

图 4-28　上采样过程

4.5.3　正交滤波器组的结构和性能

考虑图 4-29 所示的 2 通道滤波器组。

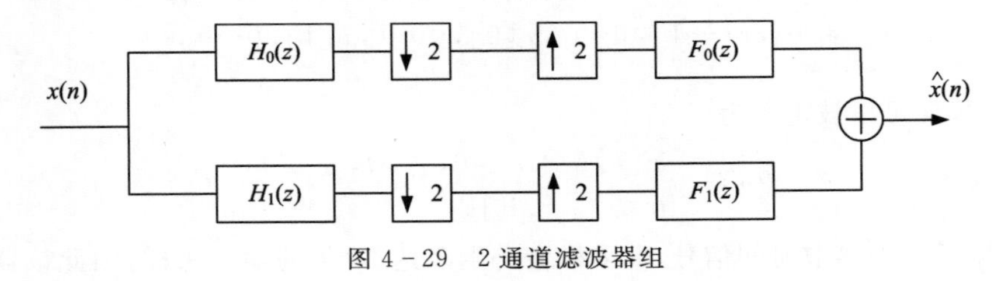

图 4-29　2 通道滤波器组

滤波器组的输入输出关系在 z 域可以被方便地描述为

$$\hat{X}(z)=\frac{1}{2}[F_0(z)H_0(z)+F_1(z)H_1(z)]X(z)+\frac{1}{2}[F_0(z)H_0(-z)+F_1(z)H_1(-z)]X(-z)\tag{4-46}$$

其中第一部分代表重建信号，第二部分表示由于混叠带来的误差。为了得到完美重建，重建增益必须是 1，当然也可以允许系统延时 l 个样本，因此有

$$F_0(z)H_0(z)+F_1(z)H_1(z)=2z^{-1} \tag{4-47a}$$

为了估计混叠误差，式(4-46)右边第二部分应为0，因此有

$$F_0(z)H_0(-z)+F_1(z)H_1(-z)=0 \tag{4-47b}$$

如果式(4-47a)和式(4-47b)中的条件都符合，那么输出仅仅是输入经过了 l 个延时采样，即

$$\hat{X}(z)=z^{-1}X(z)$$

在本书中，式(4-47a)和式(4-47b)涉及完美重建(PR)条件或者PR性能。

例4.6 回想一下下式给出的Haar滤波器：

$$\left.\begin{aligned}H_0(z)&=\frac{1}{\sqrt{2}}(1+z^{-1}),F_0(z)=\frac{1}{\sqrt{2}}(1+z^{-1})\\H_1(z)&=\frac{1}{\sqrt{2}}(1-z^{-1}),F_1(z)=\frac{1}{\sqrt{2}}(-1+z^{-1})\end{aligned}\right\} \tag{4-48}$$

可以得到

$$F_0(z)H_0(z)+F_1(z)H_1(z)=2z^{-1}$$
$$F_0(z)H_0(-z)+F_1(z)H_1(-z)=0$$

因此，式(4-48)中的Haar滤波器可用来构建一个具有PR性能的子带系统。

还有一个很有趣的地方，Haar滤波器具有线性相位响应，而这是许多数字信号处理工作所需要的。然而，对于很多真实世界的DSP问题，Haar滤波器经常不能满足要求。可以使用恰当的滤波器和 $H_i(z)$ 长度更长的 $F_i(z)(i=0,1)$ 来开发改进的子带系统。1988年，Ingrid Daubechies发表了她的研究：

在论文中她提出了一种针对PR滤波器组家族的简单优雅的设计方法，其设计思想梗概如下：Daubechies滤波器组是正交的，这意味着传递函数 $H_0(z)$ 决定着其他三个传递函数 $H_1(z)$，$F_0(z)$ 和 $F_1(z)$：

$$H_0(z)=\sum_{k=0}^{N-1}h_k z^{-k} \tag{4-49}$$

那么

$$H_1(z)=(-z)^{-(N-1)}H_0(-z^{-1})$$
$$F_0(z)=z^{-(N-1)}H_0(z^{-1})$$
$$F_1(z)=z^{-(N-1)}H_1(z^{-1})$$

因此只需要设计低通滤波器 $H_0(z)$，步骤如下：

(1)给定滤波器长度 N 必须为偶数，构建阶数 $2(p-1)$，其中 $p=\frac{N}{2}$ 的多项式 $B(z)$：

$$B(z)=z^{p-1}\sum_{k=0}^{p-1}\begin{bmatrix}p+k-1\\k\end{bmatrix}\left(\frac{1-z}{2}\right)^k\left(\frac{1-z^{-1}}{2}\right)^k \tag{4-50}$$

式中

$$\binom{m}{k}=\frac{m!}{(m-k)!\ k!}$$

(2)对多项式 $B(z)$ 进行因式分解,有

$$B(z)=cz^{p-1}R(z)R(z^{-1}) \tag{4-51}$$

式中,$R(z)$ 是 z^{-1} 中的多项式,在平面中的单位圆内有零点,c 是一个正常数。

(3)常量 $H_0(z)$ 为

$$H_0(z)=\alpha(1+z^{-1})^p R(z)$$

式中

$$\alpha=\frac{\sqrt{2}}{2^p R(\mathrm{e}^{\mathrm{j}0})}$$

为确保 $H_0(z)$ 在 $\omega=0$ 时的归一化增益,假设 $H_0(\mathrm{e}^{\mathrm{j}0})=\sqrt{2}$ 。

例 4.7 设计 Daubechies $\frac{4}{4}$ 正交滤波器组。

此时 $N=4$,因此 $p=2$。首先构建多项式 $B(z)$:

$$\begin{aligned}B(z)&=z\times\frac{1}{2}(-z+4-z^{-1})=\\&-\frac{1}{2}(z^2-4z+1)=\\&-\frac{1}{2}[z-(2-\sqrt{3})][z-(2+\sqrt{3})]=\\&\frac{2-\sqrt{3}}{2}[z^{-1}-(z+\sqrt{3})][z-(2+\sqrt{3})]z\end{aligned}$$

$$R(z)=z^{-1}-(2+\sqrt{3})$$

然后计算低通分析滤波器如下:

$$\alpha=\frac{\sqrt{2}(1-\sqrt{3})}{8}$$

$$H_0(z)=\alpha(1+z^{-1})^2(z^{-1}-(2+\sqrt{3}))$$

$$[(1+\sqrt{3})+(3+\sqrt{3})z^{-1}+(3-\sqrt{3})z^{-2}+(1-\sqrt{3})z^{-3}]/4\sqrt{2}$$

使用式(4-49)其他三个滤波器为

$$F_0(z)=[(1-\sqrt{3})+(3-\sqrt{3})z^{-1}+(3+\sqrt{3})z^{-2}+(1+\sqrt{3})z^{-3}]/4\sqrt{2}$$

$$H_1(z)=[(1-\sqrt{3})-(3-\sqrt{3})z^{-1}+(3+\sqrt{3})z^{-2}-(1+\sqrt{3})z^{-3}]/4\sqrt{2}$$

$$F_1(z)=[-(1+\sqrt{3})+(3+\sqrt{3})z^{-1}-(3-\sqrt{3})z^{-2}+(1-\sqrt{3})z^{-3}]/4\sqrt{2}$$

Daubechies 滤波器家族有几种良好的特性。其中最值得注意的是其在 $\omega=0$ 和 $\omega=\pi$ 时是其频率响应的最大平坦度。图 4-30 展示了长度为 2~40 的 Daubechies 滤波器 $H_0(z)$ 和 $H_1(z)$ 的幅频响应。

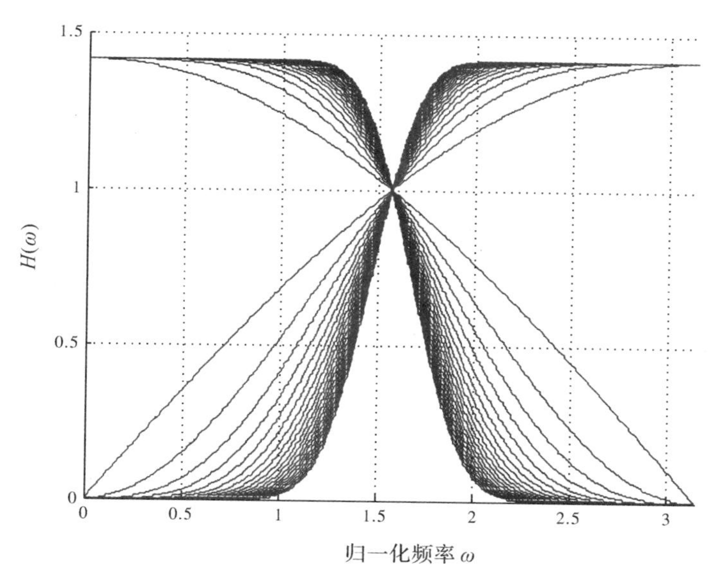

图 4－30　长度为 2～40 的 Daubechies 滤波器的幅频响应

例 4.7 和图 4－30 的 MATLAB 代码如下：

```
figure(1)
clf
hold
for i = 1:20,
  [h,g,rh,rh] = daub(2 * i); % generate Daubechies filters of length 2 * i
  [H,w] = freqz(h,1,1024);
  [G,w] = freqz(g,1,1024);
  plot(w,abs(H),w,abs(G))
end
axis([0 pi 0 1.5])
grid
title('Daubechies orthogonal lowpass and highpass filters D2 to D40')
xlabel('Normalized frequency')
hold
```

可以看到，对于给定的滤波器长度 N，正交滤波器组中的低通分析滤波器 $H_0(z)$ 在 $\omega=\pi$ 处的零点数不能超过 $p=N/2$。Daubechies 滤波器组达到该上限，因此具有最大平坦度的特征。参数 p 称为消失矩的数量。消失矩的意义在于每个 Daubechies 滤波器都与一个称为小波的函数相关联，并且消失矩的大小与小波函数的平滑性有关。事实证明，该性质在由该小波基产生函数的空间中逼近给定的函数(信号)是非常重要的。

4.6 从滤波器设计中学习社会主义核心价值观

滤波器，顾名思义，是对波进行过滤的器件或者方法。它的作用如同正能量选择器，滤除信号中不需要的波（负能量），留下可用的波（正能量）。

“正能量”本是物理学名词，出自英国物理学家狄拉克的量子电动力学理论：伴随着与一个变量有关的自由度的负能量，总是被伴随着另一个纵向自由度的正能量所补偿，所以负能量在实际中从不表现出来。

“正能量”的流行源于英国心理学家理查德·怀斯曼的专著《正能量》，其中将人体比作一个能量场，通过激发内在潜能，可以使人表现出一个新的自我，从而更加自信、更加充满活力。

“正能量”指的是一种健康乐观、积极向上的动力和情感。当下，中国人为所有积极的、健康的、催人奋进的、给人力量的、充满希望的人和事，贴上“正能量”标签。它已经上升成为一个充满象征意义的符号，与我们的情感深深相系，表达着我们的渴望、我们的期待。

中国当下的正能量定义就是社会主义核心价值观！

社会主义核心价值观是社会主义核心价值体系的内核，体现社会主义核心价值体系的根本性质和基本特征，反映社会主义核心价值体系的丰富内涵和实践要求，是社会主义核心价值体系的高度凝练和集中表达。

党的十八大提出，倡导富强、民主、文明、和谐，倡导自由、平等、公正、法治，倡导爱国、敬业、诚信、友善，积极培育和践行社会主义核心价值观。富强、民主、文明、和谐是国家层面的价值目标，自由、平等、公正、法治是社会层面的价值取向，爱国、敬业、诚信、友善是公民个人层面的价值准则，这 24 个字是社会主义核心价值观的基本内容。

“富强、民主、文明、和谐”是我国全面建设社会主义现代化国家的目标，也是从价值目标层面对社会主义核心价值观基本理念的凝练，在社会主义核心价值观中居于最高层次，对其他层次的价值理念具有统领作用。富强即国富民强，是社会主义现代化国家经济建设的应然状态，是中华民族梦寐以求的美好夙愿，也是国家繁荣昌盛、人民幸福安康的物质基础。民主是人类社会的美好诉求。我们追求的民主是人民民主，其实质和核心是人民当家作主。它是社会主义的生命，也是创造人民美好幸福生活的政治保障。文明是社会进步的重要标志，也是社会主义现代化国家的重要特征。它是社会主义现代化国家文化建设的应有状态，是对面向现代化、面向世界、面向未来的，民族的，科学的，大众的社会主义文化的概括，是实现中华民族伟大复兴的重要支撑。和谐是中国传统文化的基本理念，集中体现了学有所教、劳有所得、病有所医、老有所养、住有所居的生动局面。它是社会主义现代化国家在社会建设领域的价值诉求，是经济社会和谐稳定、持续健康发展的重要保证。

“自由、平等、公正、法治”是对美好社会的生动表述，也是从社会层面对社会主义核心价值观基本理念的凝练。它反映了中国特色社会主义的基本属性，是我们党矢志不渝、长期实践的核心价值理念。自由是指人的意志自由、存在和发展的自由，是人类社会的美好向往，也是马克思主义追求的社会价值目标。平等指的是公民在法律面前的一律平等，其价值取向是不断实现实质平等。它要求尊重和保障人权，人人依法享有平等参与、平等发展的权利。公正即社会公平和正义，它以人的解放、人的自由平等权利的获得为前提，是国家、社会应然的根本价值理念。法治是治国理政的基本方式，依法治国是社会主义民主政治的基本要求。它通过法治建设来维护和保障公民的根本利益，是实现自由平等、公平正义的制度保证。

“爱国、敬业、诚信、友善”是公民基本道德规范，是从个人行为层面对社会主义核心价值观基本理念的凝练。它覆盖社会道德生活的各个领域，是公民必须恪守的基本道德准则，也是评价公民道德行为选择的基本价值标准。爱国是基于个人对自己祖国依赖关系的深厚情感，也是调节个人与祖国关系的行为准则。它同社会主义紧密结合在一起，要求人们以振兴中华为己任，促进民族团结、维护祖国统一、自觉报效祖国。敬业是对公民职业行为准则的价值评价，要求公民忠于职守、克己奉公、服务人民、服务社会，充分体现了社会主义职业精神。诚信即诚实守信，是人类社会千百年传承下来的道德传统，也是社会主义道德建设的重点内容，它强调诚实劳动、信守承诺、诚恳待人。友善强调公民之间应互相尊重、互相关心、互相帮助、和睦友好，努力形成社会主义的新型人际关系。

党的十八大以来，中央高度重视培育和践行社会主义核心价值观。习近平总书记多次做出重要论述、提出明确要求。中央政治局围绕培育和弘扬社会主义核心价值观、弘扬中华传统美德进行集体学习。中央办公厅下发《关于培育和践行社会主义核心价值观的意见》。党中央的高度重视和有力部署，为加强社会主义核心价值观教育实践指明了努力方向，提供了重要遵循。

2017年10月18日，习近平总书记在十九大报告中指出，要培育和践行社会主义核心价值观。要以培养担当民族复兴大任的时代新人为着眼点，强化教育引导、实践养成、制度保障，发挥社会主义核心价值观对国民教育、精神文明创建、精神文化产品创作生产传播的引领作用，把社会主义核心价值观融入社会发展各方面，转化为人们的情感认同和行为习惯。

我国的每个公民都应该遵循社会主义核心价值观，做文化、道德、科技等方面的滤波器，传播正能量，成为有爱的人！

4.7 小　　结

本章主要介绍了有限脉冲响应滤波器FIR的概念和定义，以及如何用加窗傅里叶级数法设计FIR滤波器，并给出了四种理想滤波器的设计实例。然后通过数字微分器的设计给出了一个具体工程中实现的数字滤波器的设计实例。最后通过对二通道滤波器组概念和定义的介绍引入小波变换的思想和原理。

习　　题

4.1　(1) 证明一个奇数长度线性相位FIR滤波器的频率响应其系数关于中间点对称，即其频率响应可以被表示为

$$H(e^{j\omega}) = e^{-j\omega(N-1)/2}\sum_{n=0}^{\frac{N-1}{2}} a_n\cos(n\omega)$$

式中，N 是滤波器长度。

(2)确定 $\left\{a_n, n=0,1,\cdots,\frac{(N-1)}{2}\right\}$ 与FIR滤波器的脉冲响应之间的解析关系。

4.2　使用式(4-12a)证明式(4-12b)。

4.3 （1）验证式(4-13a)；

（2）验证式(4-14a)；

（3）验证式(4-15a)；

（4）验证式(4-16a)；

（5）验证式(4-18)；

（6）验证式(4-20)。

4.4 使用汉明窗设计一个长度 $N=25$ 的线性相位低通 FIR 滤波器，截止频率为 12.5 MHz，假设采样频率为 100 MHz，并以 dB 为单位绘制幅频响应。

4.5 根据图 T4-1 所示频率响应，确定零相位理想线性通带低通滤波器的冲激响应 $h_{\mathrm{LLP}}[n]$。

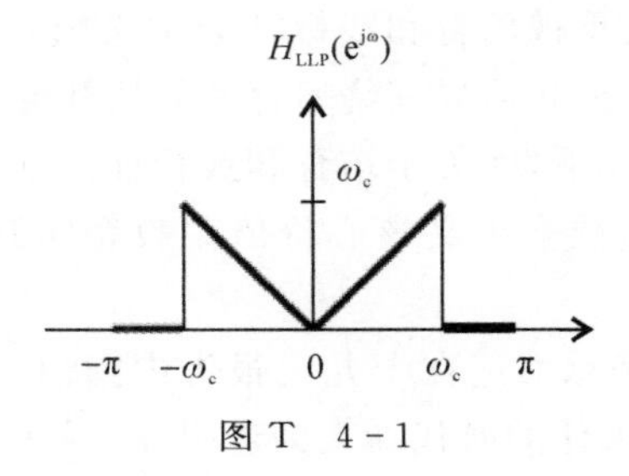

图 T 4-1

4.6 根据频率响应：

$$H_{\mathrm{BLDIF}}=\begin{cases} j\omega, & |\omega|\leqslant\omega_c \\ 0, & |\omega|>0 \end{cases}$$

确定一个理想带限微分器的冲激响应 $h_{\mathrm{BLDIF}}[n]$。

4.7 应用窗方法设计一个近似于分数延迟 z^{-D} 的 FIR 滤波器，即确定有限冲激响应 $h[n]$，当 $n=0,1,\cdots,N-1$ 时有

$$z^{-D}\sum_{n=0}^{N-1}h[n]z^{-n}$$

其中，$N=17$，$D=\dfrac{100}{11}$。

备注：由于线性相位 FIR 滤波器通常无法准确逼近分数延迟，因此建议使用 4.2 节中的窗方法进行研究，即当 $n=0,1,\cdots,N-1$ 时计算所需的脉冲响应 $h_d[n]$ 而不假设其对称性。

4.8 理想的零相位梳状滤波器具有基频 ω_0 及其谐波的陷波，其频率响应如下：

$$H_{\mathrm{comb}}(e^{j\omega})=\begin{cases} 0, & \omega=k\omega_0, 0\leqslant k\leqslant M \\ 1, & \text{其他} \end{cases}$$

假设梳状滤波器的输入为 $x[n]=s[n]+r[n]$，其中 $s[n]$ 为期望信号，$r[n]=\sum_{k=0}^{M}A_k\sin(k\omega_0 n+\varphi_k)$ 是谐波干扰，其中 ω_0 为基频，梳状滤波器会抑制干扰并产生 $s[n]$ 作为输出。以下 $D=\dfrac{2\pi}{\omega_0}$ 表示分数样本延迟。

(1)证明 $r[n-D]=r[n]$；

(2)通过计算滤波器 $H(z)=1-z^{-D}$ 在输入为 $x[n]$ 时的输出 $y[n]$，证明 $y[n]$ 不存在任

何谐波干扰[提示：使用(1)的结果]；

(3)尽管滤波器 $H(z)=1-z^{-D}$ 完全消除了谐波干扰，但它在频率 $\omega \neq k\omega_0$ 处没有单位幅度，因此在输出处引入了信号失真。为消除 $H(z)$ 的通带中的失真，可以修改滤波器为

$$H_c(z)=\frac{1-z^{-D}}{1-\rho^D z^{-D}}$$

其中，$0<\rho<1$，实际中常选用 $\rho \approx 1$。使用MATLAB绘制 $H_c(z)$ 的幅频响应，其中 $\omega_0=0.33\pi$，$\rho=0.998$。

4.9　考虑如下一个多频带滤波器的频率响应：

$$H_d(e^{j\omega})=\begin{cases} e^{-j24\omega}, & 0\leqslant |\omega|<0.3\pi \\ 0, & 0.3\pi\leqslant |\omega|<0.6\pi \\ 0.5\,e^{-j24\omega}, & 0.6\pi\leqslant |\omega|<\pi \end{cases}$$

(1)确定滤波器的冲激响应；

(2)使用凯塞窗，其中 $\beta=3.68$，设计一个长度 $N=49$ 的线性相位 FIR 滤波器以逼近 $H_d(e^{j\omega})$，并绘制所设计滤波器的幅频响应；

(3)使用加权最小二乘法设计一个长度 $N=49$ 的线性相位 FIR 滤波器以逼近 $H_d(e^{j\omega})$，并绘制所设计滤波器的幅频响应；

4.10　带阻滤波器可用于消除在特定频率范围内发生的某些类型的干扰。

(1)使用式(4-16b)来准备 MATLAB 函数，该函数基于窗口-傅里叶级数的奇数长度 N，并具有归一化阻带 $[\omega_{c1},\omega_{c2}]$ 的线性相位带状 FIR 滤波器的设计。为确保该函数对于不同滤波器长度和截止频率都是可行的，将 N，ω_{c1} 和 ω_{c2} 作为输入参数。另外，在设计中允许用户在汉宁窗、汉明窗和布莱克曼窗中任选其一。注意到窗函数可以在 MATLAB 中分别使用 hann(N)，hamming(N)，blackman(N)命令很方便地得到。注意，每个窗口函数的输出是列向量。

(2)使用(1)部分中的 MATLAB 函数设计一个长度为 95，$\omega_{c1}=0.1536\pi$ 和 $\omega_{c2}=0.2096\pi$ 的带阻 FIR 滤波器。采用汉明窗完成你的设计，确保你的设计结果，即带阻器的脉冲响应，因为它可能在你的一个实验室实验中使用。

4.11　如果一个 FIR 滤波器的幅度响应在不考虑频率的情况下始终为 1，则称其为全通滤波器。请证明如下形式的传递函数在系数 $\{a[n]\}$ 是实值时始终是全通的。

$$H(z)=\frac{a[0]+a[1]z^{-1}+\cdots+a[N]z^{-n}}{a[N]+a[N-1]z^{-1}+\cdots+a[0]z^{-n}}$$

4.12　考虑图 T4-2 中的多速率系统，它通过在各个节点写下信号来检查系统。具体来说，给定输入信号 $x[n]$，确定信号 $v[n]$，$v_u[n]$，$w[n]$，$w_u[n]$ 和 $y[n]$，$n=0,1,2,3,4,5,6,7$ 和 8。

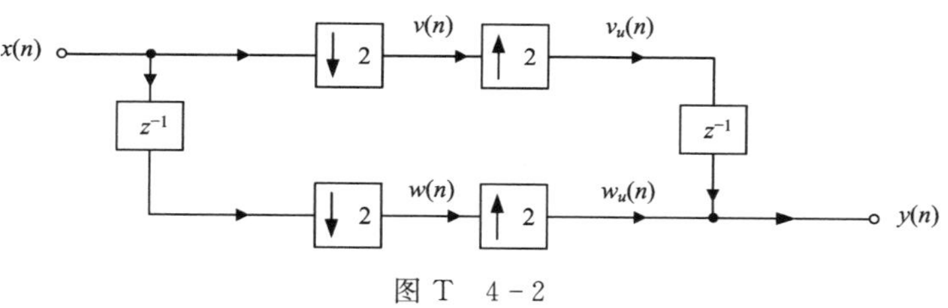

图T　4-2

4.13 考虑3个输入信号 $x[n]$，其频谱分别如图 T4-3(a)(b)(c)所示。如果信号被2下采样，则针对 $X_d(e^{j\omega})$ 的每个情况谱绘制草图并确定下采样是否引入混叠。

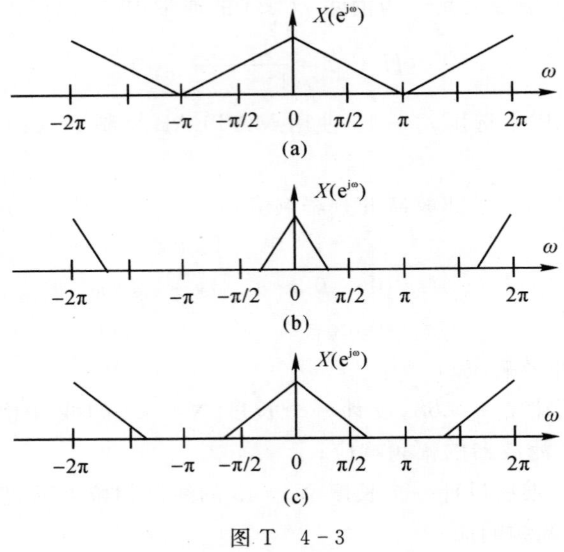

图 T 4-3

4.14 推导出式(4-46)中2通道滤波器组的输入输出关系。

4.15 证明对于任何给定的 $H_0(z)$，满足式(4-49)的过滤器 $H_0(z)$，$H_1(z)$ $F_0(z)$ 和 $F_1(z)$ 均满足式(4-47b)中的无混叠条件。

4.16 证明例4.7推导得到的 Daubechies $\frac{4}{4}$ 滤波器满足式(4-47a)和(4-47b)中的PR条件。

第 5 章　非平稳信号分析方法

信号是一种物理量，如电信号，可通过幅度、频率、相位的变化来表示不同的信息。这种电信号有模拟信号和数字信号两类。当前需要处理的信号基本都采用数字信号表达形式。

信号、消息和信息三者之间的关系：信号是运载消息的工具，消息是信息的载体，信息是消息的内容。

按照实际用途区分，信号包括电视信号、广播信号、雷达信号和通信信号等。

按照信号的时域表现形式分类如图 5－1 所示。

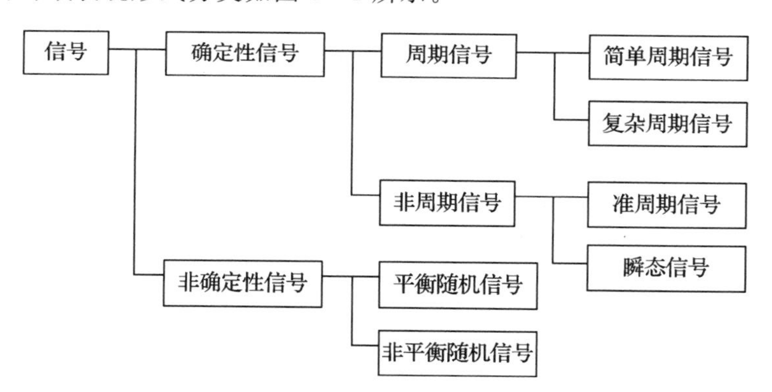

图 5－1　按照信号的时域表现形式分类

信号处理的任务之一是认识客观世界中存在的信号的本质特征，并找出规律。

信号一般是以时间的形式来表达的，表示信号的时间函数包含了信号的全部信息量。信号的特性，首先表现为它的时间特性。时间特性主要指信号随时间变化快慢、幅度变化的特性。以时间函数描述信号的图像称为时域图，在时域上分析信号称为时域分析。

信号还具有频率特性，可用信号的频谱函数来表示。在频谱函数中，也包含了信号的全部信息量。频谱函数表征信号的各频率成分，以及各频率成分的振幅和相位。对于一个复杂信号，可用傅里叶分析将它分解为许多不同频率的正弦分量，而每一正弦分量则以它的振幅和相位来表征。将各正弦分量的振幅与相位分别按频率高低次序排列成频谱。以频谱描述信号的图像称为频域图，在频域上分析信号称为频域分析。

信号是非平稳的，也就是说信号的频率成分是时变的。非平稳信号不是时间 t 的确定函数，它在每一个确定时刻的分布值是不确定的，这时只了解信号的全局特性是远远不够的。人们希望得到的是信号频谱随时间变化的特征，即信号的时频局部化特征。

为了分析和处理非平稳信号，在傅里叶分析理论基础上，提出并发展了一系列新的信号分析理论:短时傅里叶变换或加窗傅里叶变换和 Gabor 变换、时频分析、小波变换、分数阶傅里叶变换、线调频小波变换等。

短时傅里叶变换是一种单一分辨率的信号分析方法,它的思想是:选择一个时频局部化的窗函数,假定分析窗函数 $g(t)$ 在一个短时间间隔内是平稳(伪平稳)的,移动窗函数,使 $f(t)\cdot g(t)$ 在不同的有限时间宽度内是平稳信号,从而计算出各个不同时刻的功率谱。短时傅里叶变换使用一个固定的窗函数,窗函数一旦确定了以后,其形状就不再发生改变,短时傅里叶变换的分辨率也就确定了。如果要改变分辨率,则需要重新选择窗函数。短时傅里叶变换用来分析分段平稳信号或者近似平稳信号犹可,但是对于非平稳信号,当信号变化剧烈时,要求窗函数有较高的时间分辨率;而波形变化比较平缓的时刻,主要是低频信号,则要求窗函数有较高的频率分辨率。短时傅里叶变换不能兼顾频率与时间分辨率的需求。

Gabor 变换是海森伯不确定准则下最优的短时傅里叶变换。高斯窗函数是短时傅里叶变换同时追求时间分辨率与频率分辨率时的最优窗函数。具有高斯窗函数的短时傅里叶变换就是 Gabor 变换。与短时傅里叶变换一样,Gabor 变换也是单一分辨率的。

小波变换使用一个窗函数(小波函数),时频窗面积不变,但形状可改变。小波函数根据需要调整时间与频率分辨率,具有多分辨分析的特点,克服了短时傅里叶变换分析非平稳信号单一分辨率的困难。小波变换是一种时间-尺度分析方法,而且在时间、尺度(频率)两域都具有表征信号局部特征的能力,在低频部分具有较高的频率分辨率和较低的时间分辨率,在高频部分具有较高的时间分辨率和较低的频率分辨率,很适合探测正常信号中夹带的瞬间反常现象并展示其成分。所以,小波变换被称为分析信号的显微镜。

5.1 傅里叶变换

傅里叶变换与小波变换从本质上看无非是研究如何利用简单、初等的函数近似表达复杂函数(信号)的方法和手段。1777 年以前,人们普遍采用多项式函数 $P(x)$ 来对信号 $f(x)$ 进行表征:$f(x)\approx P(x)=\sum_{n=0}^{N-1}a_n x^n$。1777 年,数学家欧拉在研究天文学时发现某些函数可以通过余弦函数之和来表达。1807 年,法国科学家傅里叶进一步提出周期为 2π 的函数 $f(x)$ 可以表示为系列三角函数之和,即

$$f(x)\approx\frac{a_0}{2}+\sum_{k=1}^{+\infty}[a_k\cos kx+b_k\sin kx] \tag{5-1}$$

其中,$a_k=\frac{1}{\pi}\int_0^{2\pi}f(x)\cos kx\,\mathrm{d}x$,$b_k=\frac{1}{\pi}\int_0^{2\pi}f(x)\sin kx\,\mathrm{d}x$。

式(5-1)可以理解为信号 $f(x)$ 是由正弦波(含余弦与正弦函数)叠加而成,其中 a_k,b_k 为叠加的权值,表示信号在不同频率时刻的谱幅值大小。

显然,当信号具有对称性(偶)特征时,有

$$b_k=0,\quad f(x)\approx\frac{a_0}{2}+\sum_{k=1}^{+\infty}a_k\cos kx$$

而当信号具有反对称性(奇)特征时,有

$$a_k=0,\quad f(x)\approx\frac{a_0}{2}+\sum_{k=1}^{+\infty}b_k\sin kx$$

在研究热传导方程的过程中，为了简化原问题，傅里叶建议将热导方程从时间域变换到频率域，为此他提出了著名的傅里叶变换的概念。信号 $f(x)$ 的傅里叶变换定义为

$$\hat{f}(\omega)=\int_R f(x)\,\mathrm{e}^{-\mathrm{i}x\omega}\,\mathrm{d}x \tag{5-2}$$

傅里叶变换建立了信号时域与频域之间的关系，频率是信号的物理本质之一。

随着计算机技术的发展与完善，科学与工程中的所有计算问题跟计算机已经密不可分，计算机计算的一个典型特征是离散化。而式(5-2)定义的傅里叶变换本质上是一个积分计算，体现为连续化特征，同时在实际应用中信号都是通过离散化采样得到的。

为了通过离散化来采样信息以及有效地利用计算机实现傅里叶变换的计算，需要对式(5-2)实现高效、高精度的离散化。就需要离散傅里叶变换(DFT)的帮助。

为简单计，设 $f(x)$ 为$[-\pi,\pi]$上的有限信号，则 $f(x)$ 的傅里叶变换可简化为

$$\hat{f}(\omega)=\int_{-\pi}^{\pi} f(x)\,\mathrm{e}^{-\mathrm{i}x\omega}\,\mathrm{d}x$$

假设采用等间距采样，其采样点数为 N，输入时域信号为 f_n，要求输出频率信号为 $\hat{f}_l$，则有

$$\hat{f}_l=\frac{2\pi}{N}\sum_{n=0}^{N-1} f_n\,\boldsymbol{W}_N^{nl} \tag{5-3}$$

除开常数 2π 外，式(5-3)即为通常意义的离散傅里叶变换，其中 $k,l=0,1,\cdots,N-1$，$\boldsymbol{W}_N^{nl}=\mathrm{e}^{-\frac{2\pi}{N}(n+l)}$，输入 f_n 与输出 $\hat{f}_l$ 分别为信号的时域与频域信息。特别地，如果采用其他的正交基，利用最小二乘逼近则得到各种不同意义的离散正交变换，例如，离散余弦变换(DCT，一共 4 种)、离散正弦变换(DST，一共 4 种)、离散 Hartley 变换(DHT)以及离散 Walsh 变换(含离散 Hadmard 变换)等。

5.2　信号的时频分析

1865 年，本生和基尔霍夫发现光谱可以用来对物质进行识别、检测和分类，因为它们对每一种物质都是唯一的，从此开始了人类进行频谱分析的历史，而此时提出该思想的先驱傅里叶已经去世 35 年了。

1946 年，丹尼斯・加博尔提出了 Gabor 变换，它是“窗口傅里叶变换”的概念，为时间和频率联合域分析信号奠定了理论基础。

1982 年，吉恩・莫莱特提出了小波变换，这是最后一个出现的线性时频表示。小波分析本质上是一种时间-尺度分析，它更适合于分析具有自相似结构的信号。

时频分析目前主要在语音识别(speech recognition)、生物医学信号(biomedical signal)、雷达信号处理(radar signal processing)、声呐信号处理(sonar signal processing)、图像处理(image processing)、地震信号处理(seismic signal processing)、机械振动(mechanical vibration)、信号重构(signal reconstruction)、扩频通信中的干扰抑制(interference suppression)等方面都有着广泛的应用。

目前，已提出很多信号的时频表示方法，基本可分为三大类：

(1)线性时频表示(linear time-frequency)；

(2)双线性(二次型)时频表示[double linear (quadratic) time - frequency];

(3)非线性时频表示(nonlinear time - frequency)。

用 $P_f(t,\omega)$ 表示信号 $f(t)$ 的线性时频表示,用 $T_f(t,\omega)$ 表示 $f(t)$ 的时频分布(能量密度分布)。具有线性性质的时频表示成为线性时频表示,这一类时频表示由傅里叶演化而来,属于线性时频表示的主要有短时傅里叶变换、Gabor 变换和小波变换等。

时频分布有一定的要求,不是任意的时间和频率的二维函数都能作为时频分布。

5.2.1 时频分布的几个重要参数

时频分析是非平稳信号分析最基本内容,其主要目的在于构造一个恰当的时间和频率的二维分布,需要具备两方面的要求。一方面给出信号的在某一确定的时间范围和频率范围内的能量百分比;另一方面用以估计信号的特征参量,如瞬时频率、瞬时带宽等。

用 $P(t,\omega)$ 表示信号 $s(t)$ 的线性时频表示,$S(\omega)$ 是信号 $s(t)$ 的频域表示,则关于信号的几个重要参数表示有以下几种。

(1)真边缘:

$$\int P(t,\omega)\mathrm{d}\omega = |s(t)|^2 = P(t)$$

$$\int P(t,\omega)\mathrm{d}t = |S(\omega)|^2 = P(\omega)$$

就是说,某一特定时刻的所有频率的能量总和等于信号在该时刻的瞬时功率,即能量密度。而某一特定频率的全部时间内的能量总和等于信号的能量谱密度。

(2)整体平均:对于时间和频率的任意函数 $g(t,\omega)$,可以通过为给定信号 $s(t)$ 构造的时频联合分布 $P(t,\omega)$ 计算整体平均,就是说对于任意权重函数 $g(t,\omega)$,$P(t,\omega)$ 也应该是有界的:

$$\langle g(t,\omega)\rangle = \iint g(t,\omega)P(t,\omega)\mathrm{d}\omega\,\mathrm{d}t$$

(3)局部平均:

1)某频率信号的瞬时功率占比:

$$P(\omega \mid t) = \frac{P(t,\omega)}{P(t)}$$

2)某时刻时,某频率信号的能量密度占比:

$$P(t \mid \omega) = \frac{P(t,\omega)}{P(\omega)}$$

3)某频率时,在 $P(t \mid \omega)$ 分布下,$g(t)$ 的均值:

$$\langle g(t)\rangle_\omega = \int g(t)P(t \mid \omega)\mathrm{d}t = \frac{1}{P(\omega)}\int g(t)P(t,\omega)\mathrm{d}t$$

4)某时刻时,在 $P(\omega \mid t)$ 分布下,$g(\omega)$ 的均值:

$$\langle g(\omega)\rangle_t = \int g(\omega)P(\omega \mid t)\mathrm{d}\omega = \frac{1}{P(t)}\int g(\omega)P(t,\omega)\mathrm{d}\omega$$

(4)信号局部特征参数:

1)瞬时频率估计,即估计特定时刻的平均频率:

$$\langle \omega \rangle_t = \frac{1}{P(t)}\int \omega P(t,\omega)\mathrm{d}\omega$$

2)群延迟估计,即估计特定频率的平均延迟时间:

$$\langle t \rangle_\omega = \frac{1}{P(\omega)}\int tP(t,\omega)dt$$

3)瞬时时宽,即估计给定时刻的频率范围:

$$\sigma^2_{\omega|t} = \langle(\omega - \langle\omega\rangle_t)^2\rangle_t = \frac{1}{P(t)}\int(\omega - \langle\omega\rangle_t)^2 P(t,\omega)\mathrm{d}\omega$$

d)瞬时带宽,即估计给定频率的时间范围:

$$\sigma^2_{t|\omega} = \langle(t - \langle t\rangle_\omega)^2\rangle_\omega = \frac{1}{P(\omega)}\int(t - \langle t\rangle_\omega)^2 P(t,\omega)dt$$

5.2.2　时频分布的基本性质

一个理想的时频分布,除了应具有真边缘、能得到正确的信号特征参数值外,还应当具有一些典型性质,如时移不变性(time shift invariance)、频移不变性(frequency shift invariance)、尺度变换特性(scale transformation characteristics)、定义域的同一性(homoousia)等。

(1)时移不变性。表示信号发生时移时,时频表示的表达式不发生变化,只是相应的参数发生变化。

定义时移:$\tilde{s}(t) = s(t - t_0) = \mathrm{e}^{-\mathrm{j}t_0\omega}s(t)$ 。

时移不变性:$s(t) \to P(t,\omega) \Rightarrow \tilde{s}(t) \to P(t - t_0,\omega)$ 。

(2)频移不变性。表示信号发生频移时,视频表示的表达式不发生变化,只是相应的参数发生变化。

定义频移:$\tilde{s}(t) = \mathrm{e}^{\mathrm{j}\omega_0 t}s(t)$ 。

频移不变性:$s(t) \to P(t,\omega) \Rightarrow \tilde{s}(t) \to P(t,\omega - \omega_0)$ 。

(3)尺度变换特性。指信号的尺度发生变换时,时频表示应该遵从的规格。

定义尺度:$s_{\mathrm{scale}}(t) = \sqrt{a}\,s(at)$,a 为尺度因子。

尺度变换特性:$s(t) \to P(t,\omega) \Rightarrow s(t) = \sqrt{a}\,s(at) \to P_{\mathrm{scale}}(t,\omega) = P(at,\omega/a)$ 。

5.2.3　信号的不确定性原理

不确定原理:若 $\lim\limits_{|t|\to\infty}\sqrt{|t|}f(t) = 0$,$\sigma_t^2 = \int(t - t_0)^2\ |f(t)|^2\mathrm{d}t$,$\sigma_\omega^2 = \int(\omega - \omega_0)^2\ |F(\omega)|^2\mathrm{d}\omega$,则 $\sigma_t\sigma_\omega \geqslant \frac{1}{2}$ 。

不确定性原理(或称测不准原理)告诉我们:不可能构造一个频率分辨率和时间分辨率都任意小的信号,也就是不允许有某个特定时间和频率处能量的概念。人们研究伪能量密度或时频结构,根据不同的要求和不同的性能去逼近理想的时频表示。原理表明:同时具有任意小时宽和带宽的基函数是根本不存在的。

不确定性原理的证明如下:

$$\sigma_t^2\sigma_\omega^2=\frac{1}{2\pi\|f\|^4}\int_{-\infty}^{\infty}|tf(t)|^2\mathrm{d}t\int_{-\infty}^{\infty}|\omega f(\omega)|^2\mathrm{d}\omega$$

根据帕什瓦尔定理：

$$\int_{-\infty}^{\infty}f^2(t)\mathrm{d}t=\frac{1}{2\pi}\int_{-\infty}^{\infty}|F(\omega)|^2\mathrm{d}\omega$$

得

$$\sigma_t^2\sigma_\omega^2=\frac{1}{\|f\|^4}\int_{-\infty}^{\infty}|tf(t)|^2\mathrm{d}t\int_{-\infty}^{\infty}|f'(t)|^2\mathrm{d}t$$

根据分部积分法：

$$\int_{-\infty}^{\infty}t\,(|f(t)|^2)'\mathrm{d}t=t\,|f(t)|^2\,|_{-\infty}^{\infty}-\int_{-\infty}^{\infty}|f(t)|^2\mathrm{d}t=-\|f\|^2$$

和施瓦茨不等式：

$$\left|\int_a^b f(x)g(x)\mathrm{d}x\right|\leqslant\sqrt{\int_a^b f^2(x)\mathrm{d}x\int_a^b g^2(x)\mathrm{d}x}$$

得

$$\sigma_t^2\sigma_\omega^2=\frac{1}{\|f\|^4}\int_{-\infty}^{\infty}|tf(t)|^2\mathrm{d}t\int_{-\infty}^{\infty}|f'(t)|^2\mathrm{d}t$$

$$\Rightarrow\sigma_t^2\sigma_\omega^2\geqslant\frac{1}{\|f\|^4}\left[\int_{-\infty}^{\infty}|t\,f^*(t)f'(t)|\,\mathrm{d}t\right]^2$$

$$\Rightarrow\sigma_t^2\sigma_\omega^2\geqslant\frac{1}{\|f\|^4}\left\{\int_{-\infty}^{\infty}\frac{t}{2}[f^*(t)f'(t)+f^{*\prime}(t)f(t)]\,\mathrm{d}t\right\}^2$$

$$\Rightarrow\sigma_t^2\sigma_\omega^2\geqslant\frac{1}{4\|f\|^4}\left\{\int_{-\infty}^{\infty}t(|f(t)|^2)'\mathrm{d}t\right\}^2=\frac{1}{4}$$

5.3 短时傅里叶变换

尽管傅里叶变换及其离散形式 DFT 已经成为信号处理中最常用的工具，但是，傅里叶变换存在信号的时域与频域信息不能同时局部化的问题。例如，从式(5-2)可以看出：对于任一给定频率，根据傅里叶变换不能看出该频率发生的时间。傅里叶变换将信号从时域变换到频域时，实质上是将信号 $f(x)$ 投影到各个正弦信号 $e^{-jx\omega}$ 上在整个时间轴上叠加的结果。因此，傅里叶变换不能够观察信号在某一时间段内的频域信息。另外，在信号处理，尤其是非平稳信号处理过程中，如音乐、地震信号等，人们经常需要对信号的局部频率以及该频率发生的时间段有所了解。由于标准傅里叶变换只在频域有局部分析的能力，而在时域内不存在局部分析的能力，所以丹尼斯·加博尔于 1946 年引入短时傅里叶变换(Short - Time Fourier Transform)(也可称为加窗傅里叶交换)。短时傅里叶变换的基本思想是：把信号划分成许多小的时间间隔，用傅里叶变换分析每个时间间隔，以便确定该时间间隔存在的频率。图 5-2 为短时傅里叶变换对信号分析示意图。

假设对信号 $f(x)$ 在时间 $x=\tau$ 附近内的频率感兴趣，显然一个最简洁的方法是仅取式(5-2)中定义的傅里叶变换在某个时间段 I_τ 内的值，即定义

$$P(\omega,\tau)=\frac{1}{|I_\tau|}\int_{I_\tau}f(x)\,e^{-jx\omega}\mathrm{d}x \tag{5-4}$$

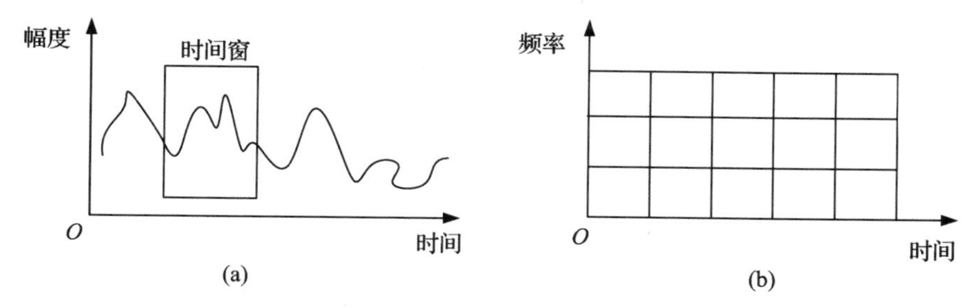

图 5 - 2　短时傅里叶变换示意图

(a)时域加窗示意图;(b)时频平面划分示意图

其中 $|I_\tau|$ 表示区域 I_τ 的长度。如果定义方波函数 $g_\tau(x)$ 为

$$g_\tau(x)=\begin{cases}\dfrac{1}{|I_\tau|},x\in I_\tau\\0,其他\end{cases}\tag{5-5}$$

则式(5 - 4)又可以表示为

$$P(\omega,\tau)=\int_R f(x)\,g_\tau(x)\,\mathrm{e}^{-\mathrm{j}x\omega}\mathrm{d}x\tag{5-6}$$

其中,R 表示整个实轴。从式(5-2)、式(5-5)与式(5-6)很容易看到,为了分析信号 $f(x)$ 在时刻 τ 的局部频域信息,式(5 - 4)实质上是对函数 $f(x)$ 加上窗口函数 $g_\tau(x)$。显然,窗口的长度 $|I_\tau|$ 越小,则越能够反映出信号的局部频域信息。图 5 - 3(a)为对于参数取 $\tau(\tau=1)$,窗口函数 $g_\tau(x)$ 的图形。

容易得到下面的简单性质:① $\int_R g_\tau(x)\mathrm{d}x=1$;② $x\in I_\tau$,$\lim\limits_{\tau\to 0}g_\tau(x)=\infty$ 。

将函数 $g_\tau(x)$ 与著名的"δ 函数"及其性质

$$\delta(x)=\begin{cases}0,x\neq 0\\\infty,x=0\end{cases}$$

以及

$$\int_R\delta(x)\mathrm{d}x=1$$

进行比较,不难发现,"δ 函数"$\delta(x)$ 实际上可以视为函数 $g_\tau(x)$ 的极限函数。从另外一个角度来看,窗口函数可以看作对于原信号在区域上的加权,而利用方波函数 $g_\tau(x)$ 作为窗口函数时存在的一个明显缺陷,就是在区域 I_τ 上平均使用权值不符合权值应该重点位于时刻 τ 且距离该时刻越远和权值越小的特点(也就是权函数主值位于时刻 τ,在该时刻的两端函数图像迅速衰减的特点)。在满足上述特性并保持函数的光滑性质的前提下,Dennis Gabor 于 1946 年提出了利用具有无穷次可微的高斯函数:

$$g_a(x)=\frac{1}{2\sqrt{\pi a}}\mathrm{e}^{-\frac{x^2}{4a}},a>0$$

作为窗口函数。图 5 - 3(b)给出了取几种不同的值时高斯函数的图像,显然高斯函数具有窗口函数所需要的性质。下面讨论高斯函数与 δ 函数的关系。

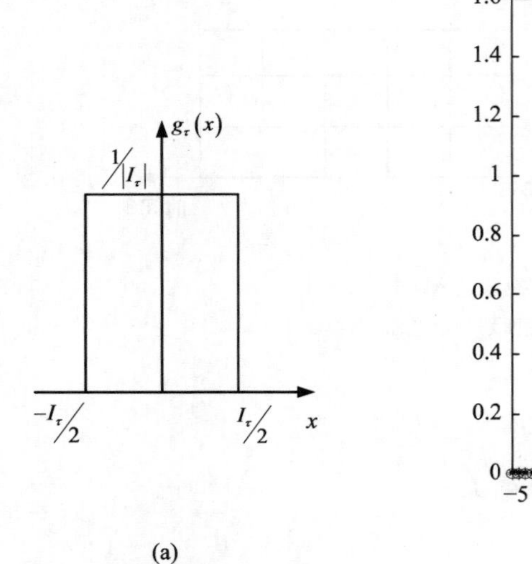

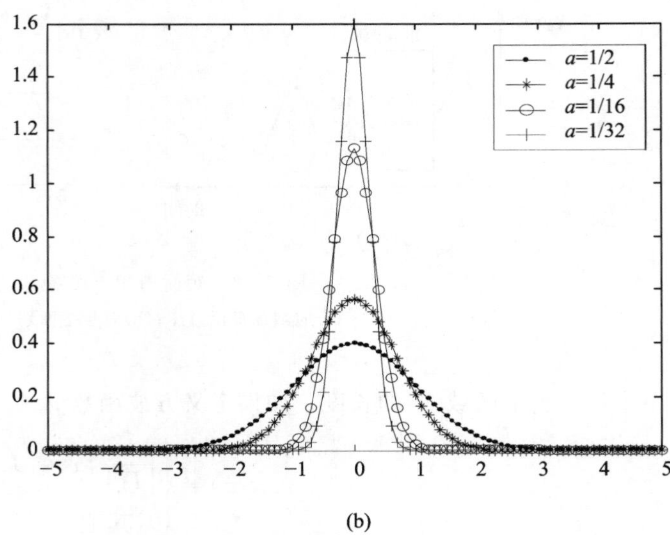

图 5-3　窗口函数与高斯函数的图形

(a)窗口函数 $g_\tau(x)$ 的图形；(b) a 取值不同时高斯函数的图形

定理 5.1　对于高斯函数 $g_a(x)$ 以及可积函数 $f \in L^1(R)$，$g_a(x) > 0$ 且对于任意 $a > 0$ 均是无穷次可微的，并且

$$\int_R g_a(x)\mathrm{d}x = 1, \quad \lim_{a \to 0+}\int_R f(x-t)\, g_a(t)\mathrm{d}t = f(x) \tag{5-7}$$

对于 f 的所有连续点 x 成立。

式(5-7)称为高斯函数的卷积性质。将式(5-7)与 δ 函数 $\delta(x)$ 的卷积性质

$$\int_R f(x-t)\delta(t)\mathrm{d}t = f(x)$$

进行比较，不难发现，无穷次可微高斯函数 $g_a(x)$ 可以作为函数 $\delta(x)$ 的高度近似，即在连续函数的集合 C 上，有 $g_a \to \delta$，$a \to 0^+$。

Gabor 变换是一种特殊的短时傅里叶变换，而一般的短时傅里叶变换按照下列方式来定义。

定义 5.1　信号 $f(t)$ 的短时傅里叶变换 $\mathrm{STFT}(\omega, t)$ 定义为

$$\mathrm{STFT}(\omega, t) = \int_R f(\tau)\gamma(\tau - t)\,\mathrm{e}^{-\mathrm{j}\omega\tau}\,\mathrm{d}\tau = \int_R f(\tau)\,\gamma^*(\tau)\mathrm{d}\tau \tag{5-8}$$

其中 $\gamma^*(t) = \gamma(\tau - t)\,\mathrm{e}^{\mathrm{j}\omega\tau}$ 称为积分核。

为了保证信号 $f(t)$ 的短时傅里叶变换 $\mathrm{STFT}(\omega, t)$ 以及逆变换有意义，一个充分必要条件为

$$\omega\,\widehat{\gamma}(\omega),\, t\gamma(t) \in L^2(R) \tag{5-9}$$

另外，由于 $\gamma(t)$ 可以看成是对函数 $f(t)\,\mathrm{e}^{-\mathrm{j}\omega t}$ 加权，因此，人们经常要求：

(1)当 $\gamma(t) \in L^1(R)$ 时

$$\int_R \gamma(t)\mathrm{d}t = A > 0, \quad \gamma(t) \geqslant 0$$

(2)当 $\gamma(t) \in L^2(R)$ 时

$$\int_R \gamma^2(t)\mathrm{d}t = 1$$

以及

$$\int_R \hat{\gamma}^2(\omega)\mathrm{d}\omega = 1$$

$\gamma(\tau - t)$ 作为对于 $f(t)\mathrm{e}^{-\mathrm{j}\omega t}$ 的加窗限制，其贡献应该主要集中在 $t=\tau$ 附近。最常见的要求是：$\gamma(\tau - t)$ 在 $t=\tau$ 附近迅速衰减，使得窗口外的信息几乎可以忽略，而 $\gamma(\tau - t)$ 起到时限作用，$\mathrm{e}^{-\mathrm{j}\omega t}$ 起到频限作用。当"时间窗"在 t 轴上移动时，信号 $f(t)$"逐渐"进入分析状态，其短时傅里叶变换 $\mathrm{STFT}(\omega,t)$ 反映了 $f(t)$ 在时刻 $t=\tau$、频率 ω 附近"信号成分"的相对含量。

对于短时傅里叶变换的重构，需要设计重构窗函数 $g(t)$，如果 $\gamma(t)$ 与 $g(t)$ 满足以下条件，即可重构：

$$\int_{-\infty}^{\infty} \gamma(t)\, g^*(t)\mathrm{d}t = 1$$

当选择重构窗函数与分析窗函数一致的时候，即 $\gamma(t)=g(t)$，此时的重构公式为

$$s(t) = \frac{1}{2\pi}\iint_{-\infty}^{\infty} \mathrm{STFT}(\omega,t)\gamma(t-\tau)\,\mathrm{e}^{-\mathrm{j}\omega t}\mathrm{d}\omega\,\mathrm{d}\tau$$

短时傅里叶变换的不变性证明如下：

1.时移性

时移：$\tilde{s}(t) = s(t - t_0)$

时移不变性：$s(t) \rightarrow P(t,\omega) \Rightarrow \mathrm{e}^{-\mathrm{j}t_0\omega}s(t) \rightarrow P(t - t_0,\omega)$

因为

$$\mathrm{STFT}(\omega,t) = \int_R f(\tau)\gamma(\tau - t)\,\mathrm{e}^{-\mathrm{j}\omega\tau}\mathrm{d}\tau$$

所以针对时移信号 $f(t-t_0)$，将其取代短时傅里叶变换公式中的 $f(t)$，得 $(\tau - t_0 = T)$：

$$\int_R f(\tau - t_0)\gamma(\tau - t)\,\mathrm{e}^{-\mathrm{j}\omega\tau}\mathrm{d}\tau =$$

$$\int_R f(t)\gamma(T + t_0 - t)\,\mathrm{e}^{-\mathrm{j}\omega T}\,\mathrm{e}^{\mathrm{j}\omega t_0}\mathrm{d}T =$$

$$\mathrm{e}^{\mathrm{j}\omega t_0}\int_R f(t)\gamma(T - (t - t_0))\,\mathrm{e}^{-\mathrm{j}\omega T}\mathrm{d}T =$$

$$\mathrm{e}^{\mathrm{j}\omega t_0}\,\mathrm{STFT}(\omega,t - t_0)$$

可见，短时傅里叶不具有时移不变性。

2.频移性

频移：$\tilde{s}(t) = \mathrm{e}^{\mathrm{j}\omega_0 t}s(t)$

频移不变性：$s(t) \rightarrow P(t,\omega)\ \mathrm{e}^{\mathrm{j}\omega_0 t}s(t) \rightarrow P(t,\omega - \omega_0)$

因为

$$\mathrm{STFT}(\omega,t) = \int_R f(\tau)\gamma(\tau - t)\,\mathrm{e}^{-\mathrm{j}\omega\tau}\mathrm{d}\tau$$

因此针对频移信号 $\tilde{f}(t)$，其短时傅里叶变换为

$$\int_R e^{j\omega_0\tau} f(\tau)\gamma(\tau - t)\ e^{-i\omega\tau}\,d\tau =$$

$$\int_R f(\tau)\gamma(\tau - t)\ e^{-i(\omega-\omega_0)\tau}\,d\tau = \mathrm{STFT}(\omega - \omega_0, \tau)$$

可见，短时傅里叶具有频移不变性。

根据前面的分析，写出两种常见的窗口函数如下。

(1)B 样条。

$$N_1(x) = \begin{cases} 1, x \in [0,1] \\ 0, 其他 \end{cases}$$

对于自然数 m，递推定义

$$N_m(x) = \int_0^1 N_{m-1}(x-t)\,dt, m \geqslant 2$$

显然，$N_m(x)$ 是存在 $m-1$ 阶导函数且仅在有限区间$[0,m]$上非零(称之为紧支集)的函数。

(2)高斯(Gaussian)函数。

$$g_a(x) = \frac{1}{2\sqrt{\pi a}}\,e^{-\frac{x^2}{4a}}, a > 0$$

前面讨论了短时傅里叶变换的概念、性质以及窗口函数的取法。下面利用短时傅里叶变换的特性通过设计时域与频率窗口来分析信号的局部性质。

根据测不准原理，短时傅里叶变换的分析窗口的大小是不变的！

图 5-4 给出了理想的时间-频率窗口应该具有的窗口特性，这是短时傅里叶变换无能为力的，因此有必要引入新的具有理想时间-频率窗口特性的新型窗口函数。时频窗口具有可调的性质，要求在高频部分具有较好的时间分辨率特性，而在低频部分具有较好的频率分辨率特性。

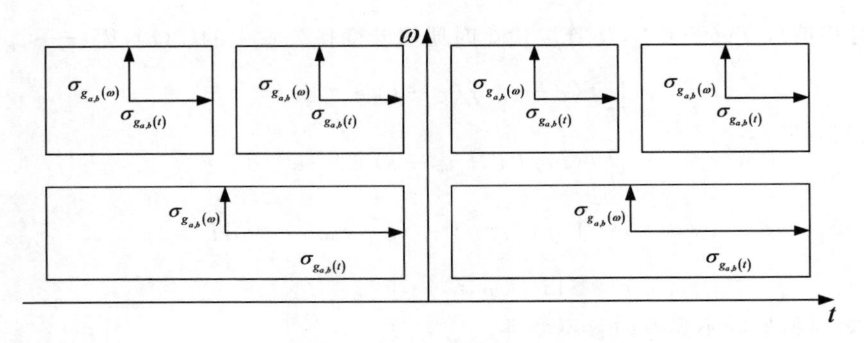

图 5-4　理想的时频分辨率

举例：

(1)对一正弦信号进行时频分析，看看频率随时间变化的关系是否和理论分析一样。

正弦信号 $s(t) = e^{j\omega_0 t}$，采用高斯窗函数进行分析

$$\gamma(t) = (\pi\sigma^2)^{-\frac{1}{4}}\ e^{-\frac{t^2}{2\sigma^2}}$$

则其的短时傅里叶变换为

$$\mathrm{STFT}_s(t,\omega)=(4\pi\sigma^2)^{\frac{1}{4}}\mathrm{e}^{-\mathrm{j}t(\omega-\omega_0)}\mathrm{e}^{\left[-\frac{\sigma^2(\omega-\omega_0)}{2}\right]}$$

其相应的图谱为

$$P_s(t,\omega)=|\mathrm{STF}\,T_s(t,\omega)|^2=2\sqrt{\pi}\sigma\,\mathrm{e}^{[-\sigma^2(\omega-\omega_0)^2]}$$

其时域图如图 5－5 所示。

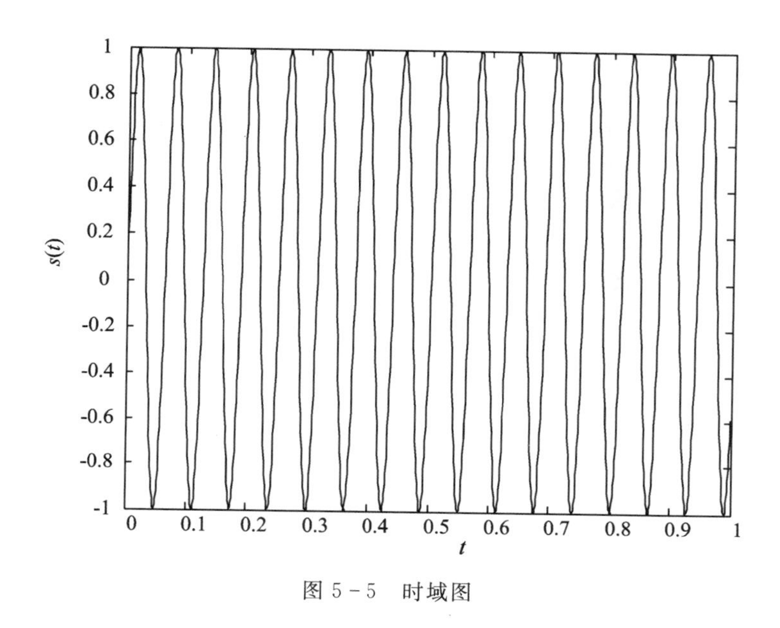

图 5－5　时域图

其频域图如图 5－6 所示。

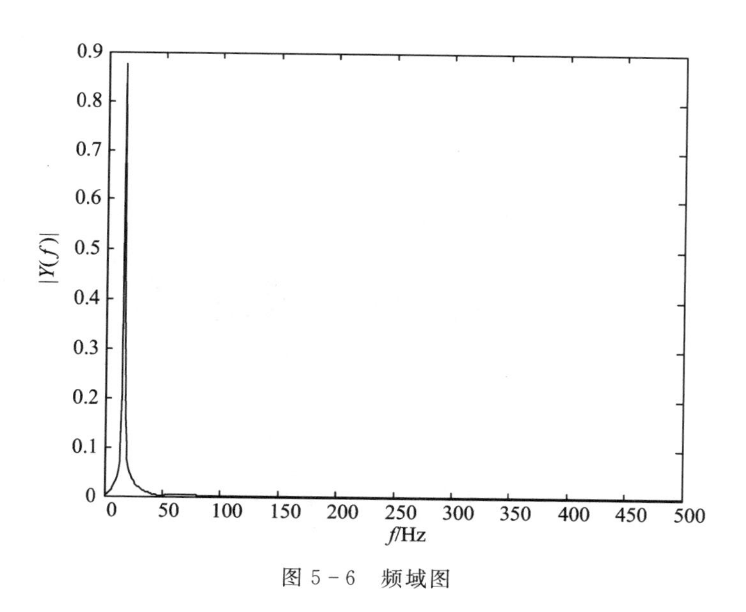

图 5－6　频域图

其时频图为如图 5－7 所示。

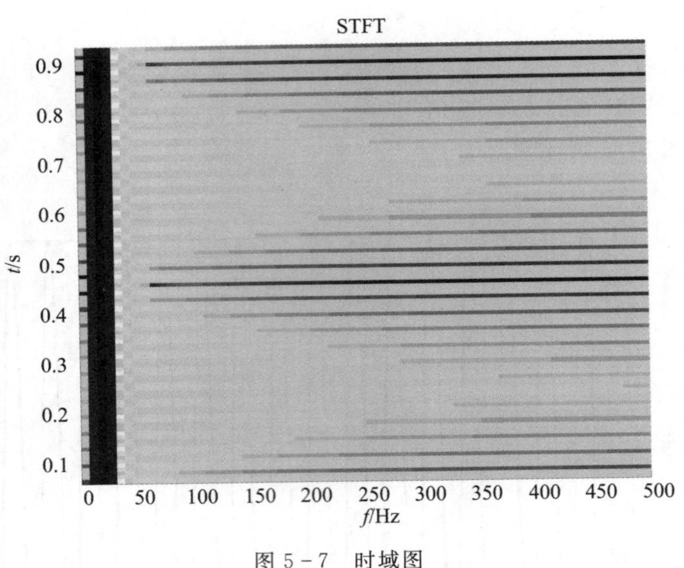

图 5-7　时域图

从时域图可以看出,其是一个正弦信号;从频域图中,也可以看出这是一个正弦信号;从时频图可以看出,在所有时间内,始终有一个频率不变的信号存在,证明了时频分析的结果与其他分析结果是一致的。

(2)用短时傅里叶变换分析一个线性调频信号。

对于一个线性调频信号,其频率是随时间线性变换的,如 $s(t)=\mathrm{e}^{\mathrm{j}at^2}$,还是采用高斯窗函数进行分析 $\gamma(t)=(\pi\sigma^2)^{-\frac{1}{4}}\mathrm{e}^{-\frac{t^2}{2\sigma^2}}$,则其短时傅里叶变换的图谱为

$$P_s(t,\omega)=|\mathrm{STF}\,T_s(t,\omega)|^2=\left(\frac{4\pi\sigma^2}{1+4a^2\sigma^4}\right)^{\frac{1}{2}}\mathrm{e}^{\left[-\frac{\sigma^2(\omega-2at)^2}{1+4a^2\sigma^4}\right]}$$

信号的时域图如图 5-8 所示。

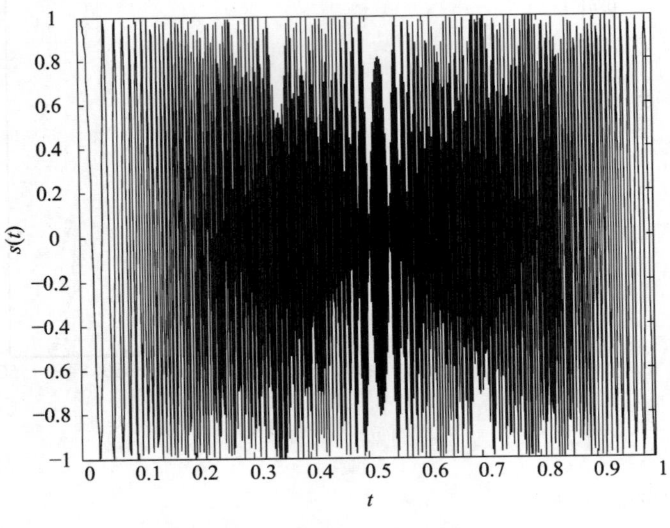

图 5-8　时域图

信号的频域图如图 5-9 所示。

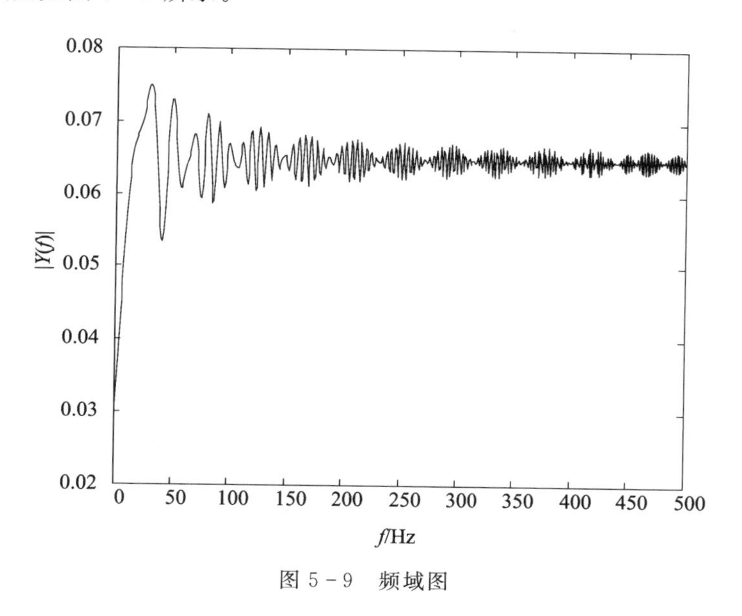

图 5-9　频域图

信号的时频图如图 5-10 所示。

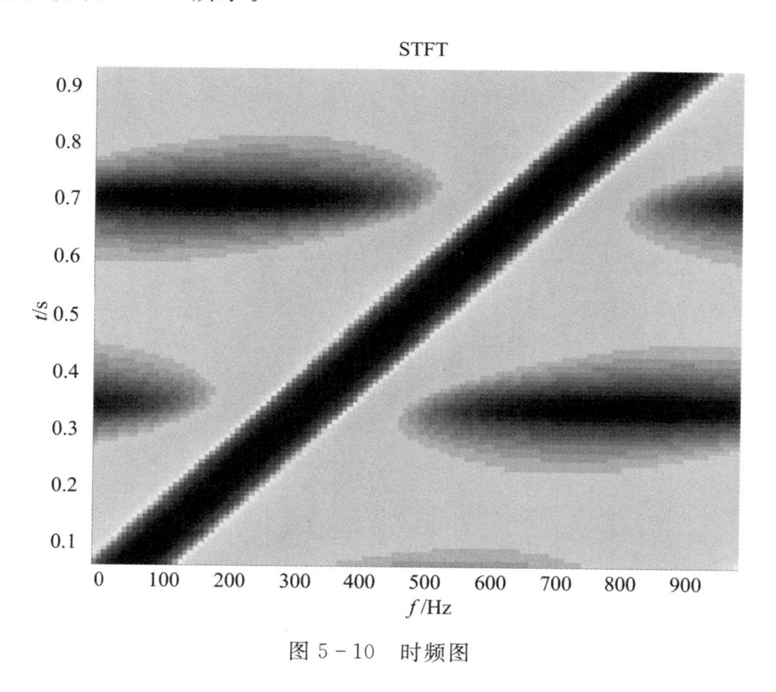

图 5-10　时频图

从时域图看不出任何规律;从频域图中,可以看出频率的变化有些规律,但不清楚是什么规律;从时频图可以明显看出,这是一个频率随时间线性增长的信号,证明了时频分析的能揭示出信号中频率随时间变化的情况。

(3)用 STFT 分析一个非平稳信号 chirp 信号:

$$x(n)=A\cos(\Omega_0 n^2)=A\cos(10\pi\times10^{-5}\times n^2)$$

该信号的频率不是常数，而是随时间线性增长，瞬时频率为 $\Omega_0 n$ 。其时频图如图 5－11、图 5－12 所示。由图可知其频率随时间变化的规律。

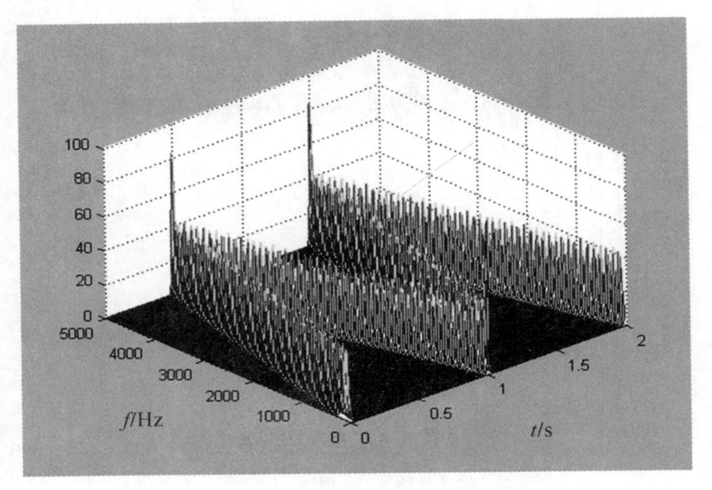

图 5－11　三维时频图

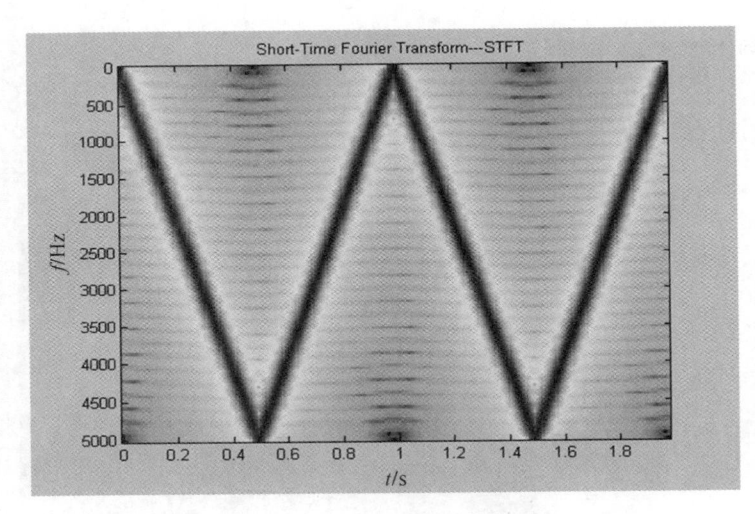

图 5－12　二维时频图

5.4　连续小波变换

5.4.1　连续小波变换定义

前面讨论的短时傅里叶变换其窗口函数 $\varphi_a(t,\omega)=\varphi(t-a)\mathrm{e}^{-\mathrm{j}t\omega}$ 通过函数时间轴的平移与频率限制得到，由此得到的时频分析窗口具有固定的大小。对于非平稳信号而言，需要时频窗口具有可调的性质，即要求在高频部分具有较好的时间分辨率特性，而在低频部分具有较好

的频率分辨率特性。为此特引入窗口函数 $\psi_{a,b}(t)=\frac{1}{\sqrt{|a|}}\psi\left(\frac{t-b}{a}\right)$，并定义变换

$$W_{\psi}f(a,b)=\frac{1}{\sqrt{|a|}}\int_{-\infty}^{+\infty}f(t)\psi^{*}\left(\frac{t-b}{a}\right)\mathrm{d}t \tag{5-10}$$

式中，$a\in\mathbf{R}$ 且 $a\neq0$。式(5－10)定义了连续小波变换，a 为尺度因子，表示与频率相关的伸缩，b 为时间平移因子。

很显然，并非所有函数都能保证式(5－10)中表示的变换对于所有 $f\in L^2(R)$ 均有意义；另外，在实际应用尤其是信号处理以及图像处理的应用中，变换只是一种简化问题、处理问题的有效手段，最终目的需要回到原问题的求解，因此，还要保证连续小波变换存在逆变换。同时，作为窗口函数，为了保证时间窗口与频率窗口具有快速衰减特性，经常要求函数 $\psi(x)$ 具有如下性质：

$$|\psi(x)|\leqslant C(1+|x|)^{-1-\varepsilon},\quad |\hat{\psi}(\omega)|\leqslant C(1+|\omega|)^{-1-\varepsilon}$$

式中，C 为与 x，ω 无关的常数，$\varepsilon>0$。

从式(5－10)可以得出，连续小波变换计算分以下 5 个步骤进行。

(1)选定一个小波，并与处在分析时段部分的信号相比较。

(2)计算该时刻的连续小波变换系数 C。如图 5－13 所示，C 表示了该小波与处在分析时段内的信号波形相似程度。C 愈大，表示两者的波形相似程度愈高。小波变换系数依赖于所选择的小波。因此，为了检测某些特定波形的信号，应该选择波形相近的小波进行分析。

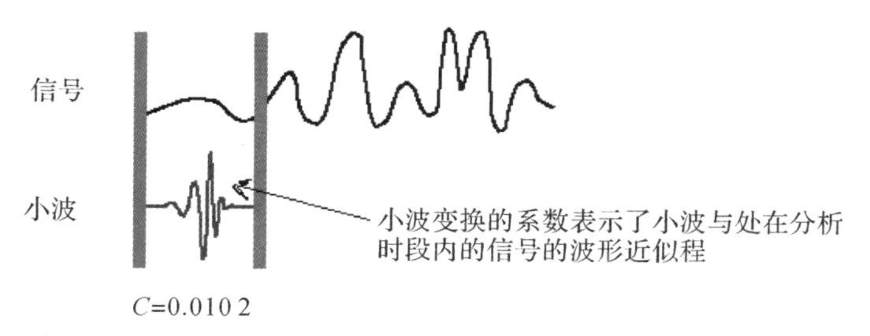

图 5－13　计算小波变换系数示意图

(3)如图 5－14 所示，调整参数 b，调整信号的分析时间段，向右平移小波，重复(1)～(2)步骤，直到分析时段已经覆盖了信号的整个支撑区间。

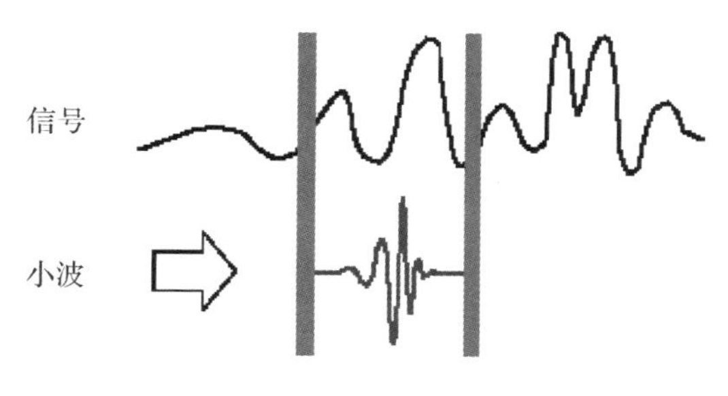

图 5－14　不同分析时段下的信号小波变换系数计算

(4)调整参数 a,尺度伸缩,重复(1)～(3)步骤。

(5)重复(1)～(4)步骤,计算完所有的尺度的连续小波变换系数,如图 5－15 所示。

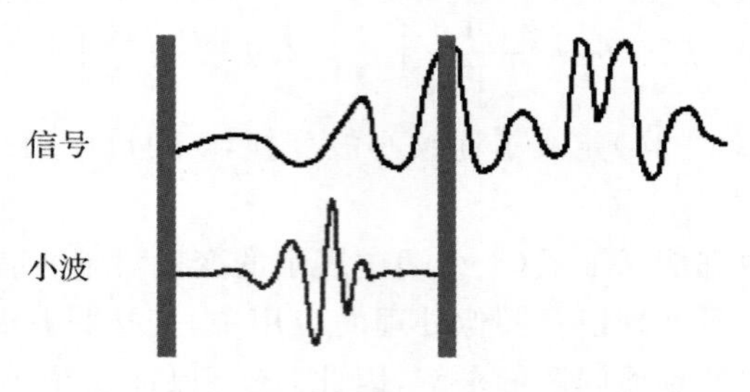

图 5－15　不同尺度下的信号小波变换系数计算

由小波变换的定义式(5－10),有

$$W_f(a,b)=\langle f(t),\psi_{a,b}(t)\rangle=\int_{-\infty}^{\infty}f(t),\psi_{a,b}^{*}(t)\mathrm{d}t=$$

$$\int_{-\infty}^{\infty}f(t)\frac{1}{\sqrt{a}}\psi^{*}\left(\frac{t-b}{a}\right)\mathrm{d}t\quad[a>0,f\in L^2(R)]$$

式中,$\psi_{a,b}(t)=\frac{1}{\sqrt{a}}\psi\left(\frac{t-b}{a}\right)$ 。

设 $f(t)=f(k\Delta t),t\in(k,k+1)$,则

$$W_f(a,b)=\sum_k\int_k^{k+1}f(t)\ |a|^{-1/2}\ \psi^{*}\left(\frac{t-b}{a}\right)\mathrm{d}t=$$

$$\sum_k\int_k^{k+1}f(k)\ |a|^{-1/2}\ \psi^{*}\left(\frac{t-b}{a}\right)\mathrm{d}t=$$

$$|a|^{-1/2}\sum_k f(k)\left[\int_{-\infty}^{k+1}\psi^{*}\left(\frac{t-b}{a}\right)\mathrm{d}t-\int_{-\infty}^{k}\psi^{*}\left(\frac{t-b}{a}\right)\mathrm{d}t\right]\tag{5-11}$$

式(5－11)可以通过以上 5 步来实现,也可以用快速卷积运算来完成。卷积运算既可以在时域完成,也可以通过 FFT 来完成。在 MATLAB 小波变换工具箱中,连续小波变换就是按照式(5－11)进行的,代码如下:

```
//MATLAB 实现连续小波变换的代码
precis = 10; //小波函数积分精度控制
signal = signal(:)';
len = length(signal);
coefs = zeros(length(scales),len);
nbscales = length(scales);
[psi_integ,xval] = intwave(wname,precis);//计算从－∞到 k 的小波积分序列
wtype = wavemngr('type',wname);
ifwtype==5 , psi_integ = conj(psi_integ); end //判断是否为复小波,对复小波取共轭
xval = xval - xval(1);
dx =xval(2);
```

```
xmax = xval(end);
ind = 1;
for k = 1:nbscales //循环计算各尺度的小波系数
    a = scales(k);
    j = [1+floor([0:a * xmax]/(a * dx))];
    if length(j)==1 , j = [1 1]; end
    f =fliplr(psi_integ(j));
coefs(ind,:) =- sqrt(a) * wkeep(diff(conv(signal,f)),len);//计算公式(5-11)
ind = ind+1;
end
```

如何选择合适的尺度进行小波分析呢？实际的信号都是有限带宽的，而某一尺度下的小波相当于带通滤波器，此带通滤波器在频域必须与所分析的信号存在重叠。在工程中，近似地将小波频谱中能量最多的频率值作为小波的中心频率，选择合适的尺度使中心频率始终在被分析的信号带宽之内。图 5-16 表示了小波在具有 2 阶消失矩的 Daubechies 小波(DB4)跟和频率为 0.714 29 的正弦信号在时域波形上的近似估计。

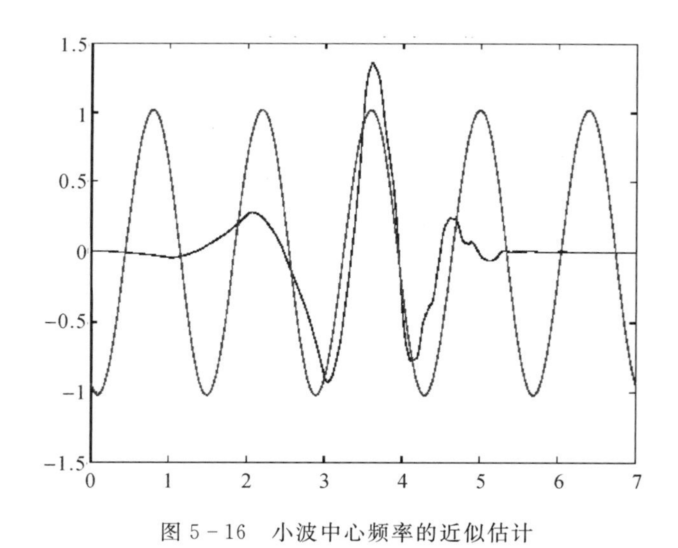

图 5-16　小波中心频率的近似估计

式(5-11)的 $W_f(a,b)$ 的二次方 $|W_f(a,b)|^2$ 称为为小波功率谱，而平均小波功率谱 $W_f(a)$ 定义为

$$W_f(a)=\frac{\int_{b_0}^{b_1}|W_\psi f(a,b)|^2\,\mathrm{d}b}{b_1-b_0}$$

式中，b_0 是尺度为 a 时 b 的起始位置；b_1 是尺度为 a 时 b 的结束位置。

图 5-17 为一个正弦信号在墨西哥草帽小波基函数下的瞬态谱图。图 5-18 为该正弦信号的平均功率谱。

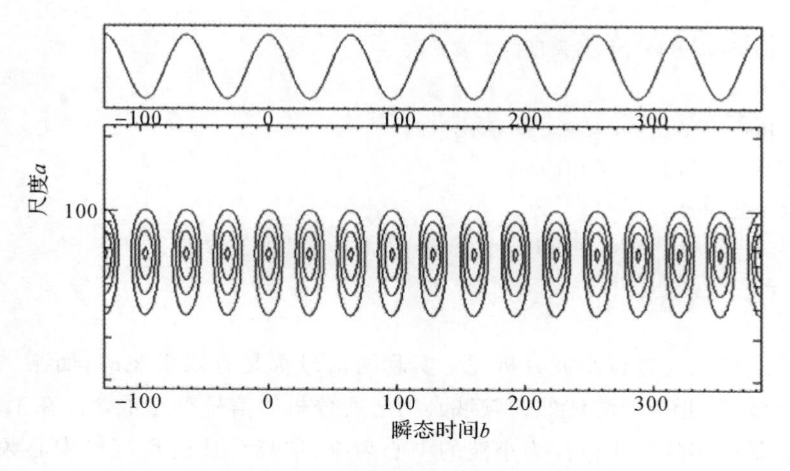

图 5-17　正弦信号的小波功率谱

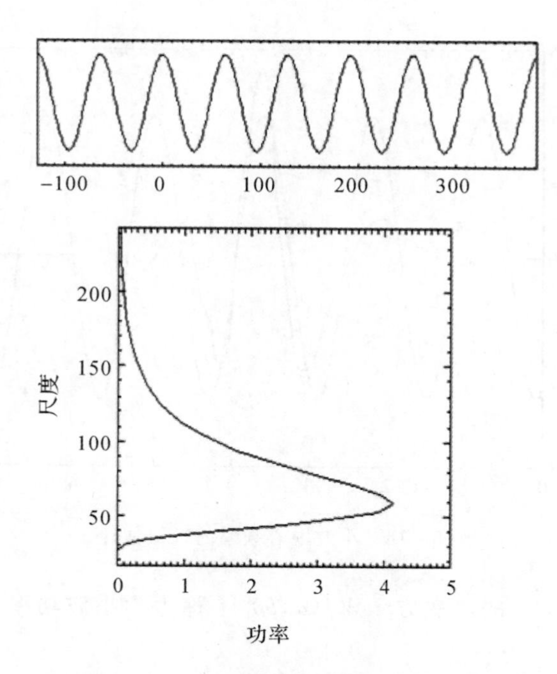

图 5-18　正弦信号的小波平均功率谱

5.4.2　几种基函数

小波基函数决定了小波变换的效率和效果。小波基函数可以灵活选择，并且可以根据所面对的问题构造基函数。下面列举了几个常用的连续小波基函数。

1.Haar 小波

$$\psi_H(t)=\begin{cases}1,0<t<\frac{1}{2}\\-1,\frac{1}{2}<t<1\\0,其他\end{cases}$$

可以说 Haar 小波是所有已知小波中最简单的，如图 5-19 所示。对于 t 的平移，Haar 小波是正交的。对于一维 Haar 小波可以看成是完成了差分运算，即给出与观测结果的平均值不相等的部分的差。显然，Haar 小波不是连续可微函数。

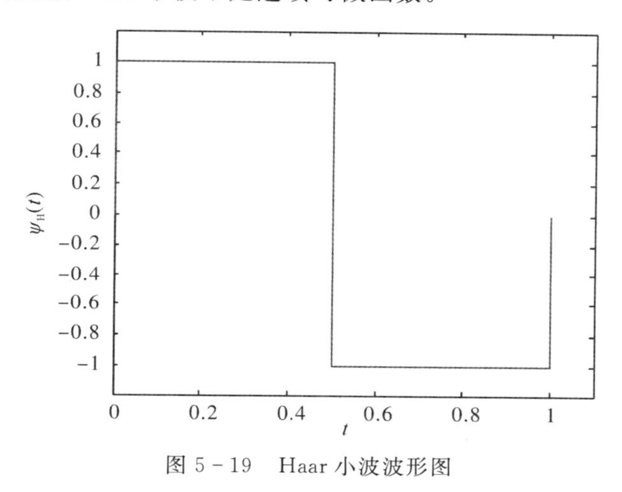

图 5-19　Haar 小波波形图

2.Mexico 草帽小波

Mexico 草帽小波是高斯函数的二阶导数，即

$$\psi(t)=\frac{2}{\sqrt{3}}\pi^{\frac{-1}{4}}(1-t^2)\,e^{\frac{-t^2}{2}}$$

系数 $\frac{2}{\sqrt{3}}\pi^{\frac{-1}{4}}$ 主要是保证 $\psi(t)$ 的归一化，即 $\|\psi\|^2=1$。这个小波使用的是高斯平滑函数的二阶导数，由于波形与墨西哥草帽(Mexican Hat)抛面轮廓线相似而得名，也称作 Marr 小波，如图 5-20 所示。

由高斯函数的 m 阶导数可以给出一簇小波：

$$\psi_m=C_m(-1)^m\frac{d^2}{dt^m}(e^{-\frac{t^2}{2}})$$

式中的常数是为了保证 $\|\psi_m\|^2=1$。虽然 Mexican 草帽小波相当于式中 $m=2$ 的情形，但由于是各向同性的，所以不能检测信号的不同方向。

用 Gauss 函数的差(Difference of Gaussians，DOG)形成的 DOG 小波是 Mexico 草帽小波的良好近似，为

$$\psi(t)=e^{-\frac{t^2}{2}}-\frac{1}{2}e^{\frac{-t^2}{8}}$$

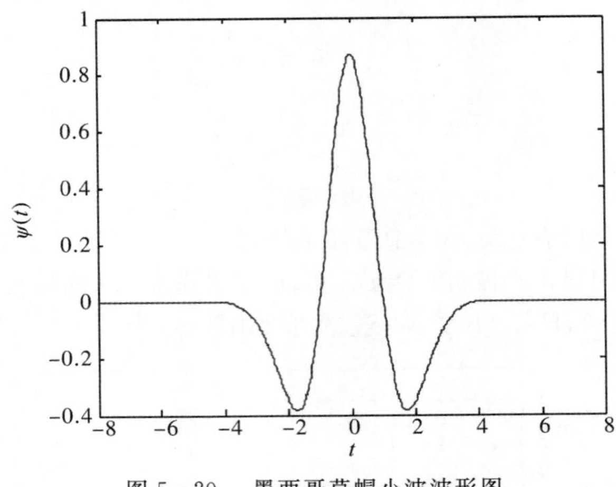

图 5 - 20　墨西哥草帽小波波形图

3.Morlet 实小波

$$\psi_0(t)=\pi^{\frac{-1}{4}}\cos(5t)\ e^{\frac{-t^2}{2}}$$

4.Morlet 复值小波

Morlet 小波是最常用到的复值小波，其定义如下，波形如图 5 - 21 所示。

$$\psi_0(t)=(\pi f_B)^{0.5}\ e^{j2\pi f_c t}\ e^{\frac{-t^2}{f_B}}$$

其傅里叶变换为

$$\psi_0(f)=e^{\frac{-(f-f_0)^2}{f_B}}$$

通常，$\omega_0\geqslant 5$ 的情况用得最多。f_B 为带宽，f_0 为中心频率。

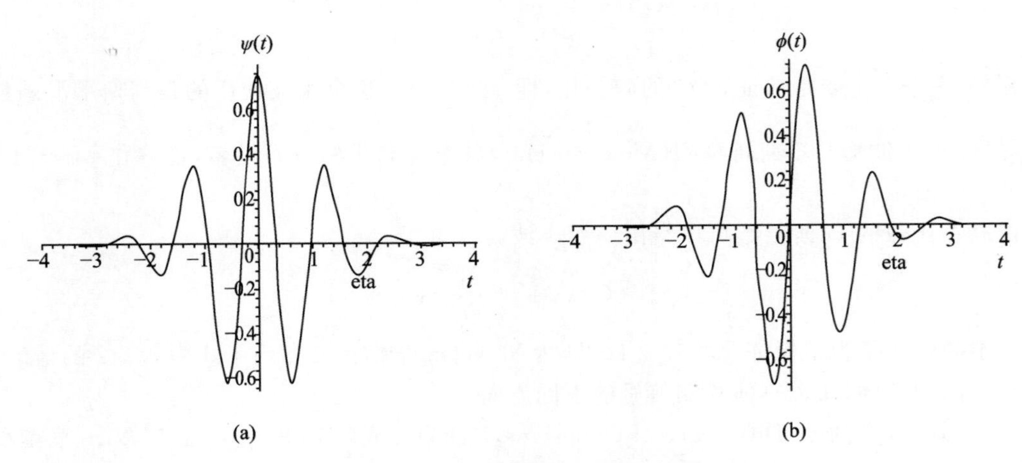

图 5 - 21　Morlet 复值小波的波形图

(a)实部；(b)虚部

5.复高斯小波

复高斯小波由复高斯函数的 n 阶导数构成，定义如下：

$$\psi(t)=C_n\frac{\mathrm{d}^n}{\mathrm{d}x}(\mathrm{e}^{-\mathrm{j}x}\ \mathrm{e}^{x^2})$$

常数 C_n 用来保持小波函数的能量归一化特性。

6.复香农小波

$$\psi(t)=f_B^{0.5}\sin\left(\frac{f_Bt}{m}\right)^m\exp(2\mathrm{j}\pi\ f_ct)$$

式中，f_B 为带宽；f_c 为中心频率；m 为正整数。

5.4.3　连续小波基函数的选择

小波基函数选择可从以下3个方面考虑。

1.复值与实值小波的选择

复值小波作分析不仅可以得到幅度信息，也可以得到相位信息，所以复值小波适合于分析计算信号的正常特性，而实值小波最好用来作峰值或者不连续性的检测。

2.连续小波的有效支撑区域的选择

连续小波基函数都在有效支撑区域之外快速衰减。有效支撑区域越长，频率分辨率越好；有效支撑区域越短，时间分辨率越好。

3.小波形状的选择

如果进行时频分析，则要选择光滑的连续小波，因为时域越光滑的基函数，在频域的局部化特性越好。如果进行信号检测，则应尽量选择与信号波形相近似的小波。

5.5　从小波尺度变化中学习人的全面发展

小波变换通过一个尺度因子，实现了小波变换在不同频率下分析信号的目的。就像一个变焦镜头，调整它的大小，实现了对信号大小尺度的分析，克服了短时傅里叶变换无法多尺度分析信号的缺点。可见，尺度因子的提出是小波变换的关键。

同样，人也是有各种尺度的。马克思所说人的两个尺度指的是“物种的尺度”和“内在的尺度”。“物种的尺度”是客观事物本身规律性的体现；“内在的尺度”是人自身目的、需要的体现，是人根据自己的目的、要求提出的尺度。它同价值直接相关，是价值的基本内容之一。

人的发展是相对于社会发展而言的，主要指个人的发展，包括个人的体力、智力、个性和交往能力的发展等；是全面发展、自由发展、充分发展的统一。所谓人的全面发展主要是指社会上的每一个成员的劳动能力、社会关系和个性的充分自由的全面发展。

人的个性自由全面地发展是指人作为主体，摆脱内外部束缚，不再受到压抑，能够自觉自愿地发挥自己的才能和展示自己的本质力量，最终使人的自主性、独特性、能动性、创造性充分地展示出来。

人的自由个性的全面发展主要包括三个方面：

(1)个人的独特性的全面发展；

(2)个人的自主性的全面发展；

(3)个人创造性的全面发展。

“有个性的个人与偶然的个人之间的差别，不是概念上的差别，而是历史事实。”人的全面发展在一定意义上就是“有个性的个人”逐步代替“偶然的个人”，使“社会的每一个成员都能完全自由地发展和发挥他的全部才能和力量”。因此，人的个性的全面发展是人的全面发展的一个重要内容。

2020年10月，中共中央、国务院印发了《深化新时代教育评价改革总体方案》，并发出通知，要求各地区各部门结合实际认真贯彻落实。教育评价事关教育发展方向，有什么样的评价指挥棒，就有什么样的办学导向。为深入贯彻落实习近平总书记关于教育的重要论述和全国教育大会精神，完善立德树人体制机制，扭转不科学的教育评价导向，坚决克服唯分数、唯升学、唯文凭、唯论文、唯帽子的顽瘴痼疾，提高教育治理能力和水平，加快推进教育现代化、建设教育强国、办好人民满意的教育。

《深化新时代教育评价改革总体方案》是对如何去培养德智体美劳全面发展的人才做出的时代指示。总体要求如下：

(1)指导思想。以习近平新时代中国特色社会主义思想为指导，全面贯彻党的十九大和十九届二中、三中、四中全会精神，全面贯彻党的教育方针，坚持社会主义办学方向，落实立德树人根本任务，遵循教育规律，系统推进教育评价改革，发展素质教育，引导全党全社会树立科学的教育发展观、人才成长观、选人用人观，推动构建服务全民终身学习的教育体系，努力培养担当民族复兴大任的时代新人，培养德智体美劳全面发展的社会主义建设者和接班人。

(2)主要原则。坚持立德树人，牢记为党育人、为国育才使命，充分发挥教育评价的指挥棒作用，引导确立科学的育人目标，确保教育正确发展方向。坚持问题导向，从党中央关心、群众关切、社会关注的问题入手，破立并举，推进教育评价关键领域改革取得实质性突破。坚持科学有效，改进结果评价，强化过程评价，探索增值评价，健全综合评价，充分利用信息技术，提高教育评价的科学性、专业性、客观性。坚持统筹兼顾，针对不同主体和不同学段、不同类型教育特点，分类设计、稳步推进，增强改革的系统性、整体性、协同性。坚持中国特色，扎根中国、融通中外，立足时代、面向未来，坚定不移走中国特色社会主义教育发展道路。

(3)改革目标。经过5至10年努力，各级党委和政府科学履行职责水平明显提高，各级各类学校立德树人落实机制更加完善，引导教师潜心育人的评价制度更加健全，促进学生全面发展的评价办法更加多元，社会选人用人方式更加科学。到2035年，基本形成富有时代特征、彰显中国特色、体现世界水平的教育评价体系。

5.6 小　　结

本章主要介绍了非平稳信号分析的主要概念，并讲述了短时傅里叶变换和小波变换这两种典型的非平稳信号分析方法，结合MATLAB程序设计语言来说明其应用。

短时傅里叶变换与小波变换的异同如图5-22所示。

图5-22(a)中表示短时傅里叶变换在时频空间中的分辨率变化，可知，其分辨率在选定分析窗函数的时候就已经确定了，在整个时频空间中的分辨率是不变的；图5-22(b)表示小

波变换在时频空间中的分辨率变化，时频分析窗口会随着尺度而变化，而且对于高频信息有短时间积累，具备高时间分辨率，对于低频信息有长的时间积累，具备高频率分辨率。

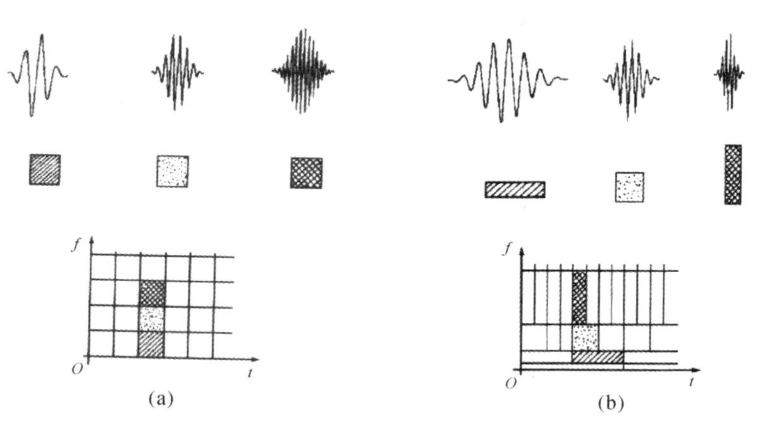

图 5-22 两种变换在时频空间中分辨率的变化情况

(a)短时傅里叶变换时频空间分辨率变化；(b)小波变换时频空间分辨率变化

第 6 章　图像处理技术的基本概念和方法

图像处理(image processing)是用计算机对图像进行分析,以达到所需结果的技术。图像处理一般指数字图像处理。虽然某些处理也可以用光学方法或模拟技术实现,但它们远不及数字图像处理那样灵活和方便,因而数字图像处理成为图像处理的主要方面。

数字图像是指用数字摄像机、扫描仪等设备经过采样和数字化得到的一个大的二维数组,该数组的元素称为像素,其值为一整数,称为灰度值。图像处理技术主要是指数字图像处理技术,就是对图像像素形成的数组进行数字化处理,一般包括压缩、增强复原和匹配描述识别三方面内容,形成图像的压缩、增强、目标检测识别等处理技术。

6.1　错　　视

图 6 - 1 为各种错视图像。图中这些图看起来都有些怪怪的,为什么呢?

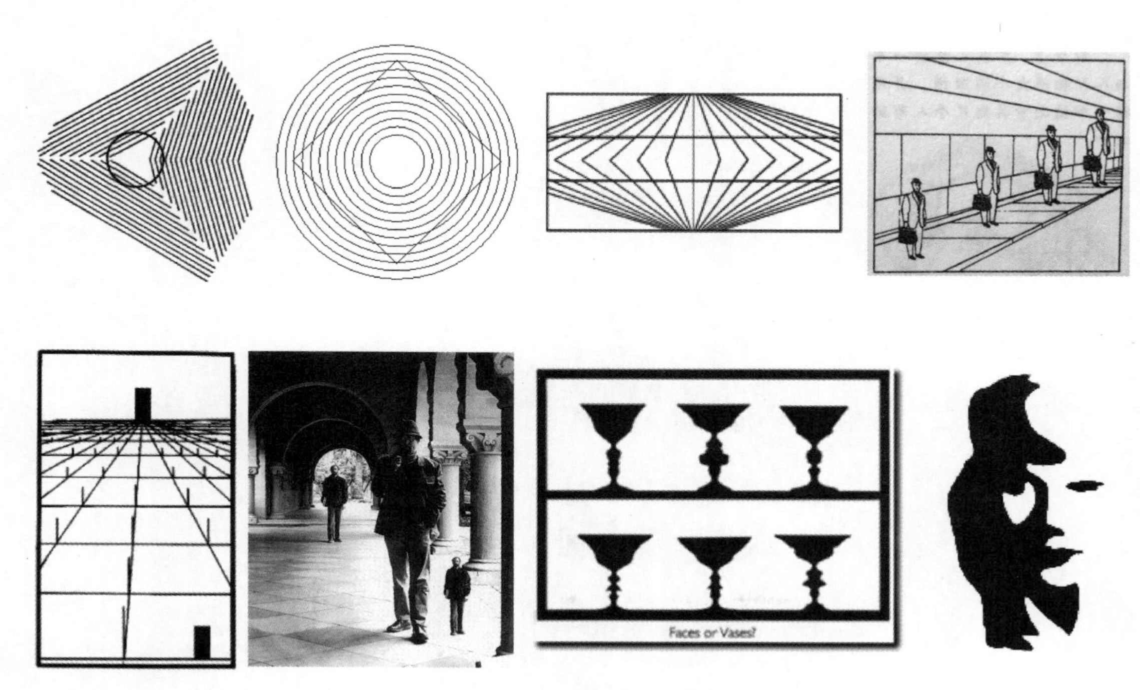

图 6 - 1　各种错视图像

这是一种视觉现象，叫错视。所谓“错视”，就是利用特殊的构图，或是观者视觉上的盲点，创造出的奇特视觉效果。因此，所见即事实吗？不一定。

大量的实验说明视觉错觉不仅存在，而且几乎不能纠正。因此，计算机视觉具有很多困难挑战。

6.2 视觉基础知识

6.2.1 人眼的视觉形成

视觉系统是神经系统的一个组成部分，通过眼睛捕获光感，通过神经系统传递给大脑，大脑通过分析不同的刺激，使生物体具有了视知觉能力。人的视觉是由可见光信息的刺激，建立对周围世界的感知。人的视觉系统还具有将外部世界的二维投射重构为三维世界的能力。不同物种所能感知的光谱是不一定相同的。如有些物种可以看到紫外部分，而另一些则可以看到红外部分。人眼的结构如图 6－2 所示。

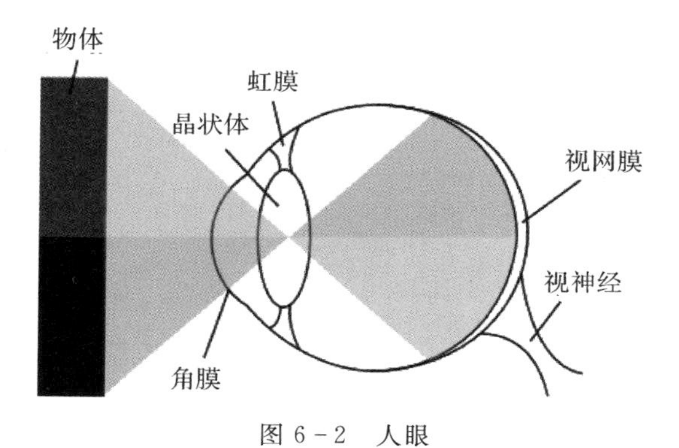

图 6－2 人眼

眼的功能就像一个摄像机，通过晶状体、玻璃体等形成光学系统，视网膜就是感光系统，将可见光转换为一系列可被神经传递的信息。进入眼球的光线首先被角膜折射，然后通过瞳孔，再由晶状体进一步折射，晶状体使光线发生翻转，并将图像投射至视网膜。视网膜由大量光感细胞组成，这些细胞中含有视杆视蛋白和视锥视蛋白。视蛋白吸收光子后会产生生物反应，这种反应信号会传递给光感细胞，导致光感受器细胞受到刺激。眼睛大约有 1 亿 3 千万个光感受器和大约 120 万个节细胞轴突，它们构成了光感系统，使得信息从视网膜传递到大脑。

6.2.2 颜色空间

1.RGB 颜色空间

RGB(Red，Green，Blue)颜色空间就是红绿蓝颜色空间，是与人的色彩理解最容易的一种颜色表达方式。它最常用的地方就是显示器系统，如彩色阴极射线管、彩色光栅图形的显示器，都使用 R、G、B 数值来驱动 R、G、B 电子枪发射电子，并分别激发荧光屏上的 R、G、B 三种颜色的荧光粉发出不同亮度的光线，人眼通过相加混合就能产生各种不同颜色的感受。RGB 颜色空间称为与设备相关的颜色空间，因为不同型号的显示器显示同一幅图像时由于设备的不同,会产生不同的色彩显示结果。RGB 颜色空间示意图如图 6-3 所示。

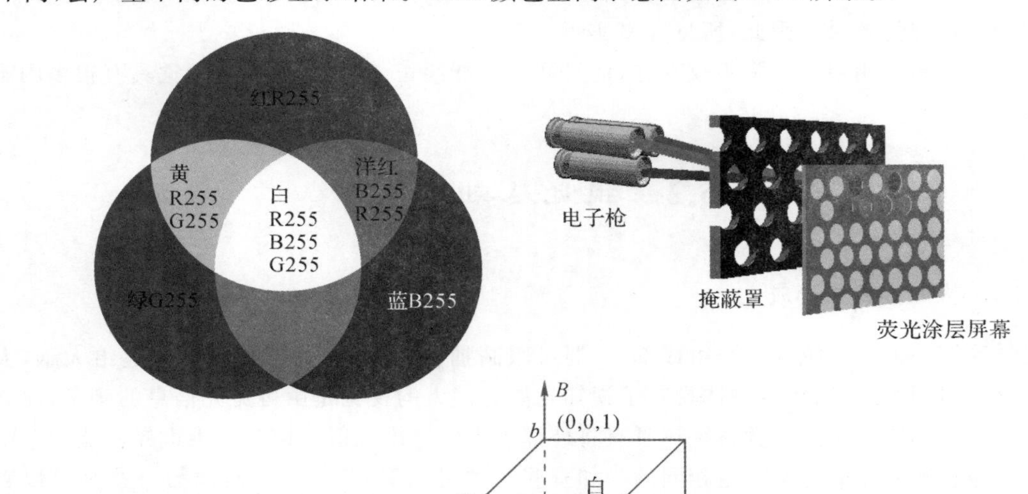

图 6-3 RGB 颜色空间示意图

2.HSV 颜色空间

HSV(Hue,Saturation,Value))颜色空间的模型对应于圆柱坐标系中的一个圆锥形子集,圆锥的顶面对应于 $V=1$。它包含 RGB 模型中的 $R=1,G=1,B=1$ 三个面,所代表的颜色较亮。色彩 H 由绕 V 轴的旋转角给定。红色对应于角度 0°,绿色对应于角度 120°,蓝色对应于角度 240°。在 HSV 颜色模型中,每一种颜色和它的补色相差 180°。饱和度 S 取值从 0 到 1,所以圆锥顶面的半径为 1。HSV 颜色模型所代表的颜色域是 CIE 色度图的一个子集,这个模型中饱和度为 100%的颜色,其纯度一般小于 100%。在圆锥的顶点(即原点)处,$V=0$,H 和 S 无定义,代表黑色。圆锥的顶面中心处 $S=0,V=1,H$ 无定义,代表白色。从该点到原点代表亮度渐暗的灰色,即具有不同灰度的灰色。对于这些点,$S=0,H$ 的值无定义。可以说,HSV 模型中的 V 轴对应于 RGB 颜色空间中的主对角线。在圆锥顶面的圆周上的颜色,$V=1,S=1$,这种颜色是纯色。HSV 模型对应于画家配色的方法。画家用改变色浓和色深的方法从某种纯色获得不同色调的颜色,在一种纯色中加入白色以改变色浓,加入黑色以改变色深,同时 加入不同比例的白色,黑色即可获得各种不同的色调。HSV 颜色空间示意图如图 6-4所示。

3.CMYK 颜色空间

CMYK(Cyan,Magenta,Yellow)颜色空间应用于印刷工业,印刷业通过青(C)、品(M)、黄(Y)三原色油墨的不同网点面积率的叠印来表现丰富多彩的颜色和阶调,这便是三原色的 CMY 颜色空间。实际印刷中,一般采用青(C)、品(M)、黄(Y)、黑(BK)四色印刷,在印刷的中间调至暗调增加黑版。当红绿蓝三原色被混合时,会产生白色,但是当混合蓝绿色、紫红色和黄色三原色时会产生黑色。既然实际用的墨水并不会产生纯正的颜色,黑色是包括在分开的颜色之中,而这模型称之为CMYK。CMYK颜色空间是和设备或者是印刷过程相关的,则工艺方法、油墨的特性、纸张的特性等,不同的条件有不同的印刷结果。所以CMYK颜色空间称为与设备有关的表色空间。而且,CMYK具有多值性,也就是说对同一种具有相同绝对色度的颜色,在相同的印刷过程前提下,可以用多种CMYK数字组合来表示和印刷出来。这种特性给颜色管理带来了很多麻烦,同样也给控制带来了很多的灵活性。在印刷过程中,必然要经过一个分色的过程,所谓分色就是将计算机中使用的RGB颜色转换成印刷使用的CMYK颜色。在转换过程中存在着两个复杂的问题,其一是这两个颜色空间在表现颜色的范围上不完全一样,RGB色域较大而CMYK则较小,因此就要进行色域压缩;其二是这两个颜色都是和具体的设备相关的,颜色本身没有绝对性。因此就需要通过一个与设备无关的颜色空间来进行转换,即可以通过以下介绍的XYZ或Lab颜色空间来进行转换。CMYK颜色空间示意图如图6-5所示。

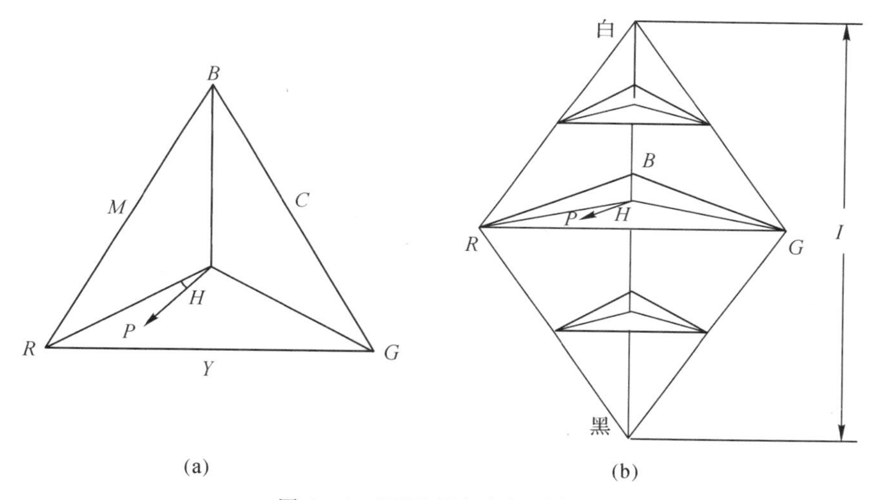

图6-4　HSV颜色空间示意图

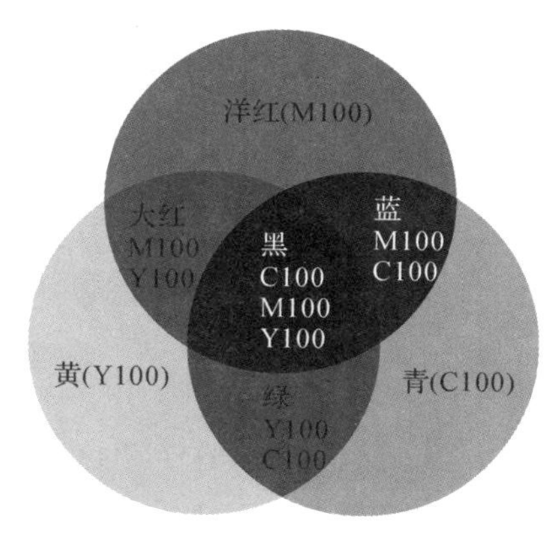

图6-5　CMYK颜色空间示意图

把四种不同的油墨相叠地印在白纸上后，由于油墨是有透明度的，大部分光线第一次会透过油墨射向纸张，而白纸的反光率是较高的，大部分光线经白纸反射后会第二次穿过油墨，然后射向眼睛，此时光线对油墨的透射就产生了色彩效果。实际上这时就好像在看着多个重叠的有色玻璃一般，光线多穿过一层，亮度就降低一些，而颜色也会相互混合一次。印刷品颜色的形成原理示意图如图 6－6 所示。

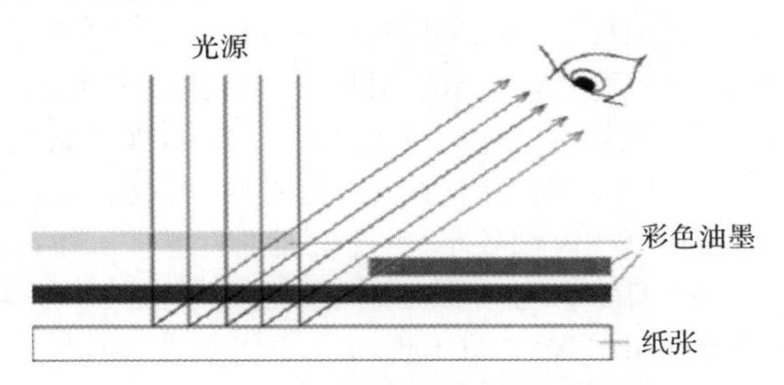

图 6－6　印刷品颜色的形成原理示意图

4.HSI 颜色空间

HSI(Hue,Saturation,Intensity)颜色空间，这个颜色空间都是用户台式机图形程序的颜色表示，用一个圆锥空间模型来表示自己的颜色模型。HSI 颜色空间示意图如图 6－7 所示。

色调反映颜色的类别，如红色、绿色、蓝色等。色调大致对应光谱分布中的主波长。

饱和度是指彩色光所呈现颜色的深浅或纯洁程度。对于同一色调的彩色光，其饱和度越高，颜色就越深，或越纯；而饱和度越小，颜色就越浅，或纯度越低。100％饱和度的色光就代表完全没有混入白光的纯色光。

明亮度是光作用于人眼时引起的明亮程度的感觉。一般来说，彩色光能量大则显得亮，反之则暗。大量试验表明，人的眼睛能分辨 128 种不同的色调，10～30 种不同的饱和度，而对亮度非常敏感。人眼大约可以分辨 35 万种颜色。

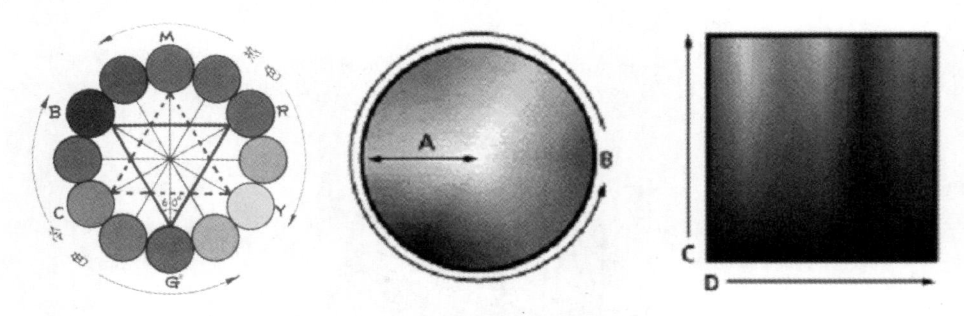

图 6－7　HSI 颜色空间示意图

5.HSB 颜色空间

HSB(Hue,Saturation,Brightness)颜色空间，这个颜色空间都是用户台式机图形程序的颜色表示，用六角形锥体表示自己的颜色模型。

6.Ycc 颜色空间

柯达发明的颜色空间，由于 PhotoCd 在存储图像的时候要经过一种模式压缩，所以

PhotoCd采用了 Ycc 颜色空间，Ycc 空间将亮度作由它的主要组件，具有两个单独的颜色通道，采用 Ycc 颜色空间来保存图像，可以节约存储空间。

7.XYZ 颜色空间

国际照明委员会(CIE)在进行了大量正常人视觉测量和统计，1931 年建立了“标准色度观察者”，从而奠定了现代 CIE 标准色度学的定量基础。由于“标准色度观察者”用来标定光谱色时出现负刺激值，计算不便，也不易理解，因此 1931 年 CIE 在 RGB 系统基础上，改用三个假想的原色 X、Y、Z 建立了一个新的色度系统。将它匹配等能光谱的三刺激值，定名为“CIE1931 标准色度观察者 光谱三刺激值”，简称为“CIE1931 标准色度观察者”。这一系统叫作“CIE1931 标准色度系统”或称为“2°视场 XYZ 色度系统”。CIEXYZ 颜色空间稍加变换就可得到 Yxy 色彩空间，其中 Y 取三刺激值中 Y 的值，表示亮度，x、y 反映颜色的色度特性。定义如下：在色彩管理中，选择与设备无关的颜色空间是十分重要的，与设备无关的颜色空间由国际照明委员会(CIE)制定，包括 CIEXYZ 和 CIELab 两个标准。它们包含了人眼所能辨别的全部颜色。而且，CIEYxy 测色制的建立给定量的确定颜色创造了条件。但是，在这一空间中，两种不同颜色之间的距离值并不能正确地反映人们色彩感觉差别的大小，也就是说在 CIEYxy 色厦图中，在不同的位置不同方向上颜色的宽容量是不同的，这就是 Yxy 颜色空间的不均匀性。这一缺陷的存在，使得在 Yxy 及 XYZ 空间不能直观地评价颜色。

8.Lab 颜色空间

Lab 颜色空间是由 CIE 制定的一种色彩模式。自然界中任何一点色都可以在 Lab 空间中表达出来，它的色彩空间比 RGB 空间还要大。另外，这种模式是以数字化方式来描述人的视觉感应，与设备无关，所以它弥补了 RGB 和 CMYK 模式必须依赖于设备色彩特性的不足。由于 Lab 的色彩空间要比 RGB 模式和 CMYK 模式的色彩空间大。这就意味着 RGB 以及 CMYK 所能描述的色彩信息在 Lab 空间中都能得以影射。Lab 颜色空间取坐标 Lab，其中 L 为亮度；a 的正数代表红色，负端代表绿色；b 的正数代表黄色，负端代表蓝色。有 $L=116f(y)-16$，$a=500[f(x/0.982)-f(y)]$，$b=200[f(y)-f(z/1.183)]$。其中：$f(x)=7.787x+0.138$，$x<0.008\ 856$；$f(x)=(x)1/3$，$x>0.008\ 856$。

9.YUV 颜色空间

在现代彩色电视系统中，通常采用三管彩色摄像机或彩色 CCD(点耦合器件)摄像机，它把摄得的彩色图像信号，经分色、分别放大校正得到 RGB，再经过矩阵变换电路得到亮度信号 Y 和两个色差信号 R－Y、B－Y，最后发送端将亮度和色差三个信号分别进行编码，用同一信道发送出去。这就是常用的 YUV 色彩空间。采用 YUV 色彩空间的重要性是它的亮度信号 Y 和色度信号 U，V 是分离的。如果只有 Y 信号分量而没有 U，V 分量，那么这样表示的图就是黑白灰度图。彩色电视采用 YUV 空间正是为了用亮度信号 Y 解决彩色电视机与黑白电视机的兼容问题，使黑白电视机也能接收彩色信号。根据美国国家电视制式委员会，NTSC 制式的标准，当白光的亮度用 Y 来表示时，它和红、绿、蓝三色光的关系可用如下式的方程描述：$Y=0.3R+0.59G+0.11B$ 这就是常用的亮度公式。色差 U，V 是由 B－Y、R－Y 按不同比例压缩而成的。如果要由 YUV 空间转化成 RGB 空间，只要进行 相反的逆运算即可。与 YUV 色彩空间类似的还有 Lab 色彩空间，它也是用亮度和色差来描述色彩分量，其中 L 为 亮度、a 和 b 分别为各色差分量。

6.2.3 数字图像

1.图像的概念

图像是对客观存在的物体的一种相似性的生动模仿或描述;是物体的一种不完全、不精确,但在某种意义上是适当的表示;是客观和主观的结合。“图”是物体投射或反射光的分布,“像”是人的视觉系统对图的接受,是大脑中形成的印象或反映。

“图像”一词主要来自西方艺术史译著,通常指 image、icon、picture 和它们的衍生词,也指人对视觉感知的物质再现。图像可以由光学设备获取,如照相机、镜子、望远镜、显微镜等;也可以人为创作,如手工绘画。图像可以记录与保存在纸质媒介、胶片等对光信号敏感的介质上。随着数字采集技术和信号处理理论的发展,越来越多的图像以数字形式存储。因而,有些情况下,“图像”一词实际上是指数字图像,本书中主要探讨的也是数字图像的处理。

数字图像(或称数码图像)是指以数字方式存储的图像。将图像在空间上离散,量化存储每一个离散位置的信息,这样就可以得到最简单的数字图像。这种数字图像一般数据量很大,需要采用图像压缩技术以便能更有效地存储在数字介质上。所谓“数字图像艺术”是指艺术与高科技结合,以数字化方式和概念所创作出的图像艺术。它可分为两种类型:一种是运用计算机技术及科技概念进行设计创作,以表达属于数字时代价值观的图像艺术;另一种则是将传统形式的图像艺术作品以数字化的手法或工具表现出来。Photoshop 软件出现之后,数字图像艺术所特有的视觉表现语言逐步形成。在学习应用 Photoshop 软件创建种种超越现实的、不可思议的新概念空间与视觉效果之前,必须先掌握 Photoshop 图像处理必备的一些基础概念。

在计算机中,图像是以数字方式来记录、处理和保存的,所以图像也可以称为数字化图像。计算机图像分为位图(又称点阵图或栅格图像)和矢量图两大类,数字化图像类型分为向量式图像与点阵式图像。

2.位图

一般来说,经过扫描输入和图像软件处理的图像文件都属于位图,与矢量图形相比,位图的图像更容易模拟照片的真实效果。位图的工作是基于方形像素点的,这些像素点像是“马赛克”,如果将这类图像放大到一定的程度时,就会看见构成整个图像的无数单个方块,这些小方块就是图形中最小的构成元素——像素点,因此,位图的大小和质量取决于图像中像素点的多少,如图 6-8 所示。基于位图的软件有 Photoshop、Painter 等。

图 6-8 位图

(1)位图图像的特点。

1)能够记录每一个点的数据信息,因而可以精确地记录丰富的亮度变化,表现出色彩和层次变化非常丰富的图像，图像清晰细腻，具有生动的细节和极其逼真的效果。

2)可以直接存储为标准的图像文件格式，所以很容易在不同的软件之间进行文件交换。

3)改变图像尺寸时，像素点的总数并没有发生改变，而只是像素点之间的距离增大了，也就是说，位图涉及重新取样并重新计算整幅画面各个像素的复杂过程，这样导致尺寸增大后的图像清晰度降低，色彩饱和度也有所损失。

4)由于位图在保存文件时，需要记录下每一个像素的位置和色彩，这样就造成文件所占空间大，处理速度慢，并且图像在缩放和旋转时会产生失真现象。

(2)位图图像主要应用的领域。

1)扫描照片，包括与摄影有关的图片和通过扫描仪得到的图片。

2)依赖自然光的高亮区、中亮区和阴影区来表现的具有真实感的图画。

3)印象派作品和其他按照纯个人风格或美学意义创作的图画。

4)具有柔和边缘、反光或细小阴影的显示图像。

5)利用绘图软件较难实现的、需要使用滤镜等特技效果的图像。

3.矢量图

矢量图也称为面向对象的图像或绘图图像，是用数学方式的曲线及曲线围成的色块制作的图形，它们在计算机内部表示成一系列的数值而不是像素点，图像各个部分是由对应的一组数学公式所描述的。矢量文件中的图形元素称为对象。每个对象都是一个自成一体的实体，它具有颜色、形状、轮廓、大小和屏幕位置等属性。矢量图放大如图 6-9 所示。既然每个对象都是一个自成一体的实体，就可以在维持它原有清晰度和弯曲度的同时，多次移动和改变它的属性，而不会影响图例中的其他对象。这些特征使基于矢量的程序特别适用于图例和三维建模，因为它们通常要求能创建和操作单个对象。像 Adobe Illustrator、CorelDRAW、CAD 等软件都是以矢量图形为基础进行创作的。

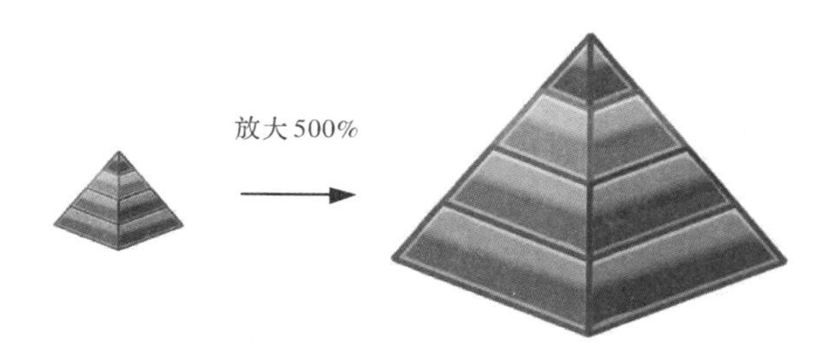

图 6-9　矢量图放大

图 6-10 展示了位图的放大效果，可见很多细节信息无法得到保留，显得模糊。图 6-11 展示了一个矢量图的写实图，可见一些细节特征被保留，在放大时也会保留该细节。

图 6-10　放大位图作品

图 6-11　矢量图形的写实作品

（1）矢量图的特点。由于图像各个部分是由对应的数学公式所描述，因此只须改变参数就能调整所对应的图像内容，丝毫不会影响图像品质，精确度较高。换句话说，用矢量图方式绘画的图形无论输出时放大多少倍，对画面清晰度、层次及颜色饱和度等因素都丝毫无损，放大的矢量图边缘与原图一样光滑（而位图放缩后会变虚或出现锯齿）。因此，矢量图形是文字（尤其是小字）和线条图形（比如徽标）的最佳选择。

矢量图的内容主要以线条和色块为主，因此文件所占的容量相对较小。

通过软件，矢量图可以轻松地转化为点阵图，而点阵图转化为矢量图就需要经过复杂而庞大的数据处理，而且生成的矢量图的质量绝对不能和原来的图形比拟。

（2）矢量图主要应用的领域。

1）广告艺术和其他对比鲜明、外观质量要求高、真实感强的图形。

2）建筑设计图、产品设计或其他精密线条绘图。

3）商业图形、图表和反映数据、演示工作方式的信息图。

4）传统的、需要非常平滑边缘的标志和文字效果，尤其适用于美术字体的创作。

5）小册子、小传单和其他包含插图、标志和标准大小文字的单页文档。

6）网页设计上用到的图形以及网页动画的基本素材。

4.图像分辨率

处理位图时，输出图像的质量取决于处理过程开始时设置的分辨率高低。分辨率是一个笼统的术语，这里主要讲解图像分辨率的概念。图像分辨率指每英寸图像内含有多少个像素点，分辨率单位为“像素/英寸”（简称 ppi），400ppi 意味着该图像每英寸含有 400 个像素点，即每平方英寸含有 400×400 个像素，在 Photoshop 中还可以采用“像素/厘米”作为分辨率的单位。

在数字化的图像中，图像分辨率的大小直接影响图像的品质，所以在对图像进行处理时，应根据不同的用途而设置不同的分辨率，最经济有效地进行工作。

图像仅用于屏幕显示时，可将分辨率设置为 72 像素/in 或 96 像素/in（与显示器分辨率相同）。

图像用于印刷输出时，分辨率必须与印刷的挂网目数相对应。挂网目数是指每英寸的挂网线数（所谓网线是指由网点组成的线），挂网目数的单位是 lpi，例如 150lpi 指每英寸上有 150 条网线。挂网目数越大，网线越多，网点越密集，层次体现力就越丰富。

挂网目数主要与印刷纸张有关，纸张质量越好，挂网目数就应该定得越高。

80～100 lpi：全张宣传画、招贴画、海报、报纸(新闻纸、招贴纸)。

100～133 lpi：对开年画、教育挂图(胶版纸)。

150～175 lpi：日历、明信片、画册、书刊封面(铜版纸、画报纸)。

175～200 lpi：精细画册(高级铜版纸)。

许多对分辨率概念不明晰或对印刷一无所知的人往往随心所欲地设置分辨率，实际上最合理的图像分辨率大小与印刷网目数之间科学的比率算法为 1.5∶1 或 2∶1，高于 2 多余，而低于 1.5 往往印刷品质不好。举例来说，对于一个印刷在铜版纸上的普通杂志广告来说，印刷网目数为 150 目，图像分辨率设置为 300 dpi 左右为最合适，如果高于 300 dpi 则徒然增加图像信息量而没有更多的益处，而要是低于 225 dpi 则效果会受到影响。

6.2.4　常用图像存储格式

图像格式是一种将文件以不同方式进行保存的方式。它主要包括专有格式(GIF、BMP、Amiga IFF、PCX、PDF、PICT、PNG、Scitex CT、TGA)、主流格式(JPEG、TIFF)。下面选择一些图像的常用格式。

1.专有格式

(1)GIF 格式。GIF 是输出图像到网页最常采用的格式，但它并不适于印刷的任何类型的高分辨率彩色输出，因为 GIF 格式的颜色保真度太差，而且显示的图像几乎总是出现色调分离的效果。

GIF 采用 LZW 压缩，目的在于最小化文件大小和电子传输时间，它将图像色彩限定在 256 色以内，这些颜色被保存在作为 GIF 文件自身一部分的调色板上，这个色调板被称为索引调色板。GIF 使用无损失压缩方法来充分减少文件的大小，压缩量完全取决于图像内容。如果图像几乎是单色调的，则图像文件大小可缩小到 1/10 到 1/100，而对自然图像压缩量通常非常小。因此，通过减少文件中的颜色数量可以减小 GIF 图像的大小。

另外，GIF 格式保留索引颜色图像中的透明度，但不支持 Alpha 通道。

(2)PNG 格式。PNG 格式是一种将图像压缩到 Web 上的文件格式，和 GIF 格式一样，在保留清晰细节的同时，也高效地压缩实色区域。但不同的是，它可以保存 24 位的真彩色图像，并且支持透明背景和消除锯齿边缘的功能，可以在不失真的情况下压缩保存图像。

(3)BMP 格式。BMP(Windows Bitmap)是微软公司开发的 Microsoft Paint 的固有格式，这种格式被大多数软件所支持。BMP 格式采用了一种叫 RLE 的无损压缩方式，对图像质量不会产生什么影响。

(4)PICT 格式。PICT 是 Mac 上常见的数据文件格式之一。如果要将图像保存成一种能够在 Mac 上打开的格式，选择 PICT 格式要比 JPEG 要好，因为它打开的速度相当快。另外，如果要在 PC 上用 Photoshop 打开一幅 Mac 上的 PICT 文件，建议在 PC 上安装 QuickTime，否则，将不能打开 PICT 图像。

(5)PDF 格式。PDF(Portable Document Format)是由 Adobe Systems 创建的一种文件格式，允许在屏幕上查看电子文档。PDF 文件还可被嵌入 Web 的 HTML 文档中。

2.主流格式

(1)TIFF 格式。TIFF(Tagged Image File Format)格式是应用最为广泛的标准图像文件

格式,在理论上它具有无限的位深,TIFF 位图可具有任何大小的尺寸和任何大小的分辨率,它是跨越 Mac 与 PC 平台最广泛的图像打印格式,几乎所有的图像处理软件都能接受并编辑 TIFF 文件格式。

(2)JPEG 格式 。目前 JPEG(Joint Photographic Experts Group)格式为印刷和网络媒体上应用最广的压缩文件格式,使用这种格式可以对扫描或自然图像进行大幅度的压缩,节约存储空间,尤其适于图像在网络上的快速传输和网页设计中的运用。

6.3 图像的邻域运算

图 6-12 展示了图像逐像素的加减运算结果。除此之外,还有图像的邻域运算方法。图像的领域运算定义:输出图像中每个像素是由对应的输入像素及其一个邻域内的像素共同决定时的图像运算。通常邻域是远比图像尺寸小的一个规则形状。一个点的邻域定义为以该点为中心的一个圆内部或边界上点的集合。邻域运算与点运算一起构成最基本、最重要的图像处理方法,如图 6-13 所示。

图 6-12 图像逐像素的加减运算

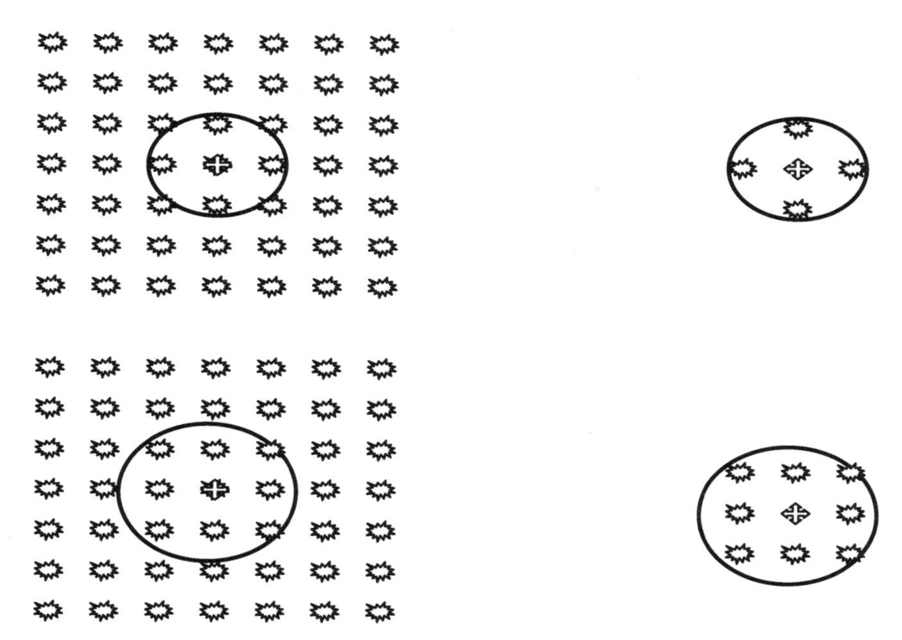

图 6－13　图像像素的邻域示意图

图 6－13 表明两种不同的邻域形式。上面的模板称为 4 邻域，中心点为基准像素，上下左右的 4 个相邻像素成为邻域；下面的模板称为 8 邻域，多了 4 个斜对角的像素。

例如，4 邻域模板计算的一个公式如下。说明对于处理后的图像的像素灰度值，是中心点像素以及 4 个邻域像素的均值。以此模板依次处理图像中的每一个像素，就会得到改模板处理后的新图像。

$$f'(x,y)=\frac{1}{5}[f(x,y-1)+f(x-1,y)+f(x,y)+f(x+1,y)+f(x,y+1)]$$

信号与系统分析中的基本运算相关与卷积，在实际图像处理中都表现为邻域运算。信号的相关表明两个信号的相似程度，卷积表明一个信号经过一个系统后的叠加作用。

相关运算：

$$f(x)\circ g(x)=\int_{-\infty}^{\infty}f(a)g(a-x)\mathrm{d}a$$

卷积运算：

$$f(x)*g(x)=\int_{-\infty}^{\infty}f(a)g(x-a)\mathrm{d}a$$

对于图像的模板计算方法可以描述如下：给定图像 $f(x,y)$ 大小 $N\times N$，模板 $T(i,j)$ 大小 $m\times m$（m 为奇数），相关运算定义为：使模板中心 $T((m-1)/2,(m-1)/2)$ 与 $f(x,y)$ 对应。

$$g(x,y)=T^{\circ}f(x,y)=\sum_{i=0}^{m-1}\sum_{j=0}^{m-1}T(i,j)f\left(x+i-\frac{m-1}{2},y+j-\frac{m-1}{2}\right)$$

当 $m=3$ 时，模板 T 与图像的相关运算结果为

$g(x,y)=T(0,0)f(x-1,y-1)+T(0,1)\cdot f(x-1,y)+T(0,2)\cdot f(x-1,y+1)+T(1,0)\times$

$$f(x,y-1)+T(1,1)\cdot f(x,y)+T(1,2)\cdot f(x,y+1)+T(2,0)\times$$
$$f(x+1,y)+T(2,1)\cdot f(x+1,y)+T(2,2)\cdot f(x+1,y+1)$$

对于卷积运算，则是进行了一次图像翻转，公式如下：

$$g(x,y)=T*f(x,y)=\sum_{i=0}^{m-1}\sum_{j=0}^{m-1}T(i,j)f\left(x-i+\frac{m-1}{2},y-j+\frac{m-1}{2}\right)$$

当 $m=3$ 时，模板 T 与图像的卷积运算结果为

$$g(x,y)=T(0,0)\cdot f(x+1,y+1)+T(0,1)\cdot f(x+1,y)+T(0,2)\cdot f(x+1,y-1)+T(1,0)\times$$
$$f(x,y+1)+T(1,1)\cdot f(x,y)+T(1,2)\cdot f(x,y-1)+T(2,0)\times$$
$$f(x-1,y)+T(2,1)\cdot f(x-1,y)+T(2,2)\cdot f(x-1,y-1)$$

可见，相关运算是将模板当权重矩阵作加权平均。而卷积先沿纵轴翻转，再沿横轴翻转后再加权平均。如果模板是对称的，那么相关与卷积运算结果完全相同。邻域运算实际上就是卷积和相关运算，用信号分析的观点就是滤波。

下面列出几种常用的图像滤波模板。

1.低通滤波器

$$\begin{bmatrix}1&1&1\\1&1&1\\1&1&1\end{bmatrix}\times\frac{1}{9}\qquad\begin{bmatrix}1&1&1\\1&2&1\\1&1&1\end{bmatrix}\times\frac{1}{10}\qquad\begin{bmatrix}1&2&1\\2&4&2\\1&2&1\end{bmatrix}\times\frac{1}{16}$$

2.高通滤波器

$$\begin{bmatrix}0&-1&0\\-1&5&-1\\0&-1&0\end{bmatrix}\qquad\begin{bmatrix}-1&-1&-1\\-1&9&-1\\-1&-1&-1\end{bmatrix}\qquad\begin{bmatrix}1&-2&1\\-2&5&-2\\1&-2&1\end{bmatrix}$$

3.平移和差分边缘检测

$$\begin{bmatrix}0&0&0\\-1&1&0\\0&0&0\end{bmatrix}\qquad\begin{bmatrix}0&-1&0\\0&1&0\\0&0&0\end{bmatrix}\qquad\begin{bmatrix}-1&0&0\\0&1&0\\0&0&0\end{bmatrix}$$

4.匹配滤波边缘检测

$$\begin{bmatrix}-1&-1&-1&-1&-1\\0&0&0&0&0\\1&1&1&1&1\end{bmatrix}\qquad\begin{bmatrix}-1&0&1\\-1&0&1\\-1&0&1\\-1&0&1\\-1&0&1\end{bmatrix}$$

5.边缘检测

$$\begin{bmatrix}-1&0&-1\\0&4&0\\-1&0&-1\end{bmatrix}\qquad\begin{bmatrix}-1&-1&-1\\-1&8&-1\\-1&-1&-1\end{bmatrix}\qquad\begin{bmatrix}-1&-1&-1\\-1&9&-1\\-1&-1&-1\end{bmatrix}\qquad\begin{bmatrix}1&-2&1\\-2&4&-2\\1&-2&1\end{bmatrix}$$

6.梯度方向边缘检测

$$\begin{bmatrix}1 & 1 & 1\\1 & -2 & 1\\-1 & -1 & -1\end{bmatrix}\quad\begin{bmatrix}1 & 1 & 1\\-1 & -2 & 1\\-1 & -1 & 1\end{bmatrix}\quad\begin{bmatrix}-1 & 1 & 1\\-1 & -2 & 1\\-1 & 1 & 1\end{bmatrix}\quad\begin{bmatrix}-1 & -1 & 1\\-1 & -2 & 1\\1 & 1 & 1\end{bmatrix}$$

$$\begin{bmatrix}-1 & -1 & -1\\1 & -2 & 1\\1 & 1 & 1\end{bmatrix}\quad\begin{bmatrix}1 & -1 & -1\\1 & -2 & -1\\1 & 1 & 1\end{bmatrix}\quad\begin{bmatrix}1 & 1 & -1\\1 & -2 & -1\\1 & 1 & -1\end{bmatrix}\quad\begin{bmatrix}1 & 1 & 1\\1 & -2 & -1\\1 & -1 & -1\end{bmatrix}$$

6.4　图像的灰度直方图

灰度直方图是灰度级的函数，描述的是图像中每种灰度级像素的个数，反映图像中每种灰度出现的频率。横坐标是灰度级，纵坐标是灰度级出现的频率，如图 6－14 所示。

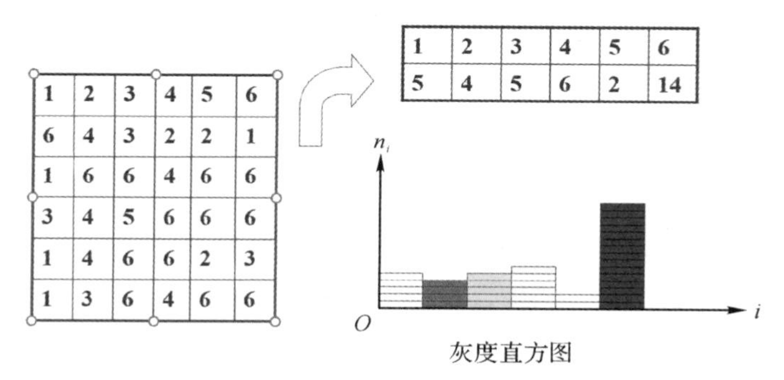

图 6－14　灰度直方图统计方法示意图

对于数字图像，其频率的计算式为 $v_i = \dfrac{n_i}{n}$ 。

统计得：

灰度值	1	2	3	4	5	6
像素数	5	4	5	6	2	14

其灰度直方图如图 6－15 所示。

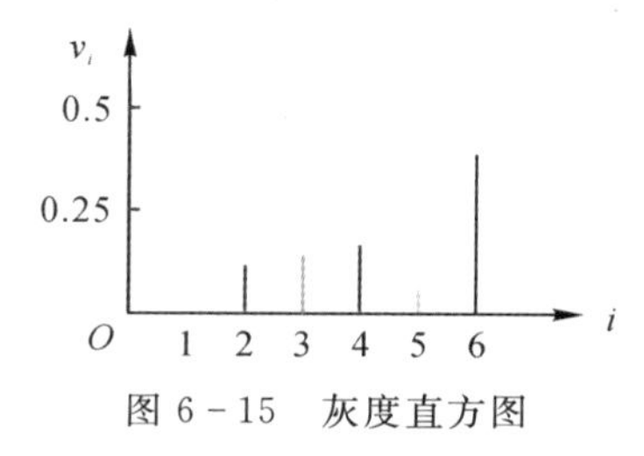

图 6－15　灰度直方图

各种图像的直方图如图 6－16 所示。

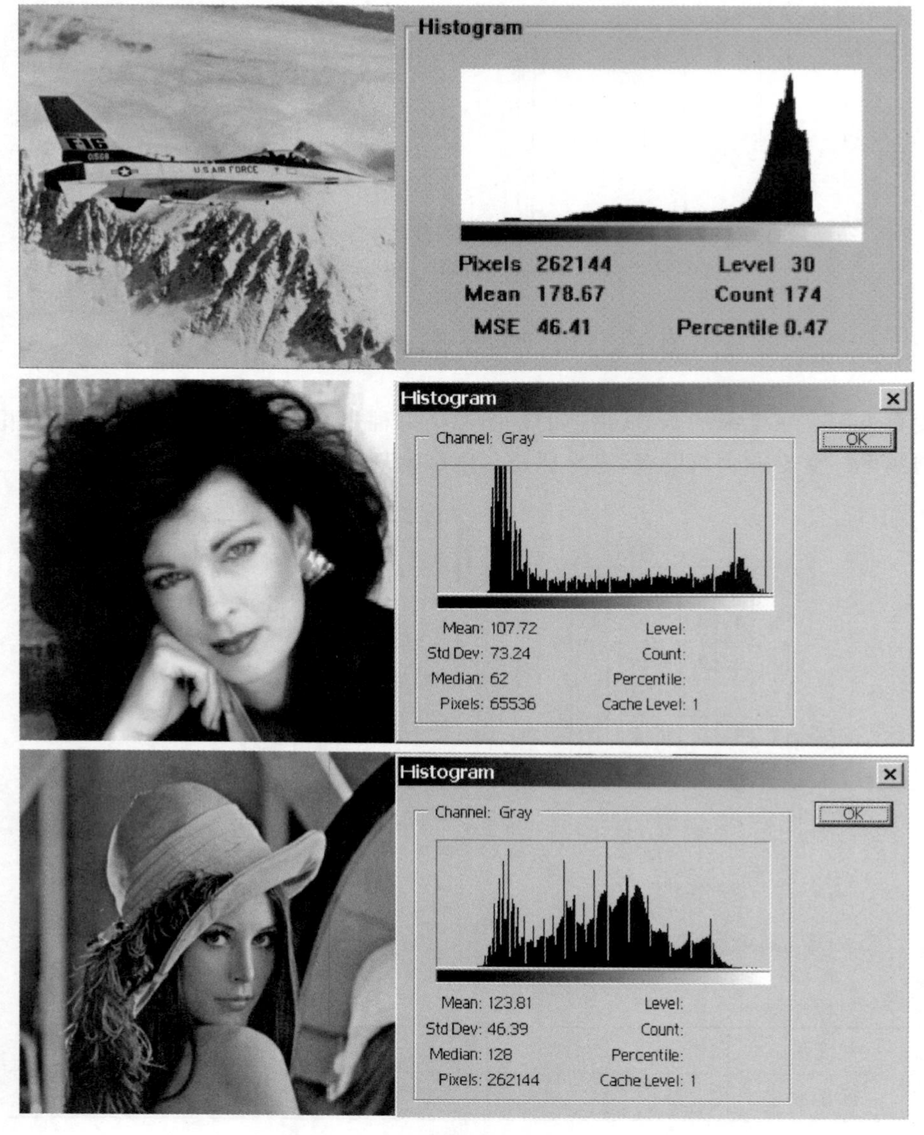

图 6-16　几张图像的灰度直方图

对于连续图像，平滑地从中心的高灰度级变化到边缘的低灰度级。其直方图可定义为

$$H(D)=\lim_{\Delta D\to 0}\frac{A(D+\Delta D)-A(D)}{(D+\Delta D)-D}=\lim_{\Delta D\to 0}\frac{A(D+\Delta D)-A(D)}{\Delta D}=\frac{\mathrm{d}}{\mathrm{d}D}A(D)$$

式中，$A(D)$ 为阈值面积函数，为一幅连续图像中小于灰度级 D 所包围的面积。

对于离散函数，固定 ΔD 为 1，则

$$H(D)=A(D+1)-A(D)$$

图 6-17 展示了一张图像的几种不同直方图统计结果。其中的灰度级不同，灰度级融合的越多，其分散度就大，但是它们的分布趋势都是一致的。

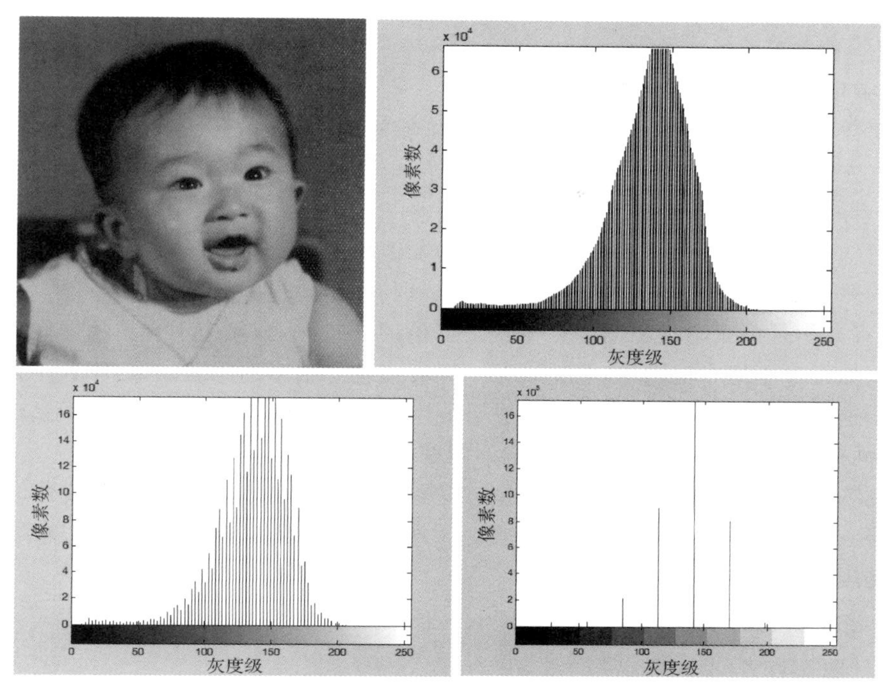

图6-17　一张图像的几种不同直方图统计结果

直方图的计算：依据定义，若图像具有 L（通常 $L=256$，即8位灰度级）级灰度，则大小为 MN 的灰度图像 $f(x,y)$ 的灰度直方图 hist[0,1,…,L−1]可用如下计算获得：

初始化 hist[k]=0；k=0,…,L−1

统计 hist[f(x,y)]++；x=0,…,M−1, y =0,…,N−1

归一化 hist[f(x,y)]/M * N

直方图的性质：

(1)不表示图像的空间信息。直方图只能反映图像的灰度分布情况，而不能反映图像像素的位置，即所有的空间信息全部丢失。

(2)任一特定图像都有唯一直方图，但反之并不成立。

(3)直方图的可相加性。一副图像由若干个不相交的区域构成，则整幅图像的直方图是这若干个区域直方图之和。图像的直方图 H(i)=区域Ⅰ的直方图 H1(i)+区域Ⅱ的直方图 H2(i)，如图6-18所示。

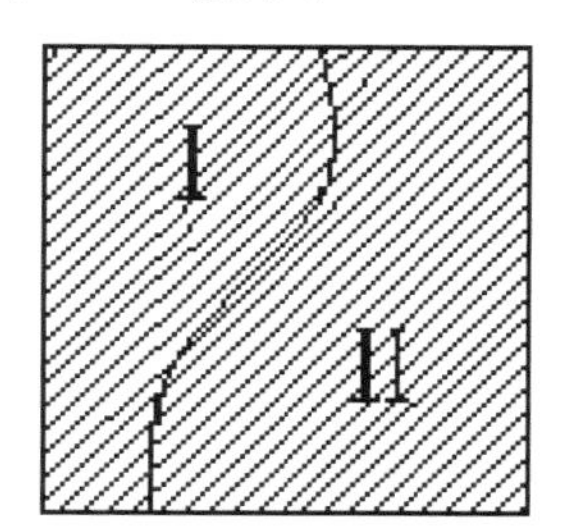

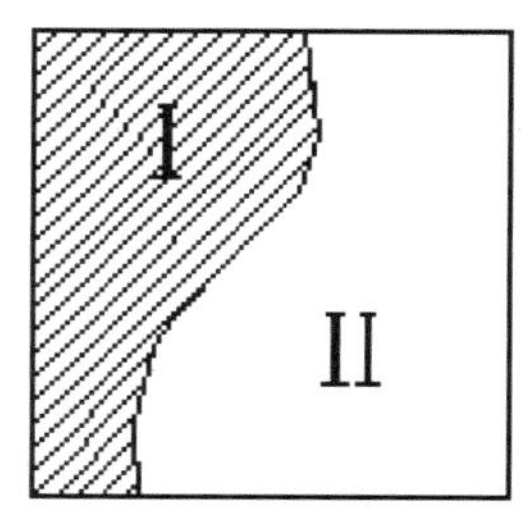

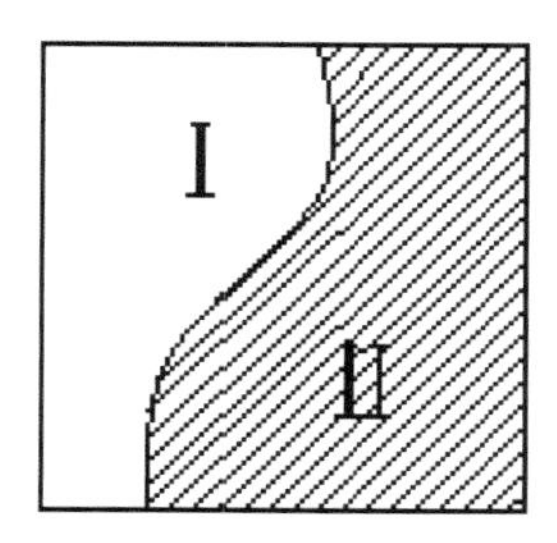

图6-18　图像的区域划分

1.直方图的用途

(1)数字化参数。

1)一幅数字图像应该利用全部或几乎全部可能的灰度级。

2)对直方图做快速检查。

(2)边界阈值选择。

1)用轮廓线确定简单物体边界的方法,称为阈值化。

2)对物体与背景有较强对比的景物的分割特别有用。

可见,直方图是可以呈现出图像中像素灰度值的分布形式,代表了一定的图像特征。但是对于直方图如果过于集中的图像,将呈现某一亮度或色彩很多的感官效果,不利于人们的视觉观测。对于这样一类图像,可以采用图像直方图均衡化的处理方法,使得直方图呈现均匀分布的形式,从而提高图像的视觉辨识效果,起到图像增强的作用。

直方图均衡化目的是增强图像对比度,方法是将源图像的直方图分布非线性转化成均匀分布,以达到在一定范围内的像素基本相等。其缺点:变换后灰度级减少,某些细节消失;某些图像的对比度不自然的过度增强。

2.直方图均衡化的步骤

(1)统计图像直方图 $P_r(r_k)=n_k/N$;

(2)根据直方图采用累积分布函数作变换 $S_k=T(r_k)=\sum_{j=0}^{k}P_r(r_j)$,求变换后的新灰度;

(3)用新灰度代替旧灰度。这一步是近似过程,应根据处理目的尽量做到合理,同时把灰度值相等或近似地合并到一起。

假定有一幅像素数为 64×64,灰度级为 8 级的图像,将其进行均衡化处理,其灰度级分布表见表 6-1。r_k 是灰度级,n_k 是该灰度级的像素个数,p_k 是灰度级占比,s_k 是灰度值均衡化过程的累积分布函数,P_s 是重新分配后灰度的直方图分布比例。图 6-19 展示了这一过程。

表 6-1 灰度级分布表

r_k	n_k	$P_r(r_k)=\frac{n_k}{n}$	$s_k=\sum_{j=0}^{k}P_r(r_j)$	$P_s(s_k)$
0	790	0.19	$0.19\approx\frac{1}{7}$	0
$\frac{1}{7}$	1 023	0.25	$0.44\approx\frac{3}{7}$	0.19
$\frac{2}{7}$	850	0.21	$0.65\approx\frac{5}{7}$	0
$\frac{3}{7}$	656	0.16	$0.81\approx\frac{6}{7}$	0.25
$\frac{4}{7}$	329	0.08	$0.89\approx\frac{6}{7}$	0
$\frac{5}{7}$	245	0.06	$0.95\approx1$	0.21
$\frac{6}{7}$	122	0.03	$0.98\approx1$	0.24
1	81	0.02	$01\approx1$	0.11

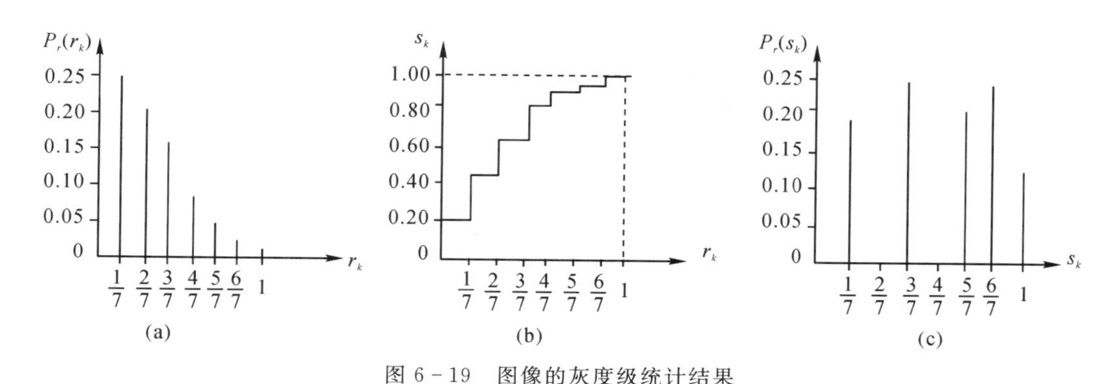

图 6-19　图像的灰度级统计结果

(a) 原图灰度级直方图；(b) 累积变换后的直方图；(c) 均衡化后的直方图

图 6-20 是对 Lina 图像的一个均衡化结果。

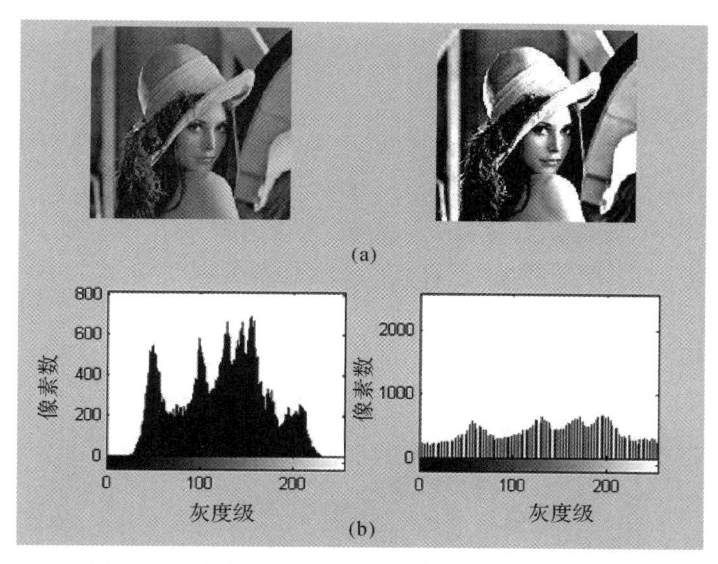

图 6-20　图像进行直方图均衡化前后的直方图对比

(a)原始图像和对比度调整后的图像；(b)对比度调整后图像的直方图

6.5　几种常用的图像特征表示方法

什么是图像特征，并没有一个准确的定义。理想的特征描述符应该具有可重复性、可区分性、集中以及高效等特性；还需要能够应对图像亮度变化、尺度变化、旋转和仿射变换等变化的影响。

图像特征可分成自然特征和人工特征两类。人工特征是指人们为了便于对图像进行处理和分析而人为认定的图像特征，如图像直方图、图像频谱和图像的各种统计特征（图像的均值、图像的方差、图像的标准差、图像的熵）等。自然特征是指图像固有的特征，如图像中的边缘、角点、纹理、形状和颜色等。

计算机视觉中通常把角点(corner)作为图像的特征,而角点能够作为图像特征的原因有以下两点:①角点具有唯一的可识别性,当然,这是基于两幅图像没有非常大的差别的前提下适用的;②角点具有稳定性,换句话说,就是当该点有微小的运动时,就会产生明显的变化。于是,可以清晰地看到该点的移动,这有利于特征点的跟踪。

对于图像上其他的特征描述,如边(edge)、区域(patch)等,用数学的语言来描述,就是,这些特征点变化性比较小。如某一灰度相似的区域,其一阶导数为常数,二阶导数也为常数。因此,若选取一幅图像中这样的某个区域作为特征,则在另一幅图像中,便很难找到同时满足唯一可识别性和稳定性要求的对应特征。对于边特征,在垂直于边的方向上,其一阶导数和二阶导数均不为0;但是在平行于边的方向上,则不然。边特征不适合作为图像的特征。

6.5.1 Harris 角点

Harris 角点是一种有效的点特征,由英国 Plessey 半导体器件公司的 Chris Harris 和 Mike Stephens 提出,该算法只用到灰度的一阶差分与滤波,计算简单,且对图像旋转、灰度变化、噪声影响不敏感,考虑到工程应用的实时性。

Harris 检测器算法步骤如下:

计算图像 $I(x,y)$ 在各像素点处的 x 方向差分 X 、y 方向差分 Y ,如下式所示:

$$\begin{cases} X(x,y)=I(x+1,y)-I(x-1,y) \\ Y(x,y)=I(x,y+1)-I(x,y-1) \end{cases}$$

分别将 X 、XY 、Y 与高斯窗函数 $W(x,y)$ 卷积,依次记为 $A(c,r)$ 、$B(c,r)$ 、$C(c,r)$:

$$\begin{cases} A(c,r)=X^2(c,r)\otimes W(c,r) \\ B(c,r)=[X(c,r)Y(c,r)]\otimes W(c,r) \\ C(c,r)=Y^2(c,r)\otimes W(c,r) \end{cases}$$

窗函数
$$W(x,y)=\begin{cases} e^{-\frac{x^2+y^2}{2\sigma^2}}, & x^2+y^2\leqslant l^2 \\ 0, & \text{其他 } x,y \end{cases}$$

通常,将窗函数参数取值为 $\sigma=1.5$,$l=2$,令

$$\boldsymbol{M}(c,r)=\begin{bmatrix} A(c,r) & C(c,r) \\ C(c,r) & B(c,r) \end{bmatrix}$$

设定参数 p ;记图像上 $\mathrm{Tr}[\boldsymbol{M}(c,r)]$ 的最大值为 m 。二者的乘积 pm 作为 $\mathrm{Tr}[\boldsymbol{M}(c,r)]$ 的阈值。再设定参数 k ,计算窗口 $W(c-x,r-y)$ 的角点响应 $R(c,r)$ 。

$$R(c,r)=\mathrm{Det}[\boldsymbol{M}(c,r)]-k^2\mathrm{Tr}^2[\boldsymbol{M}(c,r)]$$

阈值参数的通常取值为 $p=0.01$。角点响应参数的通常取值为 $k=0.04$。角点和边缘判据如下。其中 $F[(c,r),1]$ 表示中心为 (c,r) 、半径为1的离散圆形图像块。

(1)若 $\mathrm{Tr}[\boldsymbol{M}(c,r)]\leqslant pm$,则 $F[(c,r),1]$ 为平滑区域点。

(2)若 $\mathrm{Tr}[\boldsymbol{M}(c,r)]> pm$ 且 $R(c,r)\leqslant 0$,则 $F[(c,r),1]$ 为边缘点。

(3)若 $\mathrm{Tr}[\boldsymbol{M}(c,r)]> pm$ 且 $R(c,r)>0$,则 $F[(c,r),1]$ 为角点。

6.5.2 SIFT 特征

SIFT(Scale Invariant Feature Transform)是一种基于尺度空间的图像局部特征描述算

子，在 20 世纪末由 D.G.Lowe 提出。该特征描述子对图像旋转、平移、尺度甚至仿射变换均具有良好的不变性，拥有较强的抗噪能力。SIFT 特征描述子的主要思想是通过寻找关键点在尺度空间中的位置和尺度，再对该点的方向特征进行描述，这里使用的是邻域梯度的主方向，因此，该描述子对于尺度和方向并不敏感。该描述子是通过高斯差分函数来构造尺度空间函数，因此，被描述出的特征点一定是高斯差分函数的极值，并不一定是图像上明显的地形或者拐点。

SIFT 算法流程为：尺度空间极值检测、特征点的定位、SIFT 特征点描述。其中尺度空间极值检测是在使用差分高斯函数（DOG）构造尺度空间，并在所有尺度下检测图像的高斯查分函数极值点作为 SIFT 特征点。因此特征点具有尺度、方向以及旋转不变性。特征点的定位是对每一个候选的极值点，首先将不显著点和边缘点排除，挑选出特征更加明显的高稳定性、高质量的候选特征点予以保留。

指定特征点的方向，通过计算梯度方向，为每一个特征点指定一个或多个的方向，从而使得特征描述子具有旋转不变性。设定关键点尺度为 σ ，位于第 n 倍频程。在该倍频程上选取尺度与最接近的高斯卷积图像，以关键点为中心划定边长为 $16 \times 2^{1-n}\sigma$ 的正方形区域，区域包含 16×16 采样点，相邻采样点间隔为 $2^{1-n}\sigma$ ，采样区域又被划分为 4×4 子区域，每一子区域包含 4×4 采样点，如图 6 - 21 所示以 8×8 采样点为例。

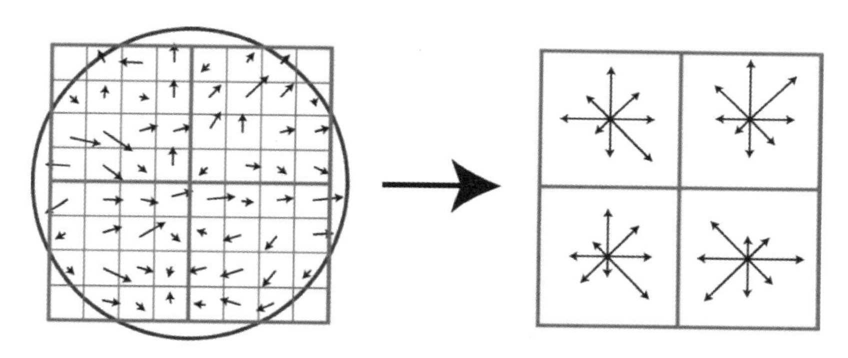

图 6 - 21　SIFT 采样模式示意图

通过为每一个特征点计算梯度和朝向，以一个 128 维的向量来表征，该向量称为特征点描述子，因为已经去除了尺度、旋转的影响，这个特征点描述子有相对较好的鲁棒性和相对低的光照敏感度。SIFT 算法将图像数据转换为尺度不变的图像特征。按照各梯度最接近的方向将其分配到这 8 个方向中的一个方向。在每一子区域中，依次对每一方向上的所有梯度的模求和，生成 8 维描绘器。故关键点描绘器维数为 4×4×8 ＝128。

6.5.3　FREAK 描述子

德国慕尼黑工业大学（Technische University München，TUM）的 Mair 和美国约翰-霍普金斯大学（Johns Hopkins University，JHU）的 Hager 等人于 2010 年提出了基于加速分割试验的自适应泛用角点检测（Adaptive and Generic Corner Detection based on Accelerated Segment Test，AGAST）。该算法是对 FAST 算法的改进，因此 AGAST 算法的角点提取规则与 FAST 相同，步骤如下所述：

首先，遍历图像中的像素点 P，假设该点的密度(即灰度值)为 I_p，同时设定阙值 t。分析该像素点邻域的 16 个像素情况，如图 6－22 所示。

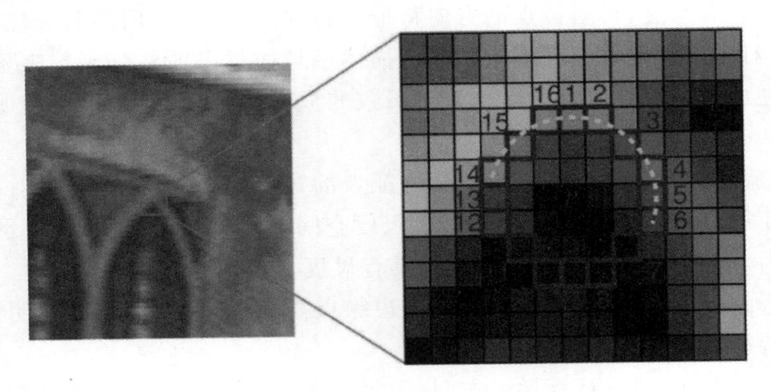

图 6－22　AGAST 角点提取

若是 16 个像素点构成的环上有 n 个连续的像素点，判断它们与基准点灰度值的差，若是大于阈值或小于阈值，该点将被认为是极点，即环上的灰度值均大于 $I_p + t$ 或都小于 $I_p - t$，该点为角点(如图 6－22 中白色虚线所示)。通常情况下假设 n 为 12。

为了快速提取角点特征，现在采用一种特殊的检测规则，该规则能够迅速分辨出大部分非角点。该规则的主要思想是通过判断 1、9、5 和 13 四个像素点的灰度值(通过判断这四个点是否满足条件可以迅速排除无法构成 12 个连续像素的角点，在此处，首先判断相对两点是否为暗点或同为两点)。如果 P 是一个角点，那么这四个点必须有大于三个的点均满足大于 $I_p + t$ 或者小于 $I_p - t$ (因为该点若为角点将有多余 12 个连续点的环形满足确定条件)。若不符合该条件，该像素点 P 肯定为非角点。

这种检测有很好的性能，但是有一些缺点：①当 $n < 12$ 时不能拒绝许多候选点；②检测出来的角点不是最优的，这是因为它的效率是依靠角点外形的排列和分布的；③相邻的多个特征点会被检测到。

对于一幅图像的任意像素点 n 及位于其邻域圆周上的点 $n \to i$，若 $n \to i$ 为"亮点"，则当 n 为圆心时，其邻域圆周点 $n \to i$ 为"暗点"。根据像素点状态的这一性质，在对一幅图像其所有的圆周点的考查中，$n \to i$ 被判定为亮点的概率与被判定为暗点的概率相等。因此，任意像素点的邻域圆周点状态组合 X 服从下式所示三项分布。其中 $2P_{bd} + P_s = 1$ 为角点判据所使用的圆周的像素点数。

$$P_X = \prod_{i=1}^{N} P_i$$

$$P_i = \begin{cases} P_s, & S_{n \to i} = s \\ P_{bd}, & S_{n \to i} = b, d \end{cases}$$

此外，AGAST 寻求一个特定的场景，在此场景中算法不依赖于训练，因此具有更好的通用性。任何分区域的任何图像，可以大致分为"单一(homogeneous)环境"或"复杂(cluttered)环境"。基于这一事实，两个不同的预定值，并根据其各自的概率分布构建了适用于这两种类型的图像区域最佳决策树。当在其中达到决定路径树的末端，即已经达到或没有达到标准拐角准则，则路径被切换到另一树，如图 6－23 所示。

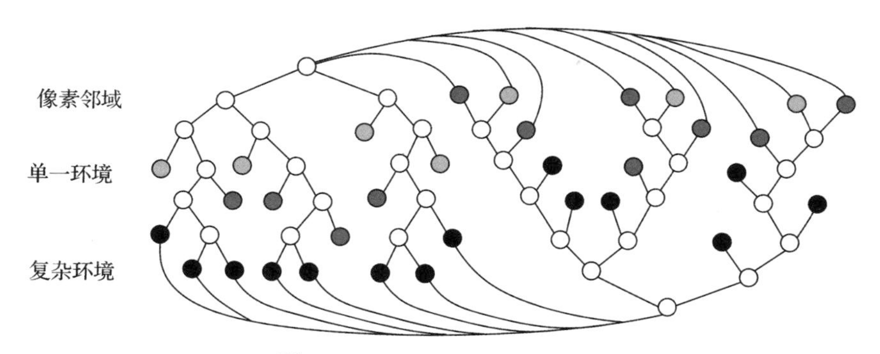

图 6－23　AGAST 算法决策树

为了使各个特征点的特征描述符具有尺度不变性、旋转不变性，便于后续特征点的有效匹配，采用 FREAK 特征描述符进行特征描述。

如图 6－24 所示，FREAK 描述子采用类似视网膜采样模式，以每个特征点为中心构建圆形采样，中心密集，四周稀疏，采样数量以指数形式递减。为了增强采样圆的鲁棒性，提高描述符的稳定性与独特性，使用不同的高斯核预平滑每个采样圆，高斯核的标准差与圆的大小成正比。高的重复率可以提高描述子的独特性。

图 6－24　FREAK 描述子采样模式

FREAK 描述子由差分高斯的比特串构成，定义采样圆的准则 T 为

$$T(P_a)=\begin{cases}1, & I(P_a^{r1})-I(P_a^{r2})>0 \\ 0, & \text{其他}\end{cases}$$

式中，P_a 代表采样对；$I(\cdot)$ 代表平滑后的采样圆强度值。FREAK 描述符是 1 和 0 组成的二进制比特串，因此相似性准则采用最近汉明距离方法，即对进行匹配的两个描述符按位进行异或操作。

6.6　图像压缩编码

在介绍图像的压缩编码之前，先考虑一个问题：为什么要压缩？因为图像信息的数据量实在是太惊人了。举例说明：一张 A4（210 mm×297 mm）幅面的照片，若用中等分辨率（300

dpi)的扫描仪按真彩色扫描，其数据量为多少？下面进行计算：共有(300×210/25.4) ×(300×297/25.4)个像素，每个像素占 3 B，其数据量为 26 MB，其数据量之大可见一斑了。

如今在互联网上，传统基于字符界面的应用逐渐被能够浏览图像信息的 WWW(World Wide Web)方式所取代。WWW 尽管漂亮，但是也带来了一个问题：图像信息的数据量太大了，本来就已经非常紧张的网络带宽变得更加不堪重负。

总之，大数据量的图像信息会给存储器的存储容量、通信干线信道的带宽以及计算机的处理速度增加极大的压力。单纯靠增加存储器容量、提高信道带宽以及计算机的处理速度等方法来解决这个问题是不现实的，这时就要考虑压缩。

压缩的理论基础是信息论。从信息论的角度来看，压缩就是去掉信息中的冗余，即保留不确定的信息，去掉确定的信息(可推知的)，也就是用一种更接近信息本质的描述来代替原有冗余的描述。这个本质的东西就是信息量(即不确定因素)。

压缩可分为两大类：第一类压缩过程是可逆的，也就是说，从压缩后的图像能够完全恢复出原来的图像，信息没有任何丢失，称为无损压缩；第二类压缩过程是不可逆的，无法完全恢复出原图像，信息有一定的丢失，称为有损压缩。选择哪一类压缩，要折中考虑，尽管希望能够无损压缩，但是通常有损压缩的压缩比(即原图像占的字节数与压缩后图像占的字节数之比，压缩比越大，说明压缩效率越高)比无损压缩的高。

图像压缩一般通过改变图像的表示方式来达到，因此压缩和编码是分不开的。图像压缩的主要应用是图像信息的传输和存储，可广泛地应用于广播电视、电视会议、计算机通信、传真、多媒体系统、医学图像和卫星图像等领域。

压缩编码的方法有很多，主要分成以下四大类：像素编码、预测编码、变换编码和其他方法。

所谓像素编码是指，编码时对每个像素单独处理，不考虑像素之间的相关性。在像素编码中常用的几种方法有脉冲编码调制(Pulse Code Modulation，PCM)、熵编码(Entropy Coding)、行程编码(Run Length Coding)和位平面编码(Bit Plane Coding)。其中要介绍的是熵编码中的霍夫曼(Huffman)编码和行程编码(以读取.PCX 文件为例)。

所谓预测编码是指，去除相邻像素之间的相关性和冗余性，只对新的信息进行编码。举个简单的例子，因为像素的灰度是连续的，所以在一片区域中，相邻像素之间灰度值的差别可能很小。如果只记录第一个像素的灰度，其他像素的灰度都用它与前一个像素灰度之差来表示，就能起到压缩的目的。如 248，2，1，0，1，3，实际上这 6 个像素的灰度是 248，250，251，251，252，255。表示 250 需要 8 b，而表示 2 只需要 2 b，这样就实现了压缩。

常用的预测编码有 Δ 调制(Delta Modulation，DM)和微分预测编码(Differential Pulse Code Modulation，DPCM)，具体的细节在此就不详述了。

所谓变换编码是指，将给定的图像变换到另一个数据域(如频域)上，使得大量的信息能用较少的数据来表示，从而达到压缩的目的。变换编码有很多，如离散傅里叶变换(Discrete Fourier Transform，DFT)、离散余弦变换(Discrete Cosine Transform，DCT)和离散哈达玛变换(Discrete Hadamard Transform，DHT)。

其他的编码方法也有很多，如混合编码(Hybird Coding)、矢量量化(Vector Quantize，VQ)、LZW 算法。在这里，只介绍 LZW 算法的大体思想。

值得注意的是，近些年来出现了很多新的压缩编码方法，如使用人工神经元网络

(Artificial Neural Network,ANN)的压缩编码算法、分形(Fractl)、小波(Wavelet)、基于对象(Object Based)的压缩编码算法、基于模型(Model-Based)的压缩编码算法(应用在 MPEG4 及未来的视频压缩编码标准中)。

6.6.1 霍夫曼编码

霍夫曼(Huffman)编码是一种常用的压缩编码方法,是 Huffman 于 1952 年为压缩文本文件建立的。它的基本原理是频繁使用的数据用较短的代码代替,较少使用的数据用较长的代码代替,每个数据的代码各不相同。这些代码都是二进制码,且码的长度是可变的。举个例子:假设一个文件中出现了 8 种符号 S0,S1,S2,S3,S4,S5,S6,S7,那么每种符号要编码,至少需要 3 b。

假设编码成 000,001,010,011,100,101,110,111(称作码字)。

那么符号序列 S0S1S7S0S1S6S2S2S3S4S5S0S0S1 编码后变成:

000001111000001110010010011100101000000001,共用了 42 b。

我们发现 S0,S1,S2 这三个符号出现的频率比较大,其他符号出现的频率比较小,如果采用一种编码方案使得 S0,S1,S2 的码字短,其他符号的码字长,这样就能够减少占用的比特数。

例如,采用这样的编码方案:

S0 到 S7 的码字分别 01,11,101,0000,0001,0010,0011,100,那么上述符号序列变成 011110001110011101101000000010010010111,共用了 39 b,尽管有些码字如 S3,S4,S5,S6 变长了(由 3 位变成 4 位),但使用频繁的几个码字如 S0,S1 变短了,所以实现了压缩。

上述的编码是如何得到的呢? 随意乱写是不行的。编码必须保证不能出现一个码字和另一个的前几位相同的情况,比如说,如果 S0 的码字为 01,S2 的码字为 011,那么当序列中出现 011 时,你不知道是 S0 的码字后面跟了个 1,还是完整的一个 S2 的码字。我们给出的编码能够保证这一点。

下面给出具体的霍夫曼编码算法。

(1) 首先统计出每个符号出现的频率,上例 S0 到 S7 的出现频率分别为 4/14,3/14,2/14,1/14,1/14,1/14,1/14,1/14。

(2) 从左到右把上述频率按从小到大的顺序排列。

(3) 每一次选出最小的两个值,作为二叉树的两个叶子节点,将和作为它们的根节点,这两个叶子节点不再参与比较,新的根节点参与比较。

(4) 重复(3),直到最后得到和为 1 的根节点。

(5) 将形成的二叉树的左节点标 0,右节点标 1。把从最上面的根节点到最下面的叶子节点途中遇到的 0,1 序列串起来,就得到了各个符号的编码。

上面的例子用霍夫曼编码的过程如图 6 - 25 所示,其中圆圈中的数字是新节点产生的顺序。可见,上面给出的编码就是这么得到的。

产生霍夫曼编码需要对原始数据扫描两遍。第一遍扫描要精确地统计出原始数据中,每个值出现的频率,第二遍是建立霍夫曼树并进行编码。由于需要建立二叉树并遍历二叉树生成编码,因此数据压缩和还原速度都较慢,但简单有效,因而得到广泛的应用。

源程序就不给出了,有兴趣的读者可以自己实现。

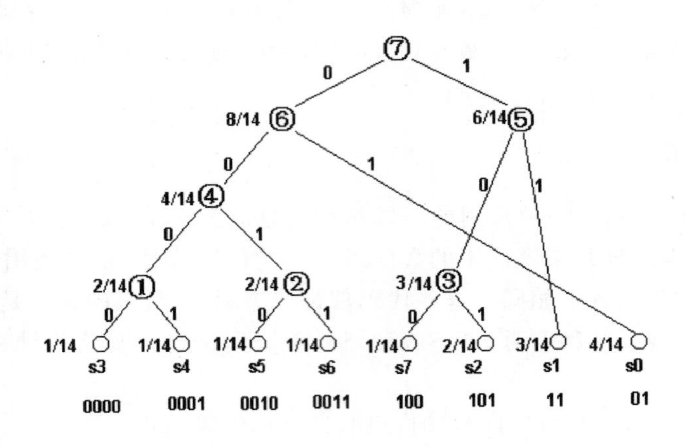

图 6-25　霍夫曼编码的示意图

6.6.2　行程编码

行程编码(Run Length Coding)的原理也很简单:将一行中颜色值相同的相邻像素用一个计数值和该颜色值来代替。例如 aaabccccccddeee 可以表示为 3a1b6c2d3e。如果一幅图像是由很多块颜色相同的大面积区域组成的,那么采用行程编码的压缩效率是惊人的。然而,该算法也导致了一个致命弱点,如果图像中每两个相邻点的颜色都不同,用这种算法不但不能压缩,反而数据量增加一倍。所以现在单纯采用行程编码的压缩算法用得并不多,PCX 文件算是其中的一种。

6.6.3　LZW 算法的大体思想

LZW 是一种比较复杂的压缩算法,其压缩效率也比较高。在这里只介绍它的基本原理:LZW 把每一个第一次出现的字符串用一个数值来编码,在还原程序中再将这个数值还成原来的字符串。例如:用数值 0x100 代替字符串"abccddeee",每当出现该字符串时,都用 0x100 代替,这样就起到了压缩的作用。至于 0x100 与字符串的对应关系则是在压缩过程中动态生成的,而且这种对应关系隐含在压缩数据中,随着解压缩的进行这张编码表会从压缩数据中逐步得到恢复,后面的压缩数据再根据前面数据产生的对应关系产生更多的对应关系,直到压缩文件结束为止。LZW 是无损的。GIF 文件采用了这种压缩算法。

要注意的是,LZW 算法由 Unisys 公司在美国申请了专利,要使用它首先要获得该公司的认可。

6.6.4　JPEG 压缩编码标准

JPEG 是联合图像专家组(Joint Picture Expert Group)的英文缩写,是国际标准化组织(ISO)和 CCITT 联合制定的静态图像的压缩编码标准。和相同图像质量的其他常用文件格式(如 GIF,TIFF,PCX)相比,JPEG 是目前静态图像中压缩比最高的。我们给出具体的数据来对比一下。例图采用 Windows 95 目录下的 Clouds.bmp,原图大小为 640×480,256 色。用工具 SEA(version 1.3)将其分别转成 24 位色 BMP、24 位色 JPEG、GIF(只能转成 256 色)压缩格式、24位色TIFF压缩格式、24位色TGA压缩格式。得到的文件大小(以字节为单位)分别为921 654,17 707,177 152,923 044,768 136。可见JPEG比其他几种压缩比要高得多,而图像质量都差不多(JPEG处理的颜色只有真彩和灰度图)。

JPEG的高压缩比,使得它广泛地应用于多媒体和网络程序中,例如HTML语法中选用的图像格式之一就是JPEG(另一种是GIF)。这是显然的,因为网络的带宽非常宝贵,选用一种高压缩比的文件格式是十分必要的。

6.7　从图像的各种特征中学习对立统一规律

图像是信息最为丰富的一种表达方式,人们感知世界80%的信息都来自眼睛,可见图像信息的丰富程度。从对图像特征学习的过程中,我们发现,各特征之间都反映图像某方面的信息,就像一个硬币的正反两面,或者一个骰子对立的六面等,相互间不一样,却统一成一个整体。就如马克思主义唯物辩证法中的对立统一规律一样。

对立统一规律即关于事物矛盾问题的规律。辩证矛盾不同于人们思维中出现的逻辑矛盾。辩证矛盾即事物的对立统一关系。

对立和统一(斗争性和同一性)是一切事物矛盾具有的两种基本属性。同一性是矛盾双方相互联结、相互吸引的性质和趋势。它包括矛盾双方相互依存和相互贯通。矛盾的同一性具有多种表现形式。斗争性是矛盾双方相互离异、相互排斥的性质和趋势。矛盾的斗争性是一个十分广泛的哲学范畴,它具有多种多样的表现形式。矛盾斗争形式的不同,是斗争性的差别性问题,不是斗争性的有无问题。

事物发展的动力、源泉就在于事物内部的矛盾性,正是矛盾双方的既同一又斗争推动了事物的发展。构成事物的多种矛盾以及每一矛盾的各个方面在事物发展中的地位和作用是不同的,有主要矛盾和次要矛盾、矛盾的主要方面和次要方面。这种矛盾力量的不平衡性,也是矛盾特殊性的重要表现。

(1)主要矛盾是在一个矛盾体系中居于支配地位、对事物的发展过程起决定性作用的矛盾。次要矛盾则是在一个矛盾体系中处于从属地位、对事物的发展过程不起决定性作用的矛盾。

(2)主要矛盾规定和影响次要矛盾,解决好主要矛盾,次要矛盾也就比较容易解决;次要矛盾对主要矛盾也有影响,次要矛盾处理得好,有利于主要矛盾的解决。

(3)主要矛盾和次要矛盾在一定条件下,其地位可以相互转化。

矛盾分析法是认识世界和改造世界的根本方法。毛泽东说:辩证法的宇宙观,主要就是教导人们善于去观察和分析各种事物的矛盾运动,并根据这种分析,指出解决矛盾的方法。

矛盾的观点是唯物辩证法的实质与核心,将其应用于思想方法上就形成了矛盾分析法。广义的矛盾分析法,实际上就是对立统一规律的应用,体现着辩证认识的实质。狭义的矛盾分析法则是矛盾发展不平衡性原理的应用,其通俗表述称为“两点论”分析法。

“两点论”就是要同时看到主次矛盾、矛盾的主次方面以及主次之间的辩证关系。因此,要反对“形而上学的一点论”。“重点论”就是在看到主次矛盾和矛盾的主次方面的同时,必须分清主次,抓住主要矛盾和矛盾的主要方面,因为事物的性质主要是由主要矛盾的主要方面规定的,不能将主次等量齐观,更不能颠倒主次。因此,要反对“折中主义的均衡论”。

二者是密切联系、不可分割的。“两点论”是“有重点的两点论”,“重点论”是“以‘两点论’为前提的重点论”,即两点是有重点的两点,重点是两点中的重点。离开两点谈重点,或离开重点谈两点都是错误的。

看待一切问题、处理所有事情,既要树立全面观,统筹兼顾,又要善于抓住重点和主流,优先考虑;既要反对离开重点谈两点的“均衡论”,又要反对离开两点谈重点的“一点论”。因此,必须做到坚持“两点论”反对“一点论”、坚持“重点论”反对“均衡论”,即坚持“两点论”和“重点论”相统一。

6.8 小 结

图像是人类获取和交换信息的主要来源,因此,图像处理的应用领域必然涉及人类生活和工作的方方面面。随着人类活动范围的不断扩大,图像处理的应用领域也将随之不断扩大。

1.航天和航空技术方面

数字图像处理技术在航天和航空技术方面的应用,除了 JPL 对月球、火星照片的处理之外,还在飞机遥感和卫星遥感技术中应用。许多国家每天派出很多侦察飞机对地球上有兴趣的地区进行大量的空中摄影。对由此得来的照片进行处理分析,以前需要雇用几千人,而现在改用配备有高级计算机的图像处理系统来判读分析,既节省人力,又加快了速度,还可以从照片中提取人工所不能发现的大量有用情报。从 20 世纪 60 年代末以来,美国及一些国际组织发射了资源遥感卫星(如 LANDSAT 系列)和天空实验室(如 SKYLAB),由于成像条件受飞行器位置、姿态、环境条件等影响,图像质量总不是很高。因此,以如此昂贵的代价进行简单直观的判读来获取图像是不合算的,而必须采用数字图像处理技术。如 LANDSAT 系列陆地卫星,采用多波段扫描器(MSS),在 900 km 高空对地球每一个地区以 18 天为一周期进行扫描成像,其图像分辨率大致相当于地面上十几米或 100 m 左右(如 1983 年发射的 LANDSAT - 4,分辨率为 30 m)。这些图像在空中先处理(数字化,编码)成数字信号存入磁带中,在卫星经过地面站上空时,再高速传送下来,然后由处理中心分析判读。这些图像无论是在成像、存储、传输过程中,还是在判读分析中,都必须采用很多数字图像处理方法。现在世界各国都在利用陆地卫星所获取的图像进行资源调查(如森林调查、海洋泥沙和渔业调查、水资源调查等)、灾害检测(如病虫害检测、水火检测、环境污染检测等)、资源勘察(如石油勘查、矿产量探测、大型工程地理位置勘探分析等)、农业规划(如土壤营养、水份和农作物生长、产量的估算等)和城市规划(如地质结构、水源及环境分析等)。我国也陆续开展了以上诸方面的一些实际应用,并获得了良好的效果。在气象预报和对太空其他星球研究方面,数字图像处理技术也发挥了相当大的作用。

2.生物医学工程方面

数字图像处理在生物医学工程方面的应用十分广泛,而且很有成效。除了上面介绍的 CT 技术之外,还有一类是对医用显微图像的处理分析,如红细胞、白细胞分类,染色体分析,癌细胞识别,等等。此外,在 X 光肺部图像增晰、超声波图像处理、心电图分析、立体定向放射治疗等医学诊断方面都广泛地应用图像处理技术。

3.通信工程方面

当前通信的主要发展方向是声音、文字、图像和数据结合的多媒体通信。具体地讲，是将电话、电视和计算机以三网合一的方式在数字通信网上传输。其中以图像通信最为复杂和困难，因图像的数据量十分巨大，如传送彩色电视信号的速率达 100 Mb/s 以上。要将这样高速率的数据实时传送出去，必须采用编码技术来压缩信息的比特量。在一定意义上讲，编码压缩是这些技术成败的关键。除了已应用较广泛的熵编码、DPCM 编码、变换编码外，目前国内外正在大力开发研究新的编码方法，如分行编码、自适应网络编码、小波变换图像压缩编码等。

4.工业和工程方面

在工业和工程领域中图像处理技术有着广泛的应用，如自动装配线中检测零件的质量并对零件进行分类，印刷电路板疵病检查，弹性力学照片的应力分析，流体力学图片的阻力和升力分析，邮政信件的自动分拣，在一些有毒、放射性环境内识别工件及物体的形状和排列状态，先进的设计和制造技术中采用工业视觉，等等。其中值得一提的是，研制具备视觉、听觉和触觉功能的智能机器人将会给工农业生产带来新的激励，目前已在工业生产中的喷漆、焊接、装配中得到有效的利用。

5.军事公安方面

在军事方面，图像处理和识别主要用于导弹的精确末制导，各种侦察照片的判读，具有图像传输、存储和显示的军事自动化指挥系统，飞机、坦克和军舰模拟训练系统等；公安业务图片的判读分析、指纹识别、人脸鉴别、不完整图片的复原以及交通监控、事故分析等。目前已投入运行的高速公路不停车自动收费系统中的车辆和车牌的自动识别都是图像处理技术成功应用的例子。

6.文化艺术方面

目前这类应用有电视画面的数字编辑、动画的制作、电子图像游戏、纺织工艺品设计、服装设计与制作、发型设计、文物资料照片的复制和修复、运动员动作分析和评分等等，现在已逐渐形成一门新的艺术——计算机美术。

7.机器人视觉

机器视觉作为智能机器人的重要感觉器官，主要进行三维景物理解和识别，是目前处于研究之中的开放课题。机器视觉主要用于军事侦察、危险环境的自主机器人，邮政、医院和家庭服务的智能机器人，装配线工件识别、定位，太空机器人的自动操作等。

8.视频和多媒体系统

目前，电视制作系统广泛使用的图像处理、变换、合成，多媒体系统中静止图像和动态图像的采集、压缩、处理、存储和传输等。

9.科学可视化

图像处理和图形学紧密结合，形成了科学研究各个领域新型的研究工具。

10.电子商务

在当前呼声甚高的电子商务中，图像处理技术也大有可为，如身份认证、产品防伪、水印技术等。

总之,图像处理技术应用领域相当广泛,已在国家安全、经济发展、日常生活中充当越来越重要的角色,对国计民生的作用不可低估。

自20世纪60年代第三代数字计算机问世以后,数字图像处理技术出现了空前的发展,在该领域中需要进一步研究的问题主要有如下五个方向:

(1)在进一步提高精度的同时着重解决处理速度问题;

(2)加强软件研究,开发新的处理方法,特别要注意移植和借鉴其他学科的技术和研究成果,创造新的处理方法;

(3)加强边缘学科的研究工作,促进图像处理技术的发展;

(4)加强理论研究,逐步形成处理科学自身的理论体系;

(5)时刻注意图像处理领域的标准化问题。

第7章　模式识别基础

模式识别(pattern recognition)是人类的一项基本智能。在日常生活中,人们通过视、听、触、闻等方式,时时刻刻在进行着"模式识别",与世界机型交互。随着20世纪40年代计算机的出现以及50年代人工智能的兴起,人们当然也希望能用计算机来代替或扩展人类的部分脑力劳动。模式识别是20世纪60年代初发展起来的一门以应用为基础的新兴边缘学科,是信息处理的重要组成部分,目的是将对象进行分类。在过去的几十年间,有关模式识别理论与方法的研究取得了一系列重大的进展,它的应用几乎遍及各个科学领域。

模式识别是指对表征事物或现象的各种形式的(数值的、文字的和逻辑关系的)信息进行处理和分析,以对事物或现象进行描述、辨认、分类和解释的过程,是信息科学和人工智能的重要组成部分。模式识别又常称作模式分类,从处理问题的性质和解决问题的方法等角度,模式识别分为有监督的分类(supervised classification)和无监督的分类(unsupervised classification)两种。二者的主要差别在于,各实验样本所属的类别是否预先已知。一般说来,有监督的分类往往需要提供大量已知类别的样本,但在实际问题中,这是存在一定困难的,因此研究无监督的分类就变得十分有必要了。

模式识别研究主要集中在两方面。一是研究生物体(包括人)是如何感知对象的,属于认识科学的范畴,二是在给定的任务下,如何用计算机实现模式识别的理论和方法。前者是生理学家、心理学家、生物学家和神经生理学家的研究内容,后者通过数学家、信息学专家和计算机科学工作者近几十年来的努力,已经取得了系统的研究成果。

模式识别与统计学、心理学、语言学、计算机科学、生物学、控制论等都有关系。它与人工智能、图像处理的研究有交叉关系。例如自适应或自组织的模式识别系统包含了人工智能的学习机制;人工智能研究的景物理解、自然语言理解也包含模式识别问题。又如模式识别中的预处理和特征抽取环节应用图像处理的技术;图像处理中的图像分析也应用模式识别的技术。

7.1　模式识别的基本知识

模式和类别分不开,识别和特殊分不开,判断的结果常常是相对的,这就构成了模式识别研究的基本内容。

模式是对某些感兴趣样本的定量或结构的描述;模式类是具有某些共同特性的模式的集合;模式识别是指这样一种自动化技术,依靠这种技术,计算机能自动的把待识别模式分配到各自的模式类中。

模式通常具有实体的形式,如声音、图片、图像、语言、文字、符号、物体、景象等,可以用物理的、化学的、生物的传感器进行具体地采集和测量。人们在观察、认识事物和现象时,常常寻找它与其他事物和现象的相同与不同之处,根据使用目的进行分类、聚类和判断,人脑的这种思维能力就构成了模式和识别的能力。模式还可分成抽象的和具体的两种形式。前者如意识、思想、议论等,属于概念识别研究的范畴,是人工智能的另一研究分支。我们所指的模式识别主要是对语音波形、地震波、心电图、脑电图、图片、照片、文字、符号、生物传感器等对象的具体模式进行辨识和分类。

下面介绍几个重要的概念。

(1)特征:就是所关心目标或类别的区别于其他目标或类别的信息。

(2)特征向量:就是使用向量的表示方法将特征进行表达。

(3)分类器:即一套计算方法,能使特征向量按照一定的规则被分配到一定的类别中去。

(4)有监督模式识别:假设有一个可用的训练数据集,并通过挖掘先验已知信息来设计分类器,这称为有监督模式识别(supervised pattern recognition)或分类。

(5)无监督模式识别:没有已知类别标签的训练数据可用,在这种情况下,给定一组特征向量来解释潜在的相似性,并将相似的特征向量分为一组,这就是无监督模式识别(unsupervised pattern recognition)或聚类(clustering)。

7.1.1 模式识别方法分类

模式识别分为两种方法:决策理论方法和句法方法。

决策理论方法又称统计模式识别方法,是发展较早也比较成熟的一种方法。被识别对象首先数字化,变换为适于计算机处理的数字信息。一个模式常常要用很大的信息量来表示。许多模式识别系统在数字化环节之后还进行预处理,用于除去混入的干扰信息并减少某些变形和失真。随后是进行特征抽取,即从数字化后或预处理后的输入模式中抽取一组特征。所谓特征是选定的一种度量,它对于一般的变形和失真保持不变或几乎不变,并且只含尽可能少的冗余信息。特征抽取过程将输入模式从对象空间映射到特征空间。这时,模式可用特征空间中的一个点或一个特征矢量表示。这种映射不仅压缩了信息量,而且易于分类。在决策理论方法中,特征抽取占有重要的地位,但尚无通用的理论指导,只能通过分析具体识别对象决定选取何种特征。特征抽取后可进行分类,即从特征空间再映射到决策空间。为此而引入鉴别函数,由特征矢量计算出相应于各类别的鉴别函数值,通过鉴别函数值的比较实行分类。

统计模式识别(statistic pattern recognition)的基本原理是:有相似性的样本在模式空间中互相接近,并形成“集团”,即“物以类聚”。其分析方法是根据模式所测得的特征向量 $\boldsymbol{X}_i=(x_{i1},x_{i2},\cdots,x_{id}),^{\mathrm{T}}(i=1,2,\cdots,N)$,将一个给定的模式归入 C 个类 $\omega_1,\omega_2,\cdots,\omega_c$ 中,然后根据模式之间的距离函数来判别分类。其中,T 表示转置;N 为样本点数;d 为样本特征数。

统计模式识别的主要方法有判别函数法、近邻分类法、非线性映射法、特征分析法和主因子分析法等。在统计模式识别中,贝叶斯决策规则从理论上解决了最优分类器的设计问题,但其实施却必须首先解决更困难的概率密度估计问题。BP 神经网络直接从观测数据(训练样本)学习,是更简便有效的方法,因而获得了广泛的应用,但它是一种启发式技术,缺乏指定工程实践的坚实理论基础。统计推断理论研究所取得的突破性成果导致现代统计学习理论——VC 理论的建立,该理论不仅在严格的数学基础上圆满地回答了人工神经网络中出现的理论问题,而且导出了一种新的学习方法——支持向量机(SVM)。

句法方法又称结构方法或语言学方法。其基本思想是把一个模式描述为较简单的子模式的组合，子模式又可描述为更简单的子模式的组合，最终得到一个树形的结构描述，在底层的最简单的子模式称为模式基元。在句法方法中选取基元的问题相当于在决策理论方法中选取特征的问题。通常要求所选的基元能对模式提供一个紧凑的反映其结构关系的描述，又要易于用非句法方法加以抽取。显然，基元本身不应该含有重要的结构信息。模式以一组基元和它们的组合关系来描述，称为模式描述语句，这相当于在语言中，句子和短语用词组合，词用字符组合一样。基元组合成模式的规则，由所谓语法来指定。一旦基元被鉴别，识别过程可通过句法分析进行，即分析给定的模式语句是否符合指定的语法，满足某类语法的即被分入该类。

模式识别方法的选择取决于问题的性质。如果被识别的对象极为复杂，而且包含丰富的结构信息，一般采用句法方法；被识别对象不很复杂或不含明显的结构信息，一般采用决策理论方法。这两种方法不能截然分开，在句法方法中，基元本身就是用决策理论方法抽取的。在应用中，将这两种方法结合起来分别施加于不同的层次，常能收到较好的效果。

7.1.2　分类与聚类

1.分类

分类(classification)是这样的过程：它找出描述并区分数据类或概念的模型(或函数)，以便能够使用模型预测类标记未知的对象类。分类分析在数据挖掘中是一项比较重要的任务，目前在商业上应用最多。分类的目的是学会一个分类函数或分类模型(也常常称作分类器)，该模型能把数据库中的数据项映射到给定类别中的某一个类中。

分类和回归都可用于预测，两者的目的都是从历史数据纪录中自动推导出对给定数据的推广描述，从而能对未来数据进行预测。与回归不同的是，分类的输出是离散的类别值，而回归的输出是连续数值。二者常表现为决策树的形式，根据数据值从树根开始搜索，沿着数据满足的分支往上走，走到树叶就能确定类别。

要构造分类器，需要有一个训练样本数据集作为输入。训练集由一组数据库记录或元组构成，每个元组是一个由有关字段(又称属性或特征)值组成的特征向量，此外，训练样本还有一个类别标记。一个具体样本的形式可表示为：$(v_1,v_2,\cdots,v_n;\ c)$；其中 v_i 表示字段值，c 表示类别。分类器的构造方法有统计方法、机器学习方法、神经网络方法等等。

不同的分类器有不同的特点。有三种分类器评价或比较尺度：预测准确度；计算复杂度；模型描述的简洁度。预测准确度是用得最多的一种比较尺度，特别是对于预测型分类任务。计算复杂度依赖于具体的实现细节和硬件环境，在数据挖掘中，由于操作对象是巨量的数据，因此空间和时间的复杂度问题将是非常重要的一个环节。对于描述型的分类任务，模型描述越简洁越受欢迎。

另外要注意的是，分类的效果一般和数据的特点有关，有的数据噪声大，有的有空缺值，有的分布稀疏，有的字段或属性间相关性强，有的属性是离散的而有的是连续值或混合式的。目前普遍认为不存在某种方法能适合于各种特点的数据。

2.聚类

将物理或抽象对象的集合分成由类似的对象组成的多个类的过程被称为聚类。由聚类所生成的簇是一组数据对象的集合，这些对象与同一个簇中的对象彼此相似，与其他簇中的对象相异。

“物以类聚，人以群分”，在自然科学和社会科学中，存在着大量的分类问题。所谓类，通俗地说，就是指相似元素的集合。聚类分析又称群分析，它是研究(样品或指标)分类问题的一种统计分析方法。聚类分析起源于分类学，但是聚类不等于分类。聚类与分类的不同在于，聚类所要求划分的类是未知的。在古老的分类学中，人们主要依靠经验和专业知识来实现分类，很少利用数学工具进行定量的分类。随着人类科学技术的发展，对分类的要求越来越高，以致有时仅凭经验和专业知识难以确切地进行分类，于是人们逐渐地把数学工具引入到了分类学中，形成了数值分类学，之后又将多元分析的技术引入到数值分类学形成了聚类分析。聚类分析内容非常丰富，有系统聚类法、有序样品聚类法、动态聚类法、模糊聚类法、图论聚类法和聚类预报法等。

聚类的典型应用是什么？在商务上，聚类能帮助市场分析人员从客户基本库中发现不同的客户群，并且用购买模式来刻画不同的客户群的特征。在生物学上，聚类能用于推导植物和动物的分类，对基因进行分类，获得对种群中固有结构的认识。聚类在地球观测数据库中相似地区的确定，汽车保险单持有者的分组，以及根据房子的类型、价值和地理位置对一个城市中房屋的分组上也可以发挥作用。聚类也能用于对 Web 上的文档进行分类，以发现信息。

传统的聚类分析计算方法主要有如下几种：

(1)划分方法(partitioning methods)。给定一个有 N 个元组或者纪录的数据集，分裂法将构造 K 个分组，每一个分组就代表一个聚类，$K < N$。而且这 K 个分组满足下列条件：① 每一个分组至少包含一个数据记录；② 每一个数据记录属于且仅属于一个分组(注意：这个要求在某些模糊聚类算法中可以放宽)。对于给定的 K，算法首先给出一个初始的分组方法，以后通过反复迭代的方法改变分组，使得每一次改进之后的分组方案都较前一次好，而所谓好的标准就是：同一分组中的记录越近越好，而不同分组中的记录越远越好。使用这个基本思想的算法有 K－MEANS 算法、K－MEDOIDS 算法、CLARANS 算法；

(2)层次方法(hierarchical methods)。这种方法对给定的数据集进行层次似的分解，直到某种条件满足为止。具体又可分为“自底向上”和“自顶向下”两种方案。例如在“自底向上”方案中，初始时每一个数据记录都组成一个单独的组，在接下来的迭代中，它把那些相互邻近的组合并成一个组，直到所有的记录组成一个分组或者某个条件满足为止。代表算法有 BIRCH 算法、CURE 算法、CHAMELEON 算法等。

(3)基于密度的方法(density－based methods)：基于密度的方法与其他方法的一个根本区别是：它不是基于各种各样的距离的，而是基于密度的。这样就能克服基于距离的算法只能发现“类圆形”的聚类的缺点。这个方法的指导思想就是，只要一个区域中的点的密度大过某个阀值，就把它加到与之相近的聚类中去。代表算法有 DBSCAN 算法、OPTICS 算法、DENCLUE 算法等。

(4)基于网格的方法(grid－based methods)：这种方法首先将数据空间划分成为有限个单元(cell)的网格结构，所有的处理都是以单个的单元为对象的。这么处理的一个突出的优点就是处理速度很快，通常这是与目标数据库中记录的个数无关的，它只与把数据空间分为多少个单元有关。代表算法有 STING 算法、CLIQUE 算法、WAVE - CLUSTER 算法。

(5)基于模型的方法(model - based methods):基于模型的方法给每一个聚类假定一个模型,然后去寻找能够很好地满足这个模型的数据集。这样一个模型可能是数据点在空间中的密度分布函数或者其他。它的一个潜在的假定就是:目标数据集是由一系列的概率分布所决定的。通常有两种尝试方向统计的方案和神经网络的方案。

当然聚类方法还有传递闭包法、布尔矩阵法和直接聚类法等。

当前,聚类技术正在蓬勃发展,涉及范围包括数据挖掘、统计学、机器学习、空间数据库技术、生物学以及市场营销等领域,聚类分析已经成为数据挖掘研究领域中一个非常活跃的研究课题。常见的聚类算法包括 K -均值聚类算法、K -中心点聚类算法、CLARANS、BIRCH、CLIQUE、DBSCAN 等。

传统的聚类算法已经比较成功地解决了低维数据的聚类问题。但是由于实际应用中数据的复杂性,在处理许多问题时,现有的算法经常失效,特别是对于高维数据和大型数据的情况。因为传统聚类方法在高维数据集中进行聚类时,主要遇到两个问题:①高维数据集中存在大量无关的属性使得在所有维中存在簇的可能性几乎为零;②高维空间中数据较低维空间中数据分布要稀疏,其中数据间距离几乎相等是普遍现象,而传统聚类方法是基于距离进行聚类的,因此在高维空间中无法基于距离来构建簇。

高维聚类分析已成为聚类分析的一个重要研究方向。同时高维数据聚类也是聚类技术的难点。随着技术的进步使得数据收集变得越来越容易,导致数据库规模越来越大、复杂性越来越高,如各种类型的贸易交易数据、Web 文档、基因表达数据等,它们的维度(属性)通常可以达到成百上千维,甚至更高。但是,受“维度效应”的影响,许多在低维数据空间表现良好的聚类方法运用在高维空间上往往无法获得好的聚类效果。高维数据聚类分析是聚类分析中一个非常活跃的领域,同时它也是一个具有挑战性的工作。目前,高维数据聚类分析在市场分析、信息安全、金融、娱乐、反恐等方面都有很广泛的应用。

7.2　线性分类器

在分类问题中,分类器的设计就是设计一个可以进行分类判别的函数,根据其结果进行类别判断。判别函数是指各个类别的判别区域确定后,可以用一些函数来表示和鉴别某个特征矢量属于哪个类别,这些函数就称为判别函数。这些函数不是集群在特征空间形状的数学描述,而是描述某一位置矢量属于某个类别的情况,如属于某个类别的条件概率,一般不同的类别都有各自不同的判别函数。

当判别函数是线性函数时,这一类分类器称为线性分类器。在进行判别函数设计时,最主要讨论的是:①利用样本来设计判别函数;②判别准则。

判别函数包含两类:一类是线性判别函数,包括线性判别函数、广义线性判别函数(所谓广义线性判别函数就是把非线性判别函数映射到另外一个空间变成线性判别函数)、分段线性判别函数;另一类是非线性判别函数。图 7 - 1 的边界就是判别函数,其可以是线性的,也可以是非线性的。

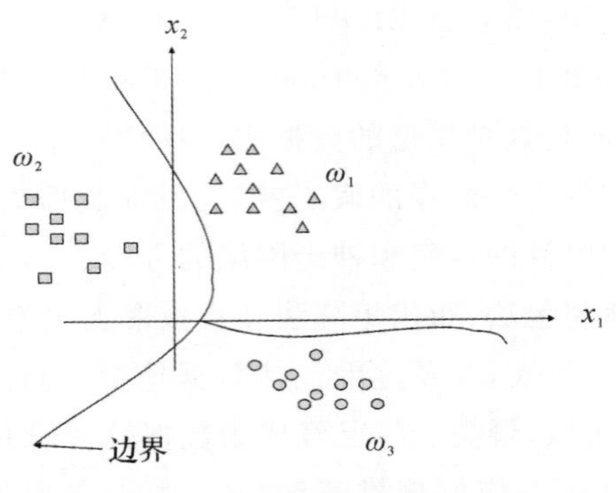

图 7－1　判别函数示意图

7.2.1　线性判别函数

假定判别函数 $g(\boldsymbol{x})$ 是 $\boldsymbol{x}$ 的线性函数，即 $g(\boldsymbol{x})=\boldsymbol{w}^{\mathrm{T}}\boldsymbol{x}+w_0$，其中 $\boldsymbol{x}$ 是 d 维特征向量，又称样本向量，$\boldsymbol{w}$ 是权向量，w_0 是常数，称为阈值。

$$\boldsymbol{x}=[x_1 \quad x_2 \quad \cdots \quad x_d]^{\mathrm{T}}$$

$$\boldsymbol{w}=[\boldsymbol{w}_1 \quad \boldsymbol{w}_2 \quad \cdots \quad \boldsymbol{w}_d]^{\mathrm{T}}$$

对于两类问题的线性分类器可以采用下述决策规则：

$$\begin{cases} g(\boldsymbol{x})>0, \text{决策 } \boldsymbol{x} \text{ 属于} \boldsymbol{w}_1 \text{ 类；} \\ g(\boldsymbol{x})<0, \text{决策 } \boldsymbol{x} \text{ 属于} \boldsymbol{w}_2 \text{ 类；} \\ g(\boldsymbol{x})=0, \text{可将 } \boldsymbol{x} \text{ 分配到任何一类，或拒绝。} \end{cases}$$

方程 $g(\boldsymbol{x})=0$ 定义了一个决策面，它把归类于 $\boldsymbol{w}_1$ 类的点与归类于 $\boldsymbol{w}_2$ 类的点分割开来。当 $d=2$ 时，二维情况的判别边界为一直线；当 $d=3$ 时，判别边界为一平面；当 $d>3$ 时，则判别边界为一超平面。

7.2.2　广义线性判别函数

线性判别函数是在模式线性可分的前提下进行的，但实际的模式往往并不是线性可分的，只要各类模式的特征不相同，判别边界总是存在的，只是非线性边界而已，通过某种映射，使得变换后的模式空间是线性可分的。

判别函数的一般形式为

$$g(\boldsymbol{x})=\sum_{i=1}^{k+1}\boldsymbol{w}_i f_i(\boldsymbol{x})$$

令

$$\boldsymbol{W}=\begin{bmatrix}\boldsymbol{w}_1\\ \boldsymbol{w}_2\\ \vdots\\ \boldsymbol{w}_{k+1}\end{bmatrix}, \quad \boldsymbol{Y}=\begin{bmatrix}f_1(\boldsymbol{x})\\ f_2(\boldsymbol{x})\\ \vdots\\ f_{k+1}(\boldsymbol{x})\end{bmatrix}$$

则可以实现从一个空间到另一个空间的变换 $\xrightarrow{x\text{ 空间}\rightarrow\text{变换}\rightarrow y\text{ 空间}} \boldsymbol{W}^{\mathrm{T}}\boldsymbol{Y}=g(\boldsymbol{Y})$

$$g(\boldsymbol{Y})\begin{cases}>0, \boldsymbol{x} \in \boldsymbol{\omega}_1 \\ <0, \boldsymbol{x} \in \boldsymbol{\omega}_2\end{cases}$$

这样一个非线性判别函数通过映射，变换成线性判别函数，判别平面：

$$\boldsymbol{W}^{\mathrm{T}}\boldsymbol{Y}=0$$

例 7-1　对于判别函数 $g(x)=\boldsymbol{W}^{\mathrm{T}}\boldsymbol{Y}=g(\boldsymbol{Y})\begin{cases}>0, x \in \omega_1 \\ <0, x \in \omega_2\end{cases}$，其中 $\boldsymbol{W}=\begin{bmatrix}a_1\\a_2\\a_3\end{bmatrix}$，$\boldsymbol{Y}=\begin{bmatrix}1\\x\\x^2\end{bmatrix}$，其图像如图 7-2 所示，是一个非线性的判别函数。请转换成线性判别函数形式。

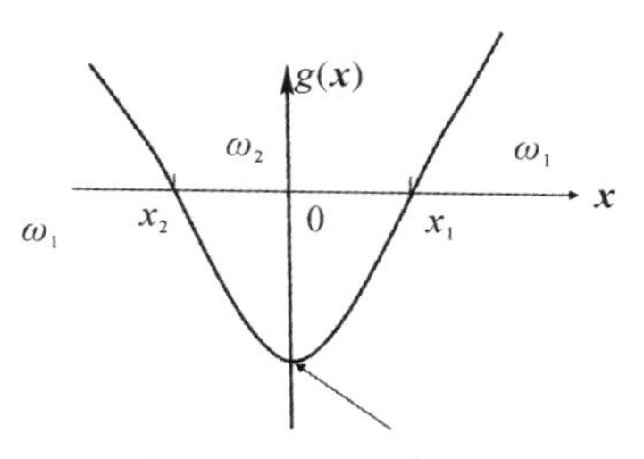

图 7-2　二次判别函数

解：设 $a_1=-1, a_2=1, a_3=2$，则判别函数为 $g(\boldsymbol{x})=2\boldsymbol{x}^2+\boldsymbol{x}-1$，可以计算出两个截点：

$$\begin{cases}x_1=0.5\\x_2=-1\end{cases}$$

设

$$\boldsymbol{W}=\begin{bmatrix}a_1\\a_2\\a_3\end{bmatrix}=\begin{bmatrix}-1\\1\\2\end{bmatrix},\quad \boldsymbol{Y}=\begin{bmatrix}1\\\boldsymbol{x}\\\boldsymbol{x}^2\end{bmatrix}=\begin{bmatrix}y_1\\y_2\\y_3\end{bmatrix}$$

则

$$\boldsymbol{Y}_1=\begin{bmatrix}1\\0.5\\0.25\end{bmatrix},\quad \boldsymbol{Y}_2=\begin{bmatrix}1\\-1\\1\end{bmatrix}$$

判别函数就是 $\boldsymbol{W}^{\mathrm{T}}\boldsymbol{Y}=0$，这是一个线性函数。这代表了三维空间中的一个平面，其中 $\boldsymbol{W}$ 是平面的法向量，$\boldsymbol{Y}_1$ 和 $\boldsymbol{Y}_2$ 是平面中的两个点，从而确定了平面的位置，如图 7-3 所示。

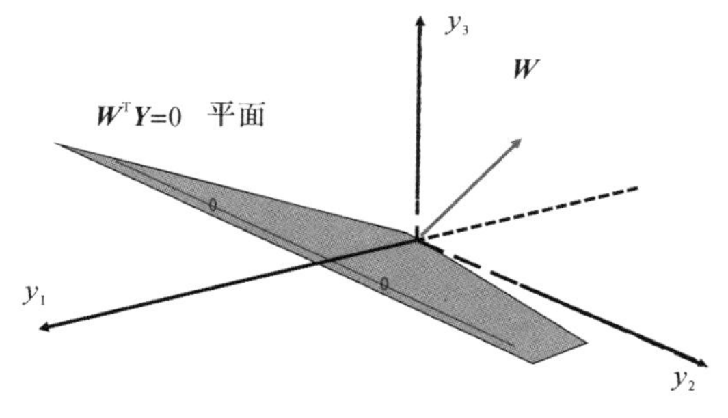

图 7-3　分类平面示意图

结论：在 $\boldsymbol{X}$ 空间的非线性判别函数通过变换到 $\boldsymbol{Y}$ 空间成为线性的，但 $\boldsymbol{Y}$ 变为高维空间。

7.2.3 Fisher 线性判别法

应用统计方法解决模式识别问题时，常遇到的难题是维数问题。降低维数有时就成为处理问题的关键。可以考虑把 d 维空间的样本投影到一条直线上，形成一维空间，然后在此空间上对模式进行分类。从数学上讲，这种想法总是可能的。

但是，如何使得 d 维空间中的样本能在一维空间中分离得很好并能识别呢？在一般情况下，总能找到某个方向，使得在这个方向的直线上，样本的投影能分开得最好。现在的问题是如何根据实际情况找到这条最好的、最易于分类的投影线？

从变换的角度看，就是将 d 维的 $\boldsymbol{x}$ 变换成一维的 y，$y_i=\boldsymbol{w}^{\mathrm{T}}\cdot x_i$，$i=1,2,\cdots,d$；从几何上看，如果 $\|\boldsymbol{w}\|=1$，则每个 y_i 就是相对应的 x_i 到方向为 $\boldsymbol{w}$ 的直线上的投影。因此，前述所谓寻找最好投影方向的问题，在数学上就是寻找最好的变换向量 $\boldsymbol{w}^*$ 的问题。

下面介绍几个重要的参数：

1.在 d 维空间上定义

各类样本均值向量 $\boldsymbol{m}_i$：

$$\boldsymbol{m}_i=\frac{1}{N_i}\sum_{x\in X_i}\boldsymbol{x}$$

样本类内离散度矩阵 $\boldsymbol{S}_i^2$ 和总类内离散度矩阵 $\boldsymbol{S}_w$：

$$\boldsymbol{S}_i^2=\sum_{x\in \boldsymbol{X}_i}(\boldsymbol{x}-\boldsymbol{m}_i)(\boldsymbol{x}-\boldsymbol{m}_i)^{\mathrm{T}}$$

$$\boldsymbol{S}_w=\boldsymbol{S}_1^2+\boldsymbol{S}_2^2$$

样本类间离散度矩阵 $\boldsymbol{S}_b$：

$$\boldsymbol{S}_b=(\boldsymbol{m}_1-\boldsymbol{m}_2)(\boldsymbol{m}_1-\boldsymbol{m}_2)^{\mathrm{T}}$$

2.在一维 Y 空间上定义

各类样本均值 $\widetilde{\boldsymbol{m}}_i$ 为

$$\widetilde{\boldsymbol{m}}_i=\frac{1}{N_i}\sum_{y\in \boldsymbol{Y}_i}\boldsymbol{y},\quad i=1,2$$

样本类内离散度 $\widetilde{\boldsymbol{S}}_i^2$ 和总类内离散度 $\widetilde{\boldsymbol{S}}_w$：

$$\widetilde{\boldsymbol{S}}_i^2=\sum_{y\in \boldsymbol{Y}_i}(\boldsymbol{y}-\widetilde{\boldsymbol{m}}_i)^2$$

$$\widetilde{\boldsymbol{S}}_w=\widetilde{\boldsymbol{S}}_1^2+\widetilde{\boldsymbol{S}}_2^2$$

我们希望投影后，在一维 Y 空间里不同类样本近可能分得开些，即希望两类均值之差越大越好；同时也希望同一类样本尽可能密集，即类内离散度越小越好。因此，Fisher 准则函数定义为

$$J_F(\boldsymbol{w})=\frac{(\widetilde{\boldsymbol{m}}_1-\widetilde{\boldsymbol{m}}_2)^2}{\widetilde{\boldsymbol{S}}_1^2+\widetilde{\boldsymbol{S}}_2^2}$$

Fisher 准则函数推导过程：

将准则函数表示成含有 $\boldsymbol{w}$ 的显函数，变换前后类别均值之间的关系是

$$\widetilde{m}_i=\frac{1}{N_i}\sum_{y\in Y_i}\boldsymbol{y}=\frac{1}{N_i}\sum_{x\in X_i}\boldsymbol{w}^{\mathrm{T}}\boldsymbol{x}_i=\boldsymbol{w}^{\mathrm{T}}(\frac{1}{N_i}\sum_{x\in X_i}\boldsymbol{x}_i)=\boldsymbol{w}^{\mathrm{T}}\boldsymbol{m}_i$$

则两个类别之间的样本间离散度为

$$\begin{aligned}(\widetilde{m}_1-\widetilde{m}_2)^2=&(\boldsymbol{w}^{\mathrm{T}}\boldsymbol{m}_1-\boldsymbol{w}^{\mathrm{T}}\boldsymbol{m}_2)(\boldsymbol{w}^{\mathrm{T}}\boldsymbol{m}_1-\boldsymbol{w}^{\mathrm{T}}\boldsymbol{m}_2)^{\mathrm{T}}=\\&(\boldsymbol{w}^{\mathrm{T}}\boldsymbol{m}_1-\boldsymbol{w}^{\mathrm{T}}\boldsymbol{m}_2)(\boldsymbol{m}_1{}^{\mathrm{T}}\boldsymbol{w}-\boldsymbol{m}_2{}^{\mathrm{T}}\boldsymbol{w})=\\&\boldsymbol{w}^{\mathrm{T}}(\boldsymbol{m}_1-\boldsymbol{m}_2)(\boldsymbol{m}_1-\boldsymbol{m}_2)^{\mathrm{T}}\boldsymbol{w}=\\&\boldsymbol{w}^{\mathrm{T}}\boldsymbol{S}_b\boldsymbol{w}\end{aligned}$$

类别内的聚集程度用类内方差表示可得

$$\begin{aligned}\widetilde{S}_i^2=&\sum_{y\in Y_i}(\boldsymbol{y}-\widetilde{m}_i)^2=\sum_{x\in X_i}(\boldsymbol{w}^{\mathrm{T}}\boldsymbol{x}-\boldsymbol{w}^{\mathrm{T}}\boldsymbol{m}_i)^2=\\&\sum_{x\in X_i}(\boldsymbol{w}^{\mathrm{T}}\boldsymbol{x}-\boldsymbol{w}^{\mathrm{T}}\boldsymbol{m}_i)(\boldsymbol{w}^{\mathrm{T}}\boldsymbol{x}-\boldsymbol{w}^{\mathrm{T}}\boldsymbol{m}_i)^T=\\&\boldsymbol{w}^{\mathrm{T}}\sum_{x\in X_i}(\boldsymbol{x}-\boldsymbol{m}_i)(\boldsymbol{x}-\boldsymbol{m}_i)^{\mathrm{T}}\boldsymbol{w}=\boldsymbol{w}^{\mathrm{T}}\boldsymbol{S}_i^2\boldsymbol{w}\end{aligned}$$

因此,可得变换后的总类内离散度为

$$\widetilde{S}_1^2+\widetilde{S}_2^2=\boldsymbol{w}^{\mathrm{T}}(\boldsymbol{S}_1^2+\boldsymbol{S}_2^2)\boldsymbol{w}=\boldsymbol{w}^{\mathrm{T}}\boldsymbol{S}_w\boldsymbol{w}$$

可得含有 $\boldsymbol{w}$ 的显性表达式为

$$J_F(\boldsymbol{w})=\frac{(\widetilde{m}_1-\widetilde{m}_2)^2}{\widetilde{S}_1^2+\widetilde{S}_2^2}=\frac{\boldsymbol{w}^{\mathrm{T}}\boldsymbol{S}_b\boldsymbol{w}}{\boldsymbol{w}^{\mathrm{T}}\boldsymbol{S}_w\boldsymbol{w}}$$

用拉格朗日乘子法求解它的极大值。定义拉格朗日函数:

$$L(\boldsymbol{w},\lambda)=\boldsymbol{w}^{\mathrm{T}}\boldsymbol{S}_b\boldsymbol{w}-\lambda(\boldsymbol{w}^{\mathrm{T}}\boldsymbol{S}_w\boldsymbol{w}-c)$$

$$\frac{\partial L(\boldsymbol{w},\lambda)}{\partial \boldsymbol{w}}=\boldsymbol{S}_b\boldsymbol{w}-\lambda\boldsymbol{S}_w\boldsymbol{w}$$

使其为零时即极值位置。

$$\boldsymbol{S}_b\boldsymbol{w}^*-\lambda\boldsymbol{S}_w\boldsymbol{w}^*=0$$

$$\Rightarrow\boldsymbol{S}_b\boldsymbol{w}^*=\lambda\boldsymbol{S}_w\boldsymbol{w}^*\Rightarrow\boldsymbol{S}_w{}^{-1}\boldsymbol{S}_b\boldsymbol{w}^*=\lambda\boldsymbol{w}^*$$

计算最优 $\boldsymbol{w}^*$:

$$\begin{aligned}\lambda\boldsymbol{w}^*=&\boldsymbol{S}_w{}^{-1}(\boldsymbol{m}_1-\boldsymbol{m}_2)(\boldsymbol{m}_1-\boldsymbol{m}_2)^{\mathrm{T}}\boldsymbol{w}^*\\&\Rightarrow\lambda\boldsymbol{w}^*=\boldsymbol{S}_w{}^{-1}(\boldsymbol{m}_1-\boldsymbol{m}_2)\boldsymbol{R}\\&\Rightarrow\boldsymbol{w}^*=\frac{\boldsymbol{R}}{\lambda}\boldsymbol{S}_w{}^{-1}(\boldsymbol{m}_1-\boldsymbol{m}_2)\\&\Rightarrow\boldsymbol{w}^*=\boldsymbol{S}_w{}^{-1}(\boldsymbol{m}_1-\boldsymbol{m}_2)\end{aligned}$$

可以总结求解两类判别的 Fisher 解向量的算法步骤:

(1)计算各类的均值向量 $\boldsymbol{m}_i(i=1,2)$;

(2)计算各类的类内离散度矩阵 $\boldsymbol{S}_i^2(i=1,2)$;

(3)计算总类内离散度矩阵 $\boldsymbol{S}_w=\boldsymbol{S}_1^2+\boldsymbol{S}_2^2$;

(4)计算矩阵 $\boldsymbol{S}_w$ 的逆矩阵 $\boldsymbol{S}_w^{-1}$;

(5)求解向量 $\boldsymbol{w}^*=\boldsymbol{S}_w{}^{-1}(\boldsymbol{m}_1-\boldsymbol{m}_2)$ 。

经过投影之后,在一维空间里只要确定阈值 $\boldsymbol{y}_0$ 。对于任意给定的未知样本,只要计算它的投影点 $\boldsymbol{y}$,将投影点与 $\boldsymbol{y}_0$ 作比较,便可做出分类决策。

$$y = \boldsymbol{w}^{*\mathrm{T}} \boldsymbol{x} > y_0 \rightarrow \boldsymbol{x} \in \omega_1$$

$$y = \boldsymbol{w}^{*\mathrm{T}} \boldsymbol{x} < y_0 \rightarrow \boldsymbol{x} \in \omega_2$$

可利用先验知识确定阈值 y_0，如下面三种形式：

$$y_0 = \frac{\widetilde{m}_1 + \widetilde{m}_2}{2}$$

$$y_0 = \frac{N_1 \widetilde{m}_1 + N_2 \widetilde{m}_2}{N_1 + N_2}$$

$$y_0 = \frac{\widetilde{m}_1 + \widetilde{m}_2}{2} + \frac{\ln [P(w_1)/P(w_2)]}{N_1 + N_2 - 2}$$

例 7-2 有两类数据，用 Fisher 线性判别法进行分类。

$$\boldsymbol{X}_1 = \begin{bmatrix} 1 & 1.5 & 1 & 4 & 2.2 & 3 & 2.2 & 1.7 & 1.3 & 3.8 \\ 6 & 7 & 6 & 1 & 1.5 & 2 & 3.3 & 5 & 7 & 2 \end{bmatrix}$$

$$\boldsymbol{X}_2 = \begin{bmatrix} 1 & 1.5 & 0 & 1 & 1.2 & 0.5 & 0.2 & 1.7 & 1.3 & 0.8 \\ 1 & 1.2 & 4 & 2 & 0.5 & 0.2 & 3.3 & 0.8 & 1.6 & 2 \end{bmatrix}$$

解：首先计算两类的各个参量。

样本均值

$$\boldsymbol{m}_1 = \begin{bmatrix} 2.17 \\ 4.08 \end{bmatrix}, \quad \boldsymbol{m}_2 = \begin{bmatrix} 0.92 \\ 1.66 \end{bmatrix}$$

计算类内离散度

$$\boldsymbol{S}_i^{\,2} = \sum_{x \in X_i} (\boldsymbol{x} - \boldsymbol{m}_i)(\boldsymbol{x} - \boldsymbol{m}_i)^{\mathrm{T}}$$

得

$$\boldsymbol{S}_1^2 = \begin{bmatrix} 10.861 & -20.276 \\ -20.276 & 50.676 \end{bmatrix}, \quad \boldsymbol{S}_2^2 = \begin{bmatrix} 2.736 & -4.072 \\ -4.072 & 13.264 \end{bmatrix}$$

计算总类内离散度

$$\boldsymbol{S}_w = \boldsymbol{S}_1^2 + \boldsymbol{S}_2^2 = \begin{bmatrix} 13.597 & -24.348 \\ -24.348 & 63.94 \end{bmatrix}$$

计算总类内离散度的逆

$$\boldsymbol{S}_w^{-1} = \begin{bmatrix} 0.231\,19 & 0.088\,037 \\ 0.088\,037 & 0.049\,163 \end{bmatrix}$$

求出投影线方向为

$$\boldsymbol{w}^* = \boldsymbol{S}_w^{-1}(\boldsymbol{m}_1 - \boldsymbol{m}_2) = \begin{bmatrix} 0.502\,04 \\ 0.229\,02 \end{bmatrix}$$

对于一个新数据 $\boldsymbol{x}$，要将其进行分类

$$\boldsymbol{x} = \begin{bmatrix} 2 \\ 0.5 \end{bmatrix}$$

首先确定分类阈值，采用均值的方式

$$y_0 = \frac{\widetilde{m}_1 + \widetilde{m}_2}{2} = 1.432\,9$$

计算 $y = \boldsymbol{w}^{*\mathrm{T}}\boldsymbol{x} = 1.1186$，进行判断

$$y < y_0 \rightarrow \boldsymbol{x} \in \boldsymbol{\omega}_2$$

因此，新数据 $\boldsymbol{x}$ 属于 $\boldsymbol{\omega}_2$ 类。图 7-4 中，直线就是投影线 $\boldsymbol{w}^*$，× 是第一类数据 $\boldsymbol{\omega}_1$，* 是第二类数据 $\boldsymbol{\omega}_2$，○ 是新数据 $\boldsymbol{x}$，可以很明显得看出 ○ 属于第二类数据，与 Fisher 判别方法结果一致。

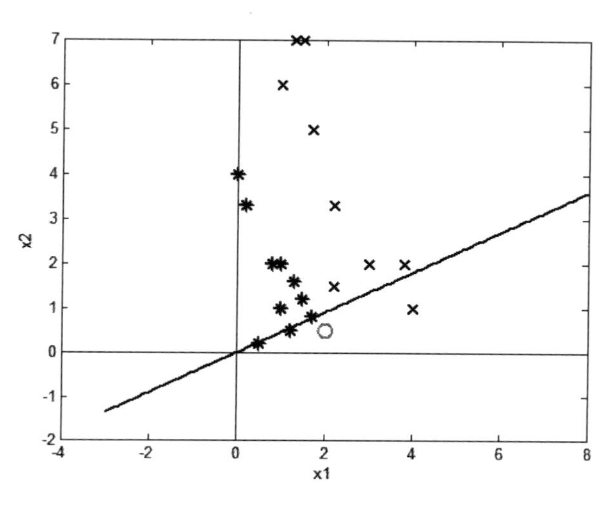

图 7-4　数据分类示意图

7.3　正态分布情况下的贝叶斯分类

7.3.1　正态分布

设连续型随机变量 x 具有概率密度

$$p(x) = \frac{1}{\sqrt{2\pi}\,\sigma} \mathrm{e}^{-\frac{(x-\mu)^2}{2\sigma^2}}, \quad -\infty < x < \infty$$

则称 X 服从参数为 μ，σ 的正态分布或高斯分布，记为 $N(\mu, \sigma^2)$。

其分布函数为

$$F(x) = \frac{1}{\sqrt{2\pi}\,\sigma}\int_{-\infty}^{x} \mathrm{e}^{-\frac{(t-\mu)^2}{2\sigma^2}} \mathrm{d}t$$

其中

$$\mu = E(x) = \int_{-\infty}^{\infty} x p(x) \mathrm{d}x \text{（均值或数学期望）}$$

$$\sigma^2 = E[(x-\mu)^2] = \int_{-\infty}^{\infty} (x-\mu)^2 p(x) \mathrm{d}x \text{（方差）}$$

如图 7-5 所示，正态分布曲线中，横轴与正态曲线之间的面积恒等于 1；横轴区间 $(\mu-\sigma, \mu+\sigma)$ 内的面积为 68.268 949%，横轴区间 $(\mu-1.96\sigma, \mu+1.96\sigma)$ 内的面积为 95%，横轴区间

$(\mu-2.58\sigma, \mu+2.58\sigma)$ 内的面积为 99%。

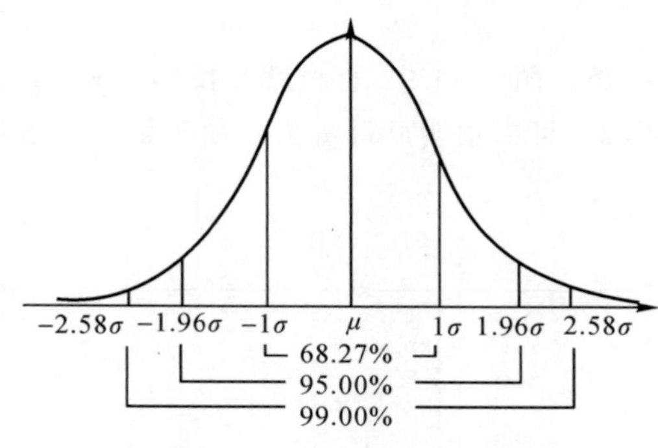

图 7-5　正态分布示意图

对于 n 维正态分布，其概率密度公式为

$$p(\boldsymbol{x})=\frac{1}{(2\pi)^{\frac{d}{2}}\ |\boldsymbol{\Sigma}|^{\frac{1}{2}}}\exp\left[-\frac{1}{2}(\boldsymbol{x}-\boldsymbol{\mu})^{\mathrm{T}}\boldsymbol{\Sigma}^{-1}(\boldsymbol{x}-\boldsymbol{\mu})\right]$$

其中：$\boldsymbol{x}=[x_1\ x_2\cdots\ x_d]^{\mathrm{T}}$，$d$ 维特征向量；$\boldsymbol{\mu}=[\mu_1\ \mu_2\cdots\ \mu_d)^{\mathrm{T}}$，$d$ 维均值向量；$\boldsymbol{\Sigma}$ 为 $d\times d$ 维协方差矩阵，$\boldsymbol{\Sigma}$ 为 $\boldsymbol{\Sigma}^{-1}$ 的逆阵，$|\boldsymbol{\Sigma}|$ 为 $\boldsymbol{\Sigma}$ 的行列式 。

均值向量 $\boldsymbol{\mu}$ 的分量 $\boldsymbol{\mu}_i$ 为

$$\boldsymbol{\mu}_i=E(x_i)=\int_{-\infty}^{\infty}x_i p(x_i)\mathrm{d}x_i$$

协方差矩阵为

$$\boldsymbol{\Sigma}=E[(\boldsymbol{x}-\boldsymbol{\mu})(\boldsymbol{x}-\boldsymbol{\mu})^{\mathrm{T}}]=$$

$$E\left\{\begin{bmatrix}(x_1-\mu_1)\\ \vdots\\ (x_d-\mu_d)\end{bmatrix}[(x_1-\mu_1)\cdots(x_d-\mu_d)]\right\}=$$

$$E\left\{\begin{bmatrix}(x_1-\mu_1)(x_1-\mu_1)\cdots(x_1-\mu_1)(x_d-\mu_d)\\ \vdots\\ (x_d-\mu_d)(x_1-\mu_1)\cdots(x_d-\mu_d)(x_d-\mu_d)\end{bmatrix}\right\}=$$

$$\begin{bmatrix}E[(x_1-\mu_1)(x_1-\mu_1)]\cdots E[(x_1-\mu_1)(x_d-\mu_d)]\\ \vdots\\ E[(x_d-\mu_d)(x_1-\mu_1)]\cdots E[(x_d-\mu_d)(x_d-\mu_d)]\end{bmatrix}=$$

$$\begin{bmatrix}\sigma_{11}^2 & \sigma_{12}^2 & \cdots & \sigma_{1d}^2\\ \vdots & \vdots & & \vdots\\ \sigma_{d1}^2 & \sigma_{d2}^2 & \cdots & \sigma_{dd}^2\end{bmatrix},\left\{\begin{matrix}\text{对角线}\sigma_{ij}^2,i=j\ \text{是方差}\\ \text{非对角线}\sigma_{ij}^2,i\neq j\ \text{是协方差}\end{matrix}\right\}$$

如图 7-6 所示，多维正态分布具有以下性质：

(1) $\boldsymbol{\mu}$ 与 $\boldsymbol{\Sigma}$ 对分布起决定作用，$\boldsymbol{\mu}$ 由 d 个分量组成，$\boldsymbol{\Sigma}$ 由 $d(d+1)/2$ 个元素组成，所以多维正态分布由 $d+d(d+1)/2$ 个参数组成。

(2)等密度点的轨迹是一个超椭球面。区域中心由 $\boldsymbol{\mu}$ 决定，区域形状由 $\boldsymbol{\Sigma}$ 决定。

(3)不相关性等价于独立性。若 x_i 与 x_j 互不相关，则 x_i 与 x_j 一定独立。

(4)线性变换的正态性。$\boldsymbol{Y}=\boldsymbol{AX}$,$\boldsymbol{A}$ 为线性变换矩阵。若 $\boldsymbol{X}$ 为正态分布,则 $\boldsymbol{Y}$ 也是正态分布。

(5)正态分布的随机变量的线性组合也符合正态分布。

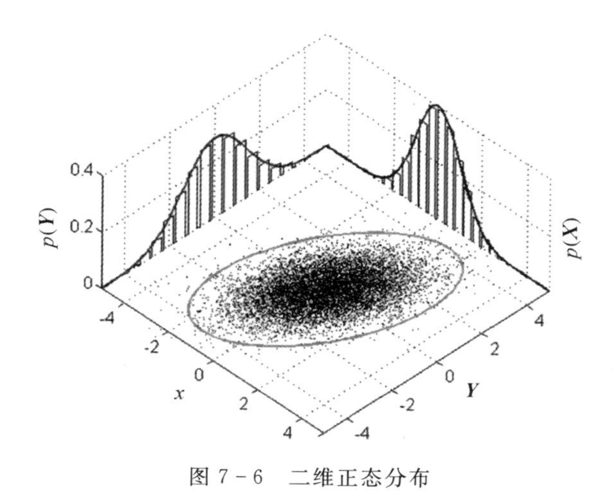

图 7-6　二维正态分布

7.3.2　多维正态分布条件下的贝叶斯分布

考察最小错误率贝叶斯分类器,它把样本划分到后验概率最高的那一类中,因此可以定义每一类的判别函数为

$$g_i(\boldsymbol{x})=P(\boldsymbol{\omega}_i \mid \boldsymbol{x})=p(\boldsymbol{x}\mid\boldsymbol{\omega}_i)P(\boldsymbol{\omega}_i),\quad i=1,2,\cdots,c$$

假设样本空间被划分为 c 个类别决策区域,则分类判决规则为

$$g_i(\boldsymbol{x})>g_j(\boldsymbol{x}),\quad i=1,2,\cdots,c,\quad j\neq i\Leftrightarrow \boldsymbol{x}\in\boldsymbol{\omega}_i$$

此时任两个类别之间的决策边界由下面的方程决定:

$$g_i(\boldsymbol{x})=g_j(\boldsymbol{x})$$

类条件概率密度 $p(\boldsymbol{x}\mid\boldsymbol{\omega}_i)$ 满足一定的概率分布,假设其符合 d 维正态分布,则判别函数为

$$g_i(\boldsymbol{x})=\frac{P(\boldsymbol{\omega}_i)}{(2\pi)^{\frac{d}{2}}\ |\boldsymbol{\Sigma}_i|^{\frac{1}{2}}}\exp\left[-\frac{1}{2}(\boldsymbol{x}-\boldsymbol{\mu}_i)^{\mathrm{T}}\boldsymbol{\Sigma}_i^{-1}(\boldsymbol{x}-\boldsymbol{\mu}_i)\right]$$

考虑到对数函数是单调递增函数,可对原判别函数取对数后作为新的判别函数,即

$$g_i(\boldsymbol{x})=\ln P(\boldsymbol{\omega}_i)+\ln\left\{\frac{1}{(2\pi)^{\frac{d}{2}}\ |\boldsymbol{\Sigma}_i|^{\frac{1}{2}}}\exp\left[-\frac{1}{2}(\boldsymbol{x}-\boldsymbol{\mu}_i)^{\mathrm{T}}\boldsymbol{\Sigma}_i^{-1}(\boldsymbol{x}-\boldsymbol{\mu}_i)\right]\right\}=$$

$$\ln P(\boldsymbol{\omega}_i)-\frac{1}{2}(\boldsymbol{x}-\boldsymbol{\mu}_i)^{\mathrm{T}}\boldsymbol{\Sigma}_i^{-1}(\boldsymbol{x}-\boldsymbol{\mu}_i)-\frac{d}{2}\ln 2\pi-\frac{1}{2}\ln|\boldsymbol{\Sigma}_i|$$

此时决策面方程为

$$g_i(\boldsymbol{x})-g_j(\boldsymbol{x})=0$$

即

$$-\frac{1}{2}(\ln|\boldsymbol{\Sigma}_i|-\ln|\boldsymbol{\Sigma}_j|)-\frac{1}{2}[(\boldsymbol{x}-\boldsymbol{\mu}_i)\boldsymbol{\Sigma}_i^{-1}(\boldsymbol{x}-\boldsymbol{\mu}_i)-(\boldsymbol{x}-\boldsymbol{\mu}_j)\boldsymbol{\Sigma}_j^{-1}(\boldsymbol{x}-\boldsymbol{\mu}_j)]+\ln\frac{P(\boldsymbol{\omega}_i)}{P(\boldsymbol{\omega}_j)}=0$$

讨论以下几种情况。

1. $\boldsymbol{\Sigma}_i=\boldsymbol{\sigma}^2\boldsymbol{I}$

即每类的协方差矩阵都相等，类内各特征维度间相互独立，且方差相同。

$$\boldsymbol{\Sigma}_i=\sigma^2\boldsymbol{I}=\begin{bmatrix}\sigma^2 & \cdots & 0\\ \vdots & & \vdots\\ 0 & \cdots & \sigma^2\end{bmatrix}$$

此时判别函数为

$$g_i(\boldsymbol{x})=-\frac{1}{2}(\boldsymbol{x}-\boldsymbol{\mu}_i)^{\mathrm{T}}\boldsymbol{\Sigma}_i^{-1}(\boldsymbol{x}-\boldsymbol{\mu}_i)-\frac{d}{2}\ln 2\pi-\frac{1}{2}\ln|\boldsymbol{\Sigma}_i|+\ln P(\boldsymbol{\omega}_i)$$

其中 $\boldsymbol{\Sigma}_i=\sigma^2\boldsymbol{I}$，$\boldsymbol{\Sigma}_i^{-1}=\frac{\boldsymbol{I}}{\sigma^2}$，$|\boldsymbol{\Sigma}_i|=\sigma^{2d}$，$\frac{d}{2}\ln 2\pi$ 均与类别无关，所以判别函数也可简化为

$$g_i(\boldsymbol{x})=-\frac{\|\boldsymbol{x}-\boldsymbol{\mu}_i\|^2}{2\sigma^2}+\ln P(\boldsymbol{\omega}_i)\text{，其中}\|\boldsymbol{x}-\boldsymbol{\mu}_i\|^2=(\boldsymbol{x}-\boldsymbol{\mu}_i)^{\mathrm{T}}(\boldsymbol{x}-\boldsymbol{\mu}_i)$$

(1)如果 c 个类的先验概率相等，即

$$P(\boldsymbol{\omega}_1)=P(\boldsymbol{\omega}_2)=\cdots=P(\boldsymbol{\omega}_c)$$

则

$$g_i(\boldsymbol{x})=-\frac{\|\boldsymbol{x}-\boldsymbol{\mu}_i\|^2}{2\sigma^2}$$

该分类器称为“最小距离分类器”，它把待分类样本 $\boldsymbol{x}$ 分类到中心距离(欧式距离)最近的类中，如图 7-7 所示。

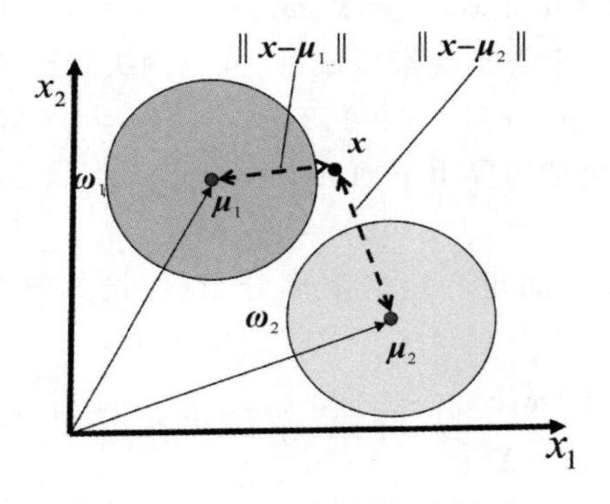

图 7-7　先验概率相等的最小距离分类原理示意图

(2)如果 c 个类的先验概率不相等，如图 7-8 所示。

$$(\boldsymbol{x}-\boldsymbol{\mu}_i)^{\mathrm{T}}(\boldsymbol{x}-\boldsymbol{\mu}_i)=\boldsymbol{x}^{\mathrm{T}}\boldsymbol{x}-2\boldsymbol{\mu}_i\boldsymbol{x}+\boldsymbol{\mu}_i^{\mathrm{T}}\boldsymbol{\mu}_i$$

二次项 $\boldsymbol{x}^{\mathrm{T}}\boldsymbol{x}$ 与 i 无关。

判别函数可写为

$$g_i(\boldsymbol{x})=\boldsymbol{w}_i^{\mathrm{T}}\boldsymbol{x}+\boldsymbol{w}_{i0}\text{(线性判别函数)}$$

其中 $\boldsymbol{w}_i=\frac{1}{\sigma^2}\boldsymbol{\mu}_i$，$\boldsymbol{w}_{i0}=-\frac{1}{2\sigma^2}\boldsymbol{\mu}_i^{\mathrm{T}}\boldsymbol{\mu}_i+\ln P(\boldsymbol{\omega}_i)$。

判别规则为

$$g_i(\boldsymbol{x})=\boldsymbol{w}_i^{\mathrm{T}}\boldsymbol{x}+\boldsymbol{w}_{i0}=\max_{1\leqslant j\leqslant c}\{\boldsymbol{w}_j^{\mathrm{T}}\boldsymbol{x}+\boldsymbol{w}_{j0}\}\Rightarrow\boldsymbol{x}\in\boldsymbol{\omega}_i$$

决策面方程为

$$\boldsymbol{W}^{\mathrm{T}}(\boldsymbol{x}-\boldsymbol{x}_0)=0$$

其中

$$\boldsymbol{W}=\boldsymbol{\mu}_i-\boldsymbol{\mu}_j$$

$$\boldsymbol{x}_0=\frac{1}{2}(\boldsymbol{\mu}_i+\boldsymbol{\mu}_j)-\frac{\sigma^2(\boldsymbol{\mu}_i-\boldsymbol{\mu}_j)}{\|\boldsymbol{\mu}_i-\boldsymbol{\mu}_j\|^2}\ln\frac{P(\boldsymbol{\omega}_i)}{P(\boldsymbol{\omega}_j)}$$

(a)因为 $\boldsymbol{\Sigma}_i=\sigma^2\boldsymbol{I}$，协方差为零，所以等概率面是一个圆形。

(b)因为 $\boldsymbol{W}$ 与 $(\boldsymbol{x}-\boldsymbol{x}_0)$ 点积为0，所以分界面 H 与 $\boldsymbol{W}$ 垂直，又因为 $\boldsymbol{W}=\boldsymbol{\mu}_i-\boldsymbol{\mu}_j=\boldsymbol{\mu}_1-\boldsymbol{\mu}_2$，所以 $\boldsymbol{W}$ 与 $\boldsymbol{\mu}_1-\boldsymbol{\mu}_2$ 同相(同方向)，决策面 H 垂直于 $\boldsymbol{\mu}$ 的联线。

(c) 二类情况，如果先验概率相等 $P(\boldsymbol{\omega}_1)=P(\boldsymbol{\omega}_2)$，$H$ 通过 $\boldsymbol{\mu}$ 联线的中点。否则就是 $P(\boldsymbol{\omega}_1)\neq P(\boldsymbol{\omega}_2)$，$H$ 离开先验概率大的一类。

(d)对多类情况，用各类的均值联线的垂直线作为界面。

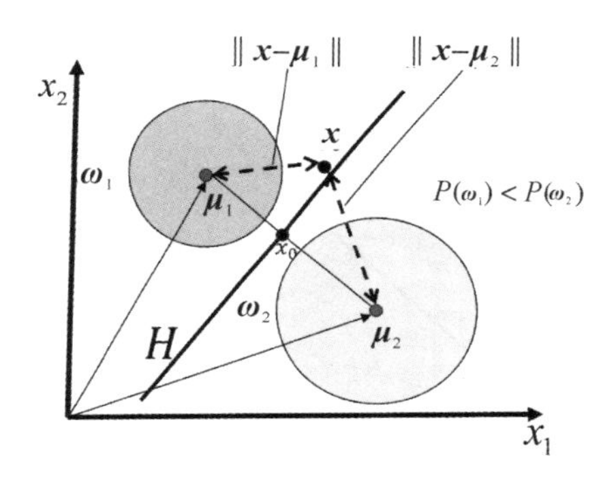

图7-8　先验概率不相等的最小距离分类原理示意图

2. $\boldsymbol{\Sigma}_i=\boldsymbol{\Sigma}$

即每类的协方差矩阵都相等。

因为 $\boldsymbol{\Sigma}_1=\boldsymbol{\Sigma}_2=\cdots=\boldsymbol{\Sigma}_M=\boldsymbol{\Sigma}$，与 i 无关，所以

$$g_i(\boldsymbol{x})=-\frac{1}{2}(\boldsymbol{x}-\boldsymbol{\mu}_i)^{\mathrm{T}}\boldsymbol{\Sigma}^{-1}(\boldsymbol{x}-\boldsymbol{\mu}_i)+\ln P(\boldsymbol{\omega}_i)$$

(1)如果 c 个类的先验概率相等

$$P(\boldsymbol{\omega}_1)=P(\boldsymbol{\omega}_2)=P(\boldsymbol{\omega}_3)=\cdots=P(\boldsymbol{\omega}_c)$$

$$g_i(\boldsymbol{x})=-\frac{1}{2}(\boldsymbol{x}-\boldsymbol{\mu}_i)^{\mathrm{T}}\boldsymbol{\Sigma}^{-1}(\boldsymbol{x}-\boldsymbol{\mu}_i)=\gamma^2(\text{马氏距离二次方})$$

此时判决规则为：计算出 x 到每类的均值点 μ_i 的马氏距离二次方 γ^2，最后把 $\boldsymbol{x}$ 归于最小 γ^2 的类别。

(2)如果 c 个类的先验概率不相等，如图7-9所示。

把 $(\boldsymbol{x}-\boldsymbol{\mu}_i)^{\mathrm{T}}\boldsymbol{\Sigma}^{-1}(\boldsymbol{x}-\boldsymbol{\mu}_i)$ 展开；$\boldsymbol{x}^{\mathrm{T}}\boldsymbol{\Sigma}^{-1}\boldsymbol{x}$ 与 i 无关。所以 $g_i(\boldsymbol{x})=\boldsymbol{W}_i^{\mathrm{T}}\boldsymbol{x}+w_{i0}$(线性函数)，其中 $\boldsymbol{W}_i=\boldsymbol{\Sigma}^{-1}\boldsymbol{\mu}_i\ w_{i0}=-\frac{1}{2}\boldsymbol{\mu}_i^{\mathrm{T}}\boldsymbol{\Sigma}^{-1}\boldsymbol{\mu}_i+\ln P(\boldsymbol{\omega}_i)$

决策规则为

$$g_i(\boldsymbol{x})=\boldsymbol{W}_i^{\mathrm{T}}\boldsymbol{x}+w_{i0}=\max_{1\leqslant j\leqslant c}\{\boldsymbol{W}_j^{\mathrm{T}}\boldsymbol{x}+w_{j0}\}\Rightarrow\boldsymbol{x}\in\boldsymbol{\omega}_i$$

决策面方程为

$$\boldsymbol{W}^{\mathrm{T}}(\boldsymbol{x}-\boldsymbol{x}_0)=0$$

其中

$$\boldsymbol{W}=\boldsymbol{\Sigma}^{-1}(\boldsymbol{\mu}_i-\boldsymbol{\mu}_j),\boldsymbol{x}_0=\frac{1}{2}(\boldsymbol{\mu}_i-\boldsymbol{\mu}_j)-\frac{\ln\dfrac{P(\boldsymbol{\omega}_i)}{P(\boldsymbol{\omega}_j)}(\boldsymbol{\mu}_i-\boldsymbol{\mu}_j)}{(\boldsymbol{\mu}_i-\boldsymbol{\mu}_j)^{\mathrm{T}}\boldsymbol{\Sigma}^{-1}(\boldsymbol{\mu}_i-\boldsymbol{\mu}_j)}$$

(a)因为 $\boldsymbol{\Sigma}_i=\boldsymbol{\Sigma}\neq\sigma^2\boldsymbol{I}$,所以等概率面是椭圆,长轴由$\boldsymbol{\Sigma}_i$ 本征值决定;

(b)因为 W 与$(\boldsymbol{x}-\boldsymbol{x}_0)$ 点积为 0,所以 W 与$(\boldsymbol{x}-\boldsymbol{x}_0)$ 正交,H 通过$\boldsymbol{x}_0$ 点。

(c)因为 $W=\boldsymbol{\Sigma}^{-1}(\boldsymbol{\mu}_i-\boldsymbol{\mu}_j)$,所以 W 与$(\boldsymbol{\mu}_i-\boldsymbol{\mu}_j)$ 不同相,H 不垂直于$\boldsymbol{\mu}$ 值联线。

(d)若各类先验概率相等,则 $\boldsymbol{x}_0=\frac{1}{2}(\boldsymbol{\mu}_i-\boldsymbol{\mu}_j)$,则 H 通过均值联线中点;否则 H 离开先验概率大的一类。

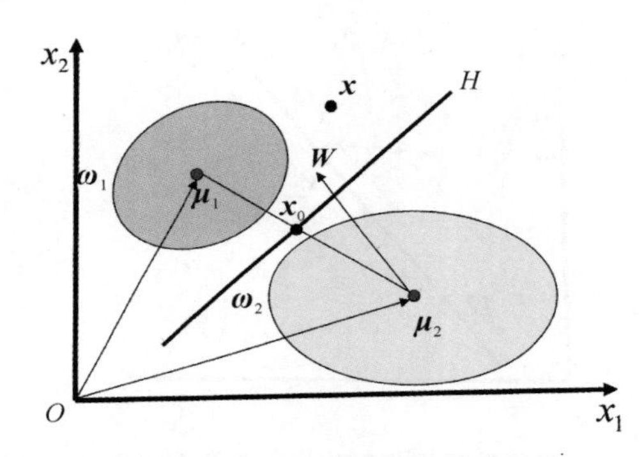

图 7-9 先验概率不相等的最小马氏距离分类原理示意图

3.一般情况

$\boldsymbol{\Sigma}_i$ 为任意,各类协方差矩阵不等,二次项 $\boldsymbol{x}^{\mathrm{T}}\boldsymbol{\Sigma}_{ix}$ 与 i 有关。所以判别函数为二次型函数。判别函数为

$$g_i(\boldsymbol{x})=-\frac{1}{2}(\boldsymbol{x}-\boldsymbol{\mu}_i)^{\mathrm{T}}\boldsymbol{\Sigma}_i^{-1}(\boldsymbol{x}-\boldsymbol{\mu}_i)-\frac{1}{2}\ln|\boldsymbol{\Sigma}_i^{-1}|+\ln P(\boldsymbol{\omega}_i)=$$
$$\boldsymbol{x}^{\mathrm{T}}\overline{\boldsymbol{W}}_i\boldsymbol{x}+\boldsymbol{W}_i^{\mathrm{T}}\boldsymbol{x}+w_{i0}$$

其中 $$\overline{\boldsymbol{W}}_i=-\frac{1}{2}\boldsymbol{\Sigma}_i^{-1}\quad(n\times n\text{ 矩阵})$$

$\boldsymbol{W}_i=\boldsymbol{\Sigma}_i^{-1}\boldsymbol{\mu}_i$($n$ 维列向量)

$w_{i0}=-\frac{1}{2}\boldsymbol{\mu}_i^{\mathrm{T}}\boldsymbol{\Sigma}_i^{-1}\boldsymbol{\mu}_i-\frac{1}{2}\ln|\boldsymbol{\Sigma}_i|+\ln P(\boldsymbol{\omega}_i)$

决策规则:$g_i(\boldsymbol{x})=\boldsymbol{x}^{\mathrm{T}}\overline{W}_i\boldsymbol{x}+W_i^{\mathrm{T}}\boldsymbol{x}+w_{i0}=$

$$\max_{1\leqslant j\leqslant c}\{\boldsymbol{x}^{\mathrm{T}}\overline{W}_j\boldsymbol{x}+W_j^{\mathrm{T}}\boldsymbol{x}+w_{j0}\}\Rightarrow\boldsymbol{x}\in\boldsymbol{\omega}_i$$

决策界面:若$\boldsymbol{\omega}_i$ 与$\boldsymbol{\omega}_j$ 相邻,则$g_i(\boldsymbol{x})-g_j(\boldsymbol{x})=0$

$$\boldsymbol{x}^{\mathrm{T}}(\boldsymbol{W}_i-\boldsymbol{W}_j)\boldsymbol{x}+(\boldsymbol{W}_i-\boldsymbol{W}_j)^{\mathrm{T}}\boldsymbol{x}+\boldsymbol{w}_{i0}-\boldsymbol{w}_{j0}=0$$

上式所决定的决策面为超二次曲面，随着 $\boldsymbol{\Sigma}_i,\boldsymbol{\mu}_i,P(\boldsymbol{\omega}_i)$ 的不同而呈现为某种超二次曲面，即超球面、超抛物面、超双曲面或超平面等。

7.3.3　贝叶斯分类的错误率

1.分类错误率

分类错误率是指一个分类器按照其分类规则对样本进行分类，在分类结果中发生错误的概率，如图 7－10 所示。

例如在“最小错误率分类器”中，判别规则是将样本划分到后验概率大的那一类中，即

$$P(\omega_i \mid x)=\max_{1\leqslant j\leqslant c}\{P(\omega_j \mid x)\}=\max_{1\leqslant j\leqslant c}\{p(x\mid\omega_j)P(\omega_j)\},i=1,2,\cdots,c$$

对两类情况，则

当 $P(\omega_1\mid x)>P(\omega_2\mid x)$，即 $x\in R_1$ 时，如果 $x\in\omega_2$ 而判定 $x\in\omega_1$，发生分类错误。错误率为 $P(\omega_2)p(x\mid\omega_2)$。当 $P(\omega_1\mid x)<P(\omega_2\mid x)$，即 $x\in R_2$ 时，如果 $x\in\omega_1$ 而判定 $x\in\omega_2$，发生分类错误。错误率为 $P(\omega_1)p(x\mid\omega_1)$。

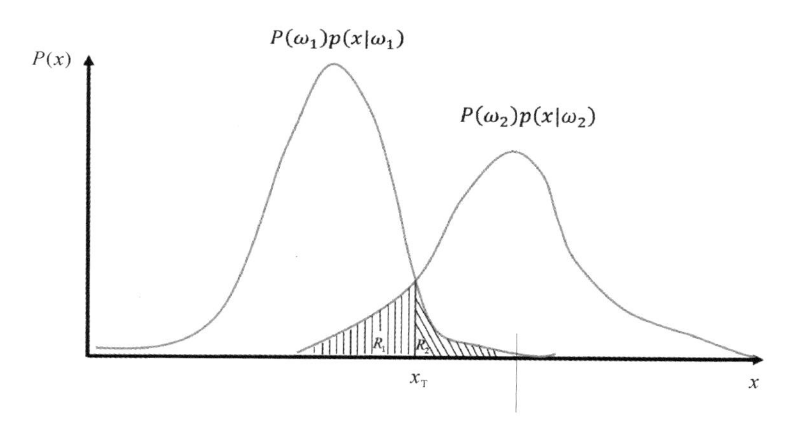

图 7－10　分类错误率示意图

此时分类器总的错误率计算方法：

当 $x\in\omega_1$ 时，错误率为

$$P_1(e)=\int_{R2}P(\omega_1)p(x/\omega_1)\,\mathrm{d}x$$

当 $x\in\omega_2$ 时，错误率为

$$P_2(e)=\int_{R1}P(\omega_2)p(x/\omega_2)\,\mathrm{d}x$$

总错误率为两种错误率的和：

$$P(e/x)=P_1(e)+P_2(e)=P(\omega_1)\int_{R2}p(x/\omega_1)\,\mathrm{d}x+P(\omega_2)\int_{R1}p(x/\omega_2)\,\mathrm{d}x$$

可以证明，当判决门限 x_{T} 满足 $P(\omega_1)p(x/\omega_1)=P(\omega_2)p(x/\omega_2)$ 时，总错误率最小。

对于多类情况，总错误率为

$$P(e/x)=\left[\int_{R_{2,1}} p(x/\omega_1)+\int_{R_{3,1}} p(x/\omega_1)+\cdots+\int_{R_{c,1}} p(x/\omega_1)\right]P(\omega_1)$$
$$+\left[\int_{R_{1,2}} p(x/\omega_2)+\int_{R_{3,2}} p(x/\omega_2)+\cdots+\int_{R_{c,2}} p(x/\omega_2)\right]P(\omega_2)$$
$$+\cdots$$
$$+\left[\int_{R_{1,c}} p(x/\omega_c)+\int_{R_{2,c}} p(x/\omega_c)+\cdots+\int_{R_{c-1,c}} p(x/\omega_c)\right]P(\omega_c)$$

为减少计算量,可以先求正确分类率,再求错误分类率,即

$$P(M/x)=\sum_{i=1}^{c}\int_{R_{i,i}} p(x/\omega_i)P(\omega_i)$$

则

$$P(e/x)=1-P(M/x)$$

2.正态分布条件下的分类错误率

假设 $P(\omega_1)=P(\omega_2)=\dfrac{1}{2}$,$\omega_1$ 类和 ω_2 类的条件概率密度分布为同形状的正态分布,即

$$p(x/\omega_1)=\frac{1}{\sqrt{2\pi}\,\sigma}\mathrm{e}^{-\frac{(x-\mu_1)^2}{2\sigma^2}}\quad ,p(x/\omega_2)=\frac{1}{\sqrt{2\pi}\,\sigma}\mathrm{e}^{-\frac{(x-\mu_2)^2}{2\sigma^2}}$$

此时分类错误率为

$$P(e/x)=P(\omega_1)\int_{R_2} P(x/\omega_1)\,\mathrm{d}x+P(\omega_2)\int_{R_1} P(x/\omega_2)\mathrm{d}x$$
$$=\frac{1}{2}\int_{x_\mathrm{T}}^{+\infty}\frac{1}{\sqrt{2\pi}\,\sigma}\mathrm{e}^{-\frac{(x-\mu 1)2}{2\sigma 2}}\mathrm{d}x+\frac{1}{2}\int_{-\infty}^{x_\mathrm{T}}\frac{1}{\sqrt{2\pi}\,\sigma}\mathrm{e}^{-\frac{(x-\mu 2)2}{2\sigma 2}}\mathrm{d}x$$

当判决门限x_T 满足 $P(\omega_1)P(x/\omega_1)=P(\omega_2)P(x/\omega_2)$ 时,总错误率最小。
此时

$$x_T=\frac{u_1+u_2}{2}$$
$$P(e/x)=\int_{x_\mathrm{T}}^{+\infty}\frac{1}{\sqrt{2\pi}\,\sigma}\mathrm{e}^{-\frac{(x-\mu 1)2}{2\sigma 2}}\mathrm{d}x$$

7.3.4 贝叶斯分类器的设计

1.贝叶斯分类器设计原理

贝叶斯分类器的判别函数为

$$P(\omega_j \mid x)=\frac{P(\omega_j)p(x|\omega_j)}{P(x)}=\frac{P(\omega_j)p(x|\omega_j)}{\sum\limits_{i=1}^{n}P(\omega_i)p(x|\omega_i)}$$

因此,只要知道先验概率 $P(\omega_j)$,类条件概率密度 $p(x/\omega_j)$ 就可以设计出一个贝叶斯分类器。而 $P(\omega_j)$,$p(x/\omega_j)$ 并不能预先知道,需要利用训练样本集的信息去进行估计。

先验概率 $P(\omega_j)$ 不是一个分布函数,仅仅是一个值,它表达了样本空间中各个类的样本所占数量的比例。依据大数定理,当训练集中样本数量足够多且来自于样本空间的随机选取时,可以以训练集中各类样本所占的比例来估计 $P(\omega_j)$ 的值。

类条件概率密度 $p(x/\omega_j)$ 是以某种形式分布的概率密度函数，需要从训练集中样本特征的分布情况进行估计。估计方法可以分为参数估计和非参数估计。

(1)参数估计。参数估计先假定类条件概率密度具有某种确定的分布形式，如正态分布、二项分布，再用已经具有类别标签的训练集对概率分布的参数进行估计。

(2)非参数估计。非参数是在不知道或者不假设类条件概率密度的分布形式的基础上，直接用样本集中所包含的信息来估计样本的概率分布情况。

下面介绍几种参数估计的方法。

2.最大似然估计

在最大似然估计中，满足以下几项基本条件：

(1)类概率密度的概率分布形式已知，因此待估参数 $\boldsymbol{\theta}$ 是数量确定的未知量；

(2)一共有 c 类样本，其中每一类的每个样本都是独立从样本空间中抽取的，因此每个类别都有其概率分布参数 $\boldsymbol{\theta}^i$ 需要进行估计，$\boldsymbol{\theta}^i$ 是向量，形式为$[\theta_1\theta_2\cdots\theta_n]^{\mathrm{T}}$；

(3)第 i 类的所有样本中不包含 $\boldsymbol{\theta}^j(i\neq j)$ 的信息，因此对每一类的样本单独处理来估计各自的参数 $\boldsymbol{\theta}^i$。

设包含第 i 类样本的样本集为 χ，其中共有 N 个样本，分别为$\{x_1,x_2,\cdots,x_N\}$，则在参数 $\boldsymbol{\theta}^j$ 的条件下抽取到样本集 χ 中所有样本的条件概率为

$$p(\chi\mid\boldsymbol{\theta}^i)=\prod_{k=1}^{N}p(x_k\mid\boldsymbol{\theta}^i)$$

由于 $\boldsymbol{\theta}^j$ 未知，可以把 $p(\chi\mid\boldsymbol{\theta}^i)$ 看作是 $\boldsymbol{\theta}^j$ 的函数，称为样本集 χ 的 $\boldsymbol{\theta}^j$ 似然函数。

最大似然估计是假设在估计值 $\hat{\boldsymbol{\theta}}^i$ 等于真值 $\boldsymbol{\theta}^j$ 时，似然函数取得最大值，即抽取到样本集 χ 的概率最大。

按照一般性的极值点求取方法，假设似然函数满足连续可微的条件，则

$$\frac{\mathrm{d}p(\chi\mid\boldsymbol{\theta}^i)}{\mathrm{d}\boldsymbol{\theta}}=0$$

由于似然函数是乘积形式，不容易求导，因此依据对数函数的单调递增性，可以以对数似然函数来进行参数估计，即取

$$H(\boldsymbol{\theta})=\ln p(\chi\mid\boldsymbol{\theta}^i)$$

则

$$H(\boldsymbol{\theta})=\sum_{k=1}^{N}\ln p(x_k\mid\boldsymbol{\theta}^i)$$

由 $\frac{\mathrm{d}H(\boldsymbol{\theta})}{\mathrm{d}\boldsymbol{\theta}}=0$ 可得

$$\begin{cases}\sum_{k=1}^{N}\frac{\partial}{\partial\boldsymbol{\theta}_1}\ln p(x_k\mid\theta^i)=0\\\cdots\cdots\\\sum_{k=1}^{N}\frac{\partial}{\partial\theta_n}\ln p(x_k\mid\boldsymbol{\theta}^i)=0\end{cases}$$

找到满足此方程的 $\hat{\boldsymbol{\theta}}^i$，就是最优的参数估计值。

注意：求得的满足方程的参数估计值有可能有多个，有的是局部最优值，需要寻找到全局最优值！

下面以多维正态分布的情况来举例说明如何利用最大似然法进行参数估计。

情况一：$\boldsymbol{\Sigma}$ 已知，均值向量 $\boldsymbol{\mu}$ 未知。

因为样本集符合正态分布，则

$$p(x_k \mid \boldsymbol{\theta}) = \frac{1}{(2\pi)^{\frac{d}{2}} \left| \sum \right|^{\frac{1}{2}}} \exp\left[-\frac{1}{2}(\boldsymbol{x}_k - \boldsymbol{\mu})^{\mathrm{T}} \boldsymbol{\Sigma}^{-1} (\boldsymbol{x}_k - \boldsymbol{\mu})\right]$$

对数似然函数为

$$H(\boldsymbol{\theta}) = \sum_{k=1}^{N} \ln p(\boldsymbol{x}_k \mid \boldsymbol{\theta}^i) = \sum_{k=1}^{N} -\frac{1}{2}\ln(2\pi)^d \cdot |\boldsymbol{\Sigma}| - \frac{1}{2}(\boldsymbol{x}_k - \boldsymbol{\mu})^{\mathrm{T}} \boldsymbol{\Sigma}^{-1} (\boldsymbol{x}_k - \boldsymbol{\mu})$$

因为只有 $\boldsymbol{\mu}$ 是未知参数，所以参数估计值 $\hat{\boldsymbol{\mu}}$ 满足：

$$\left.\frac{\mathrm{d}H(\boldsymbol{\theta})}{\mathrm{d}\boldsymbol{\mu}}\right|_{\boldsymbol{\mu}=\hat{\boldsymbol{\mu}}} = 0$$

即

$$\sum_{k=1}^{N} \boldsymbol{\Sigma}^{-1} (\boldsymbol{x}_k - \hat{\boldsymbol{\mu}}) = 0$$

解得

$$\hat{\boldsymbol{\mu}} = \frac{1}{N} \sum_{k=1}^{N} \boldsymbol{x}_k$$

即均值向量的最优估计值是训练样本集中所有样本的均值。

情况二：$\boldsymbol{\Sigma}$、$\boldsymbol{\mu}$ 均未知。

当 $d=1$，即 1 维情况时，只有 2 个未知参数，

$$\theta_1 = \mu_1, \quad \theta_2 = \sigma_1^2$$

对数似然函数为

$$H(\boldsymbol{\theta}) = \sum_{k=1}^{N} \ln p(x_k \mid \boldsymbol{\theta}^i) = \sum_{k=1}^{N} -\frac{1}{2}\ln 2\pi\,\theta_2 - \frac{1}{2\,\theta_2}(\boldsymbol{x}_k - \theta_1)^2$$

参数估计值 $\hat{\boldsymbol{\theta}}$ 应当满足方程组

$$\sum_{k=1}^{N} \frac{\partial}{\partial \theta_1} \ln p(x_k \mid \boldsymbol{\theta}^i) = 0$$

$$\sum_{k=1}^{N} \frac{\partial}{\partial \theta_2} \ln p(x_k \mid \boldsymbol{\theta}^i) = 0$$

即

$$\sum_{k=1}^{N} \frac{1}{\hat{\theta}_2}(x_k - \hat{\theta}_1) = 0$$

$$\sum_{k=1}^{N} \left[-\frac{1}{2\hat{\theta}_2} + \frac{(x_k - \hat{\theta}_1)^2}{2\,\hat{\theta}_2^2}\right] = 0$$

解得

$$\hat{\theta_1} = \hat{\boldsymbol{\mu}} = \frac{1}{N} \sum_{k=1}^{N} \boldsymbol{x}_k$$

$$\hat{\theta_2} = \hat{\sigma^2} = \frac{1}{N} \sum_{k=1}^{N} (\boldsymbol{x}_k - \hat{\boldsymbol{\mu}})^2$$

当多维情况时，可解得参数估计值为

$$\hat{\theta_1}=\hat{\boldsymbol{\mu}}=\frac{1}{N}\sum_{k=1}^{N}\boldsymbol{x}_k$$

$$\hat{\theta_2}=\hat{\boldsymbol{\Sigma}}=\frac{1}{N}\sum_{k=1}^{N}(\boldsymbol{x}_k-\hat{\boldsymbol{\mu}})(\boldsymbol{x}_k-\hat{\boldsymbol{\mu}})^{\mathrm{T}}$$

3.贝叶斯估计

最大似然估计是把待估的参数看作固定的未知量，而贝叶斯估计则是把待估的参数作为具有某种先验分布的随机变量，通过对第 i 类学习样本 x_i 的观察，使概率密度分布 $P(x_i \mid \theta)$ 转化为后验概率 $P(\boldsymbol{\theta} \mid x_i)$，再求贝叶斯估计。

贝叶斯估计的具体步骤为：

(1)确定 $\boldsymbol{\theta}$ 的先验分布 $P(\boldsymbol{\theta})$，待估参数为随机变量；

(2)用第 i 类样本 $\boldsymbol{x}^i=[x_1\ x_2\cdots\ x_N]^{\mathrm{T}}$ 求出样本的联合概率密度分布 $P(x^i \mid \boldsymbol{\theta})$，它是 $\boldsymbol{\theta}$ 的函数；

(3)利用贝叶斯公式，求 $\boldsymbol{\theta}$ 的后验概率 $P(\boldsymbol{\theta} \mid \boldsymbol{x}^i)=\dfrac{P(\boldsymbol{x}^i \mid \boldsymbol{\theta})P(\boldsymbol{\theta})}{\int_{\boldsymbol{\theta}}P(\boldsymbol{x}^i \mid \boldsymbol{\theta})P(\boldsymbol{\theta})\mathrm{d}\boldsymbol{\theta}}$；

(4)求贝叶斯估计 $\hat{\boldsymbol{\theta}}=\int_{\boldsymbol{\theta}}\boldsymbol{\theta}P(\boldsymbol{\theta} \mid \boldsymbol{x}^i)\mathrm{d}\boldsymbol{\theta}$

7.4　聚类分析

目前，没有任何一种聚类技术(聚类算法)可以普遍适用于揭示各种多维数据集所呈现出来的多种多样的结构。根据数据的类型、实际问题的特点以及聚类的目的等，提出了许多聚类算法。这些算法可分为划分方法、层次方法、基于密度的方法、基于网格的方法、基于模型的方法等。

简单地描述，聚类(clustering)是将数据集划分为若干相似对象组成的多个组(group)或簇(cluster)的过程，使得同一组中对象间的相似度最大化，不同组中对象间的相似度最小化。或者说一个簇(cluster)就是由彼此相似的一组对象所构成的集合，不同簇中的对象通常不相似或相似度很低。

聚类作为数据挖掘与统计分析的一个重要的研究领域，近年来倍受关注。从机器学习的角度看，聚类是一种无监督的机器学习方法，即事先对数据集的分布没有任何的了解，它是将物理或抽象对象的集合组成为由类似的对象组成的多个组的过程。聚类方法作为一类非常重要的数据挖掘技术，主要依据样本间相似性的度量标准将数据集自动分成几个组，使同一个组内的样本之间相似度尽量高，而属于不同组的样本之间相似度尽量低的一种方法。聚类中的组不是预先定义的，而是根据实际数据的特征按照数据之间的相似性来定义的，聚类中的组也称为簇。一个聚类分析系统的输入是一组样本和一个度量样本间相似度(或距离)的标准，而输出则是簇集，即数据集的几个类组，这些簇构成一个分区或者分区结构。聚类分析的一个附加的结果是对每个簇的综合描述，这种结果对于进一步深入分析数据集的特性尤其重要。聚类方法尤其适合用来讨论样本间的相互关联从而对样本结构做一个初步的评价。

聚类分析起源于分类学，在考古的分类学中，人们主要依靠经验和专业知识来实现分类。

随着生产技术和科学的发展,人类的认识不断加深,分类越来越细,要求也越来越高,有时单凭经验和专业知识是难以进行确切分类的,往往需要定性和定量分析结合起来去分类,于是数学工具逐渐被引进分类学中,形成了数值分类学。后来随着多元统计分析的引进,聚类分析又逐渐从数值分类学中分离出来而形成一个相对独立的分支。聚类分析是人类活动中的一项重要内容。早在儿童时期,一个人就通过不断地改进下意识中的分类模式来学会如何区分猫和狗,或者动物和植物,辨认出空旷和拥挤的区域。通过聚类,人们能够发现数据全局的分布模式以及数据属性之间有趣的相互关系。在许多实际问题中,对于数据只有很少的先验信息(如统计模型)可用,决策人员对于数据必须尽可能少做一些假定。在这种限制下,聚类方法特别适合于数据点之间的内部关系的探索,以评估(也许是初步的)它们的结构。

聚类似乎是一个分类问题,其实与通常的分类问题不同。聚类是一种无指导的观察式学习,没有预先定义的类。而分类问题是有指导的示例式学习,预先定义有类。分类是训练例子的分类属性值,而聚类则是在训练例子中找到这个分类属性值。当然聚类与分类之间存在一些相似的方面。

聚类分析既可以作为一个独立的工具来使用,以帮助获取数据分布情况、了解各数据组的特征、确定所感兴趣的数据组以做进一步的分析。聚类分析也可以作为其他算法(如特征构造与分类等)的预处理步骤,在聚类分析所生成的簇上进一步处理。在许多应用中,可将一个簇中的数据对象作一个整体处理。

7.4.1 主要聚类方法的分类

聚类算法的选择取决于数据的类型、聚类的目的和应用。如果聚类分析被用作描述或探查的工具,可以对同样的数据尝试多种算法,以发现数据可能揭示的结果。

大体上,主要的聚类算法可以划分为如下几类:

1.*划分方法*(partitioning methods)

给定一个 n 个对象或元组的数据库,一个划分方法构建数据的 k 个划分,每个划分表示一个聚类,并且 $k \leqslant n$。也就是说,它将数据划分为 k 个组,同时满足如下的要求:①每个组至少包含一个对象;②每个对象必须属于且只属于一个组。注意在某些模糊划分技术中第二个要求可以放宽。

给定 k ,即要构建的划分的数目,划分方法首先创建一个初始划分。然后采用一种迭代的重定位技术,尝试通过对象在划分间移动来改进划分。一个好的划分的一般准则是:在同一个簇中的对象之间的距离尽可能小,而不同簇中的对象之间的距离尽可能大。还有许多其他划分质量的评判准则。

为了达到全局最优,基于划分的聚类会要求穷举所有可能的划分。实际上,绝大多数应用采用了以下两个比较流行的启发式方法:①k - means 算法,在该算法中,每个簇用该簇中对象的平均值来表示。②k - medoids 算法,在该算法中,每个簇用接近聚类中心的一个对象来表示。这些启发式聚类方法对在中小规模的数据库中发现球状簇很适用。为了对大规模的数据集进行聚类,以及处理复杂形状的聚类,基于划分的方法需要进一步的扩展。

2.*层次方法*(hierarchical methods)

层次方法对给定数据集合进行层次的分解。根据层次的分解如何形成,层次的方法可以被分为凝聚的或分裂的方法。凝聚的方法，也称为自底向上的方法，一开始将每个对象作为单独的一个组，然后继续合并相近的对象或组，直到所有的组合并为一个（层次的最上层），或者达到一个终止条件。分裂的方法，也称为自顶向下的方法，一开始将所有的对象置于一个簇中。在迭代的每一步中，一个簇被分裂为更小的簇，直到最终每个对象在单独的一个簇中，或者达到一个终止条件。

层次的方法的缺陷在于，一旦一个步骤（合并或分裂）完成，它就不能被撤消。这个严格规定是有用的，由于不用担心组合数目的不同选择，计算代价会较小。但是，该技术的一个主要问题是它不能更正错误的决定。有两种方法可以改进层次聚类的结果：①在每层划分中，仔细分析对象间的联接，例如CURE和Chameleon中的做法。②综合层次凝聚和迭代的重定位方法。首先用自底向上的层次算法，然后用迭代的重定位来改进结果。例如在BIRCH中的方法。

3.基于密度的方法

绝大多数划分方法基于对象之间的距离进行聚类。这样的方法只能发现球状的簇，而在发现任意形状的簇上遇到了困难。随之提出了基于密度的聚类方法，其主要思想是：只要邻近区域的密度（对象或数据点的数目）超过某个阈值，就继续聚类。也就是说，对给定簇中的每个数据点，在一个给定范围的区域中必须包含至少某个数目的点。这样的方法可以用来过滤"噪声"数据，发现任意形状的簇。DBSCAN是一个有代表性的基于密度的方法，它根据一个密度阈值来控制簇的增长。OPTICS是另一个基于密度的方法，它为自动的、交互的聚类分析计算一个聚类顺序。基于密度的聚类方法将在3.5节中进行详细的讨论。

4.基于网格的方法（grid - based methods）

基于网格的方法把对象空间量化为有限数目的单元，形成了一个网格结构。所有的聚类操作都在这个网格结构（即量化的空间）上进行。这种方法的主要优点是它的处理速度很快，其处理时间独立于数据对象的数目，只与量化空间中每一维的单元数目有关。STING是基于网格方法的一个典型例子，CLIQUE和WaveCluster这两种算法既是基于网格的，又是基于密度的。

5.基于模型的方法（model - based methods）

基于模型的方法为每个簇假定了一个模型，寻找数据对给定模型的最佳匹配。一个基于模型的算法可能通过构建反映数据点空间分布的密度函数来定位聚类。它也基于标准的统计数字自动决定聚类的数目，考虑"噪声"数据和孤立点，从而产生健壮的聚类方法。

6.谱聚类算法（spectral clustering）

谱聚类算法建立在图论中的谱图理论基础上，其本质是将聚类问题转化为图的最优划分问题，是一种点对聚类算法，对数据聚类具有很好的应用前景。与传统的聚类算法相比，它具有能在任意形状的样本空间上聚类且收敛于全局最优解的优点。

7.蚁群聚类算法

蚁群算法作为一种新型的优化方法，具有很强的鲁棒性和适应性。蚁群算法在数据挖掘聚类中的应用所采用的生物原型为蚁群的蚁穴清理行为和蚁群觅食行为。

一些聚类算法集成了多种聚类方法的思想，所以有时将某个给定的算法划分为属于某类聚类方法是很困难的。此外，某些应用可能有特定的聚类标准，要求综合多个聚类技术。

7.4.2 基于划分的聚类算法

给定 n 个对象的数据集 D，以及要生成的簇数目 k，划分算法将对象组织为 k 个簇（$k \leqslant n$），这些簇的形成旨在优化一个目标准则，如基于距离的差异性函数，使得根据数据集的属性，在同一个簇中的对象是"相似的"，而不同的簇中的对象是"相异的"。划分式聚类算法需要预先指定簇数目或簇中心，通过反复迭代运算，逐步降低目标函数的误差值，当目标函数值收敛时，得到最终聚类结果。这类方法分为基于质心的（centroid - based）划分方法和基于中心的（medoid - based）划分方法。

1.基于质心的方法

基于质心的划分方法，是研究最多的算法，包括 k - means 聚类算法及其变体（初始簇的选择、对象的划分、相似度的计算方法、簇中心的计算方法等不同），其相似度的计算是根据一个簇中对象的平均值（被看作簇的重心）来进行的，根据一个数据对象与簇重心的距离，将该对象赋予最近的簇。需要给定划分的簇个数 k，首先得到 k 个初始划分的集合，然后采用迭代重定位技术，通过将对象从一个簇移到另一个簇来改进划分的质量。

k - means 算法是 1967 年由 MacQueen 首次提出的，迄今为止，很多聚类任务都选择该经典算法。其核心思想是找出 k 个簇中心 $c_1, c_2, \cdots, c_k$，使得每一个数据点 x_i 到其最近的簇中心 c_v 的二次方距离和被最小化。k - means 聚类算法的处理流程如下：首先，随机选择 k 个对象，每个对象代表一个簇的初始均值或中心；对剩余的每个对象，根据其与各个簇均值的距离，将它指派到最相似（或最近）的簇，然后计算每个簇的新均值；这个过程不断重复，直到准则函数收敛。通常，采用二次方误差准则，即对于每个簇中的每个对象，求对象到其中心距离的二次方和，这个准则试图使生成的 k 个结果簇尽可能地紧凑和独立。k - means 聚类算法的形式化描述如下：

（1）从数据集 D 中任意选择 k 个对象作为初始簇中心；

（2）根据簇中对象的均值，将每个对象（再）指派到最相似的簇；

（3）更新簇均值，即计算每个簇中对象的均值，得到新的簇中心；

（4）重复（2）（3）步骤直到所有簇中心位置不再发生变化。

图 7 - 11 显示了基于 k - means 聚类算法对一组对象的聚类过程。

k - means 算法中一个簇如何表示呢？用 $\langle n, \text{Mean} \rangle$ 表示一个簇，其中 n 表示簇中包含的对象个数，Mean 表示簇中对象的平均值（质心）。

k - means 算法描述容易、实现简单、快速，但存在如下不足：①簇的个数难以确定；②聚类结果对初始值的选择较敏感；③这类算法采用所谓的爬山式技术来寻找最优解，容易陷入局部最优值；④对噪声和异常数据敏感；⑤不能用于发现非凸形状的簇，或具有各种不同大小的簇。例如图 7 - 12 所示的两个簇，用 k - means 划分方法不能正确识别，原因在于它们所采用的类的表示及类间相似度度量不能反映这些自然簇的特征。

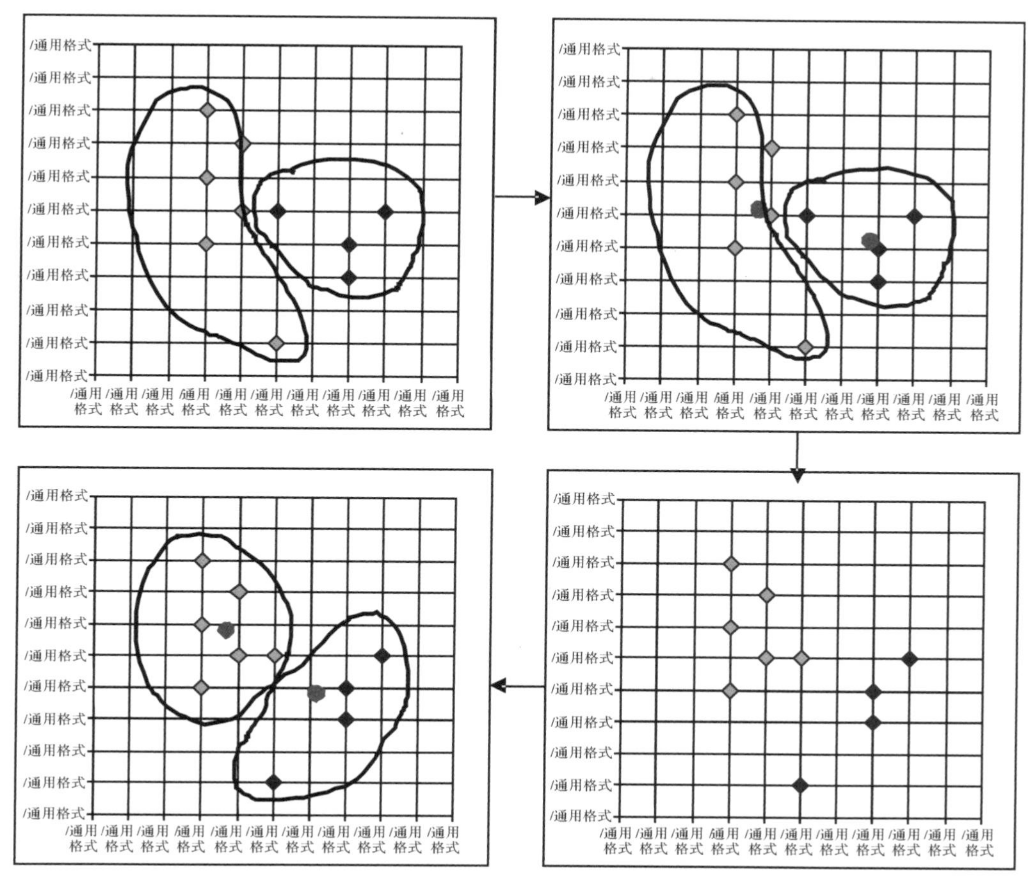

图 7-11　基于 k-means 聚类算法的一组对象聚类过程

图 7-12　基于质心的划分方法不能识别的数据示例

(a)大小不同的簇；(b) 形状不同的簇

2.基于中心的划分方法

k-means 算法对噪声和异常数据敏感，这是由于一个具有很大的极端值的对象可能显著地扭曲数据的分布，二次方误差函数的使用更进一步恶化了这一影响。基于中心的划分方法不采用簇中对象的均值作为参照点，而试图找出簇的代表点（中心点）来最小化所有对象与其所属簇的中心点之间的绝对误差之和。

基于中心的划分方法，典型的例如PAM、CLARA和CLARANS，工作的对象是可度量相似性的数据，即可以计算任意相似度的空间中的数据。

基于中心的划分方法尽管对噪声和异常数据的敏感程度有所改善，但仍不能有效识别图7-12所示的数据形状。

7.4.3 聚类算法评价

一个好的聚类方法产生高质量的簇：高的簇内相似度和低的簇间相似度。评估聚类结果质量的准则有两种：内部质量评价准则(internal quality measures)和外部质量评价准则。

1.内部质量评价准则

内部质量评价准则是通过计算簇内部平均相似度、簇间平均相似度或整体相似度来评价聚类效果，内部质量评价准则与聚类算法有关。聚类有效性指标主要用来评价聚类效果的优劣和判断簇的最优个数，理想的聚类效果是具有最小的簇内距离和最大的簇间距离，因此已有聚类有效性的主要思想是通过簇内距离和簇外距离的某种形式的比值来度量的。这类指标常用的包括DB指标、Dunn指标、I指标、CH指标、Xie-Beni指标等。

2.外部质量评价准则

外部质量评价准则是基于一个已经存在的人工分类数据集(已经知道每个对象的类别)进行评价的，这样可以将聚类输出结果直接与之进行比较。外部质量评价准则与聚类算法无关，理想的聚类结果是具有相同类别的数据被聚集到相同的簇中，具有不同类别的数据聚集在不同的簇中。

Boley提出采用聚类熵(cluster entropy)作为外部质量的评价准则，考虑簇中不同类别数据的分布。对于簇 C_i，聚类熵 $e(C_i)$ 定义为

$$e(C_i)=-\sum_j \frac{n(T_j,C_i)}{n(C_i)}\lg\frac{n(T_j,C_i)}{n(C_i)}$$

整体聚类熵定义为所有聚类熵的加权平均值：

$$e=\frac{1}{\sum_{i=1}^{m}n(C_i)}\sum_{i=1}^{m}n(C_i)e(C_i)$$

聚类熵越小，聚类效果越好。

评估聚类结果质量的另一外部质量评价准则——聚类精度，基本出发点是使用簇中数目最多的类别作为该簇的类别标记。对于簇 C_i，聚类精度 $\varphi(C_i)$ 定义为

$$\varphi(C_i)=\frac{1}{n(C_i)}\max_j|\omega_j\cap C_i|$$

整体聚类精度 φ 定义为所有聚类精度的加权平均值：

$$\varphi=\frac{1}{\sum_{i=1}^{k}n(C_i)}\sum_{i=1}^{k}n(C_i)\varphi(C_i)=\frac{\sum_{i=1}^{k}N_i}{N}$$

这里 $N_i=\max_j|\omega_j \cap C_i|$ 是簇 C_i 中占支配地位的类别的 ω 对象数。$e=1-\varphi$ 定义为相对聚类错误率，eN 定义为绝对聚类错误数。聚类精度 φ 大或聚类错误率 e 小，说明聚类算法将不同类别的记录较好地聚集到了不同的簇中，聚类准确性高。

7.5　模式识别的应用

模式识别可用于文字和语音识别、遥感和医学诊断等方面。

1.文字识别

汉字已有数千年的历史，也是世界上使用人数最多的文字，对于中华民族灿烂文化的形成和发展有着不可磨灭的功勋。所以在信息技术及计算机技术日益普及的今天，如何将文字方便、快速地输入计算机中已成为影响人机接口效率的一个重要瓶颈，也关系到计算机能否真正得到普及。目前，汉字输入主要分为人工键盘输入和机器自动识别输入两种。其中人工键入速度慢而且劳动强度大；自动输入又分为汉字识别输入及语音识别输入。从识别技术的难度来说，手写体识别的难度高于印刷体识别，而在手写体识别中，脱机手写体的难度又远远超过了联机手写体识别。到目前为止，除了脱机手写体数字的识别已有实际应用外，汉字等文字的脱机手写体识别还处在实验室阶段。

2.语音识别

语音识别技术所涉及的领域包括信号处理、模式识别、概率论和信息论、发声机理和听觉机理、人工智能等等。近年来，在生物识别技术领域中，声纹识别技术以其独特的方便性、经济性和准确性等优势受到世人瞩目，并日益成为人们日常生活和工作中重要且普及的验证方式，而且利用基因算法训练连续隐马尔可夫模型的语音识别方法现已成为语音识别的主流技术，该方法在语音识别时识别速度较快，也有较高的识别率。

3.指纹识别

我们手掌及其手指、脚、脚趾内侧表面的皮肤凹凸不平产生的纹路会形成各种各样的图案。而这些皮肤的纹路在图案、断点和交叉点上各不相同，是唯一的。依靠这种唯一性，就可以将一个人同他的指纹对应起来，通过比较他的指纹和预先保存的指纹进行比较，便可以验证他的真实身份。一般的指纹分成有以下几个大的类别：环形(loop)、螺旋形(whorl)和弓形(arch)，这样就可以将每个人的指纹分别归类，进行检索。指纹识别基本上可分成预处理、特征选择和模式分类几个大的步骤。

4.遥感

遥感图像识别已广泛用于农作物估产、资源勘察、气象预报和军事侦察等。

5.医学诊断

在癌细胞检测、X射线照片分析、血液化验、染色体分析、心电图诊断和脑电图诊断等方面，模式识别已取得了成效。

7.6 在模式识别过程中学习否定之否定规律

模式识别的过程就是不停训练算法以使得计算机程序能越来越接近人类的认知能力。判别函数参数的优化过程，就是对样本的类别不断地进行肯定与否定判别，最终收敛而得到的。在对判别函数参数优化过程的学习中，可以让我们更深刻地理解马克思主义唯物辩证法的否定之否定规律。它揭示了事物发展的前进性与曲折性的统一，表明了事物的发展不是直线式前进而是螺旋式上升的。否定之否定规律的原理对人们正确认识事物发展的曲折性和前进性，具有重要的指导意义。

否定之否定规律亦称“肯定否定规律”，揭示了事物发展的全过程和总趋势，是唯物辩证法基本规律的综合体现。事物的发展是通过它自身的辩证否定实现的。事物都是肯定方面和否定方面的统一。当肯定方面居于主导地位时，事物保持现有的性质、特征和倾向；当事物内部的否定方面战胜肯定方面并居于矛盾的主导地位时，事物的性质、特征和趋势就发生变化，旧事物就转化为新事物。否定是对旧事物的质的根本否定，但不是对旧事物的简单抛弃，而是变革和继承相统一的扬弃。事物发展过程中的每一阶段，都是对前一阶段的否定，同时它自身也被后一阶段再否定。经过否定之否定，事物运动就表现为一个周期，在更高的阶段上重复旧的阶段的某些特征，由此构成事物从低级到高级、从简单到复杂的周期性螺旋式上升和波浪式前进的发展过程，体现出事物发展的曲折性。否定之否定规律的表现形态是多种多样的。

肯定和否定既对立又统一。一方面，肯定包含否定，在一定意义上肯定就是否定。另一方面，否定包含肯定，一定意义上否定就是肯定。

辩证的否定是由事物的内在矛盾引起的，是事物的自我否定。辩证的否定是事物发展的环节，它是旧事物向新事物的质变，没有否定，旧事物不会灭亡，新事物不会产生。辩证的否定又是联系的环节，它在否定旧事物时保留了其中合理的积极的东西，其否定是包含肯定的否定，因而它是新事物和旧事物联系的重要环节。

否定之否定是事物矛盾运动展开的必然结果。事物发展的完整过程经过两次否定，即由肯定到否定，又由否定到否定之否定。事物发展的完整过程展现出三个阶段：第一，肯定阶段；第二，否定阶段；第三，否定之否定阶段。

否定之否定规律揭示的事物发展的辩证形式是波浪式前进或螺旋形上升。从发展的总方向上看，事物的发展总是前进上升的，辩证的否定不断推动事物由低级向高级发展。从发展的道路上看，事物的发展总是迂回曲折的，事物的周期性与回复性联结在一起。

总体来看，事物发展是前进和曲折的统一，是上升和回复的统一。

深刻理解否定之否定规律，对于人们的认知思维建设有很大帮助。对于历史，有助于理解历史长河中各种曲折的发展经历，找寻真理；对于当下，有助于克服眼前困难造成的各种障碍挫折，寻找出路；对于个人，有助于鼓起自我否定的勇气，创新成长、完善自我。

图 7－13 为唯物辩证法知识逻辑图。

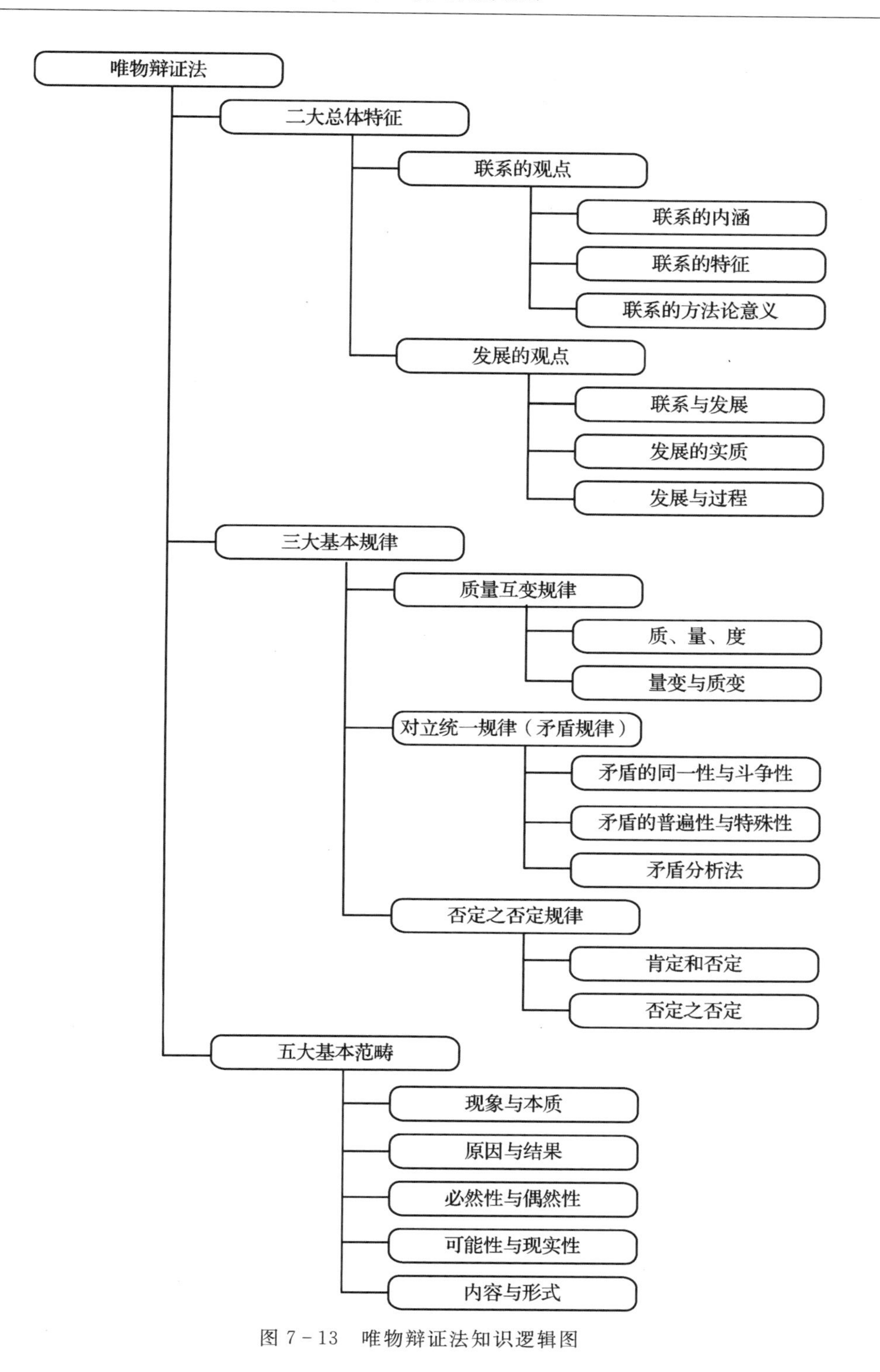

图 7-13　唯物辩证法知识逻辑图

7.7 小　　结

模式识别技术是人工智能的基础技术，21 世纪是智能化、信息化、计算化、网络化的时代，在这个以数字计算为特征的世纪里，作为人工智能技术基础学科的模式识别技术，必将获得巨大的发展空间。在国际上，各大权威研究机构、各大公司都纷纷开始将模式识别技术作为公司的战略研发重点加以重视。

模式识别从 20 世纪 20 年代发展至今，人们的一种普遍看法是不存在对所有模式识别问题都适用的单一模型和解决识别问题的单一技术，我们现在拥有的只是一个工具袋，所要做的是结合具体问题把统计的和句法的识别结合起来，把统计模式识别或句法模式识别与人工智能中的启发式搜索结合起来，把统计模式识别或句法模式识别与支持向量机的机器学习结合起来，把人工神经元网络与各种已有技术以及人工智能中的专家系统、不确定推理方法结合起来，深入掌握各种工具的效能和应有的可能性，互相取长补短，开创模式识别应用的新局面。

第8章　人工智能知识基础

人工智能(Artificial Intelligence,AI)通常是指通过计算机程序来呈现人类智能的技术。约翰·麦卡锡的定义是"制造智能机器的科学与工程"。安德里亚斯·卡普兰(Andreas Kaplan)和迈克尔·海恩莱因(Michael Haenlein)将人工智能定义为"系统正确解释外部数据,从这些数据中学习,并利用这些知识通过灵活适应实现特定目标和任务的能力"。人工智能的研究是高度技术性和专业的,各分支领域都是深入且各不相通的,因而涉及范围极广。

AI的核心问题包括建构能够跟人类似甚至超卓的推理、知识、规划、学习、交流、感知、移物、使用工具和操控机械的能力等。当前有大量的工具应用了人工智能,其中包括搜索和数学优化、逻辑推演。而基于仿生学、认知心理学,以及基于概率论和经济学的算法等等也在逐步探索当中。思维来源于大脑,而思维控制行为,行为需要意志去实现,而思维又是对所有数据采集的整理,相当于数据库,所以人工智能最后会演变为机器替换人类。

8.1　人工智能的定义

1956年夏,麦卡锡、明斯基等科学家在美国达特茅斯学院开会研讨"如何用机器模拟人的智能",首次提出"人工智能"这一概念,标志着人工智能学科的诞生。

人工智能是研究开发能够模拟、延伸和扩展人类智能的理论、方法、技术及应用系统的一门新的技术科学,研究目的是促使智能机器会听(语音识别、机器翻译等)、会看(图像识别、文字识别等)、会说(语音合成、人机对话等)、会思考(人机对弈、定理证明等)、会学习(机器学习、知识表示等)、会行动(机器人、自动驾驶汽车等)。

关于什么是"智能",这涉及其他诸如意识(consciousness)、自我(self)、思维(mind)[包括无意识的思维(unconscious_mind)]等等问题。人唯一了解的智能是人本身的智能,这是普遍认同的观点。但是对我们自身智能的理解都非常有限,对构成人的智能的必要元素也了解有限,所以就很难定义什么是"人工"制造的"智能"了。因此人工智能的研究往往涉及对人的智能本身的研究。其他关于动物或其他人造系统的智能也普遍被认为是人工智能相关的研究课题。

针对人工智能的理解,可以有4种不同定义,见表8-1和如图8-1所示。

针对这四种定义,可以有四种理解方式,也是分析并建模实现相应人工智能的方式。

但是对于人工智能的定义,可以从其字面意义进行理解,即人工智能=人造物(计算机)+智能(特殊化程序)。作为人造智能体,人们期待计算机智能体在解决某些问题方面要达到专家水平,尽管从整体上它远远不及一个普通人。

表 8-1 人工智能的四种定义

像人一样思考的系统	理性地思考的系统	像人一样行动的系统	理性地行动的系统
要使计算机能思考……有头脑的机器(Haugeland, 1985) [使之自动化]与人类的思维相关的活动,诸如决策、问题求解、学习等活动(Bellman, 1978)	通过对计算模型的使用来进行心智能力的研究(Charniak & McDemontt, 1985) 对使得知觉、推理和行动成为可能的计算的研究(Winston, 1992)	创造机器来执行人需要智能才能完成的功能(Kurzweil, 1990) 研究如何让计算机能够做到那些目前人比计算机做得更好的事情(Rich & Knight, 1991)	计算智能是对设计智能化智能体的研究(Poole et al., 1998) AI关心的是人工制品中的智能行为(Nilsson, 1998)

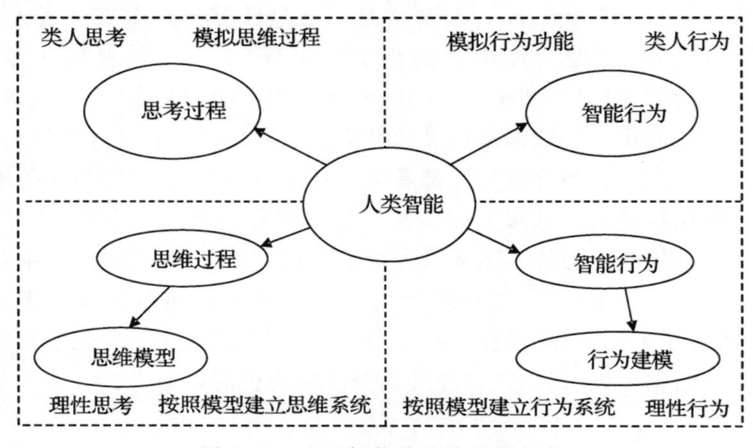

图 8-1 人工智能的四种理解方式

不管人工智能指的是思维还是行为,最终的目的还是希望达到理论与实践相结合,解决实际问题的结果。因此,对AI的理解不断发展,始终重要的是:领悟人工智能的思想;学习人工智能的方法;应用人工智能的方法解决实际问题。

8.2 人工智能的发展历史

要想对人工智能有一个全面的认识,必须了解人工智能的发展历史。

人工智能的研究不仅与对人的思维研究直接相关,而且和许多其他学科领域关系密切。因此说到人工智能的历史,应当上溯到历史上一些伟大的科学家和思想家所做的贡献,他们为人工智能研究积累了充分的条件和基础理论。

人工智能的发展历程划分为以下6个阶段:

1.萌芽起步期:公元前—20世纪50年代

(1)古希腊伟大的哲学家、思想家亚里士多德(前384—前322),他的主要贡献是为形式逻辑奠定了基础。形式逻辑是一切推理活动的最基本的出发点。在他的代表作《工具论》中,就给出了形式逻辑的一些基本规律,如矛盾律、排中律,并且实际上已经提到了同一律和充足理由律。此外,亚里士多德还研究了概念、判断问题,以及概念的分类和概念之间的关系,判断问题的分类和它们之间的关系。其最著名的创造就是提出人人熟知的三段论。

(2)英国的哲学家、自然科学家培根(1561—1626),他的主要贡献是系统地给出了归纳法,成为和 Aristotle 的演绎法相辅相成的思维法则。培根另一个功绩是强调了知识的作用,如其著名警句“知识就是力量”。

(3)德国数学家、哲学家莱布尼茨(1646—1716),他提出了关于数理逻辑的思想,把形式逻辑符号化,从而能对人的思维进行运算和推理。他曾经做出了能进行四则运算的手摇计算机 。

(4)英国数学家、逻辑学家布尔(1815—1864),他初步实现了莱布尼茨的思维符号化和数学化的思想,提出了一种崭新的代数系统——布尔代数。

(5)美籍奥地利数理逻辑学家哥德尔(1906—1978),他证明了一阶谓词的完备性定理:任何包含初等数论的形式系统,如果它是无矛盾的,那么一定是不完备的。此定理的意义在于,人的思维形式化和机械化的某种极限,在理论上证明了有些事是做不到的。

(6)英国数学家图灵(1912—1954),他于 1936 年提出了一种理想计算机的数学模型(图灵机),1950 年提出了图灵试验,发表了《计算机与智能》的论文。当今世界上计算机科学最高荣誉奖励命名为“图灵奖”。图灵试验:当一个人与一个封闭房间里的人或者机器交谈时,如果他不能分辨自己问题的回答是计算机还是人给出时,则称该机器是具有智能的。以往该试验几乎是衡量机器人工智能的唯一标准,但是从 20 世纪 90 年代开始,现代人工智能领域的科学家开始对此试验提出异议:反对封闭式的、机器完全自主的智能;提出与外界交流的、人机交互的智能。

(7)美国数学家莫奇利,1946 年发明了电子数字计算机 ENIAC。

(8)美国神经生理学家莫克罗,建立了第一个神经网络数学模型。从某种意义上可以说近代人工智能的发展,首先是从人工神经网络研究开始的。但是出于某种原因,神经网络的研究一度进入低潮。

(9)美国数学家香农,1948 年发表了《通信的数学理论》,标志着“信息论”的诞生。

(10)美国数学家、计算机科学家麦卡锡,人工智能的早期研究者。1956 年,他和其他一些学者联合发起召开了世界上第一次人工智能学术大会,在他的提议下,会上正式决定使用人工智能这个词来概括这个研究方向。参加大会的有 Minsky,Rochester,Shannon,Moore,Samuel,Selfridge,Solomonff,Simon,Newell 等数学家、心理学家、神经生理学家和计算机科学家。麦卡锡也被尊为“人工智能之父”。

2.反思发展期:20 世纪 50 年代—70 年代初期

人工智能发展初期的突破性进展大大提升了人们对人工智能的期望,人们开始尝试更具挑战性的任务,并提出了一些不切实际的研发目标。然而,接二连三的失败和预期目标的落空(例如,无法用机器证明两个连续函数之和还是连续函数、机器翻译闹出笑话等),使人工智能的发展走入低谷。

(1)20 世纪 50 年代初开始有了符号处理,搜索法产生。人工智能的基本方法是逻辑法和搜索法。最初的搜索应用于机器翻译、机器定理证明和跳棋程序等。

(2)20 世纪 60 年代西蒙由试验得到结论:人类问题的求解是一个搜索的过程,效果与启发式函数有关。叙述了智能系统的特点:智能表示、智能推理、智能搜索。Nilson 发表了 A * 算法(搜索方法),McCarthy 建立了人工智能程序设计语言 Lisp。

(3)1965 年鲁宾逊提出了归结原理。归结原理是与传统的自然演绎法完全不同的消解法，是第一个也是目前唯一一个具有完备性（半完备性）的推理方法，曾轰动整个科学界，但该方法本身也有计算爆炸等问题。

(4)1968 年 Quillian 提出了语义网络的知识表示方法。

(5)1969 年 Minsky 出版了一本书《感知机》，给当时的神经网络研究结果判了死刑。由于该书从理论上证明了当时主要的神经网络模型——感知器的分类能力是很有限的。因此，人工神经网络的研究由此进入低潮时期，而人工智能、专家系统的研究进入高潮。

3.应用发展期:20 世纪 70 年代初期—80 年代中期

20 世纪 70 年代出现的专家系统模拟人类专家的知识和经验解决特定领域的问题，实现了人工智能从理论研究走向实际应用、从一般推理策略探讨转向运用专门知识的重大突破。专家系统在医疗、化学、地质等领域取得成功，推动人工智能走入应用发展的新高潮。

(1)20 世纪 70 年代，人工智能开始从理论走向实践，解决一些实际问题。同时很快就发现问题:归结法费时、下棋赢不了全国冠军、机器翻译一团糟。

(2)以 Feigenbaum 为首的一批年轻科学家改变了战略思想，1977 年提出了知识工程的概念，开展了以知识为基础的专家咨询系统研究与应用。著名的专家系统有 DENDRAL 化学分析专家系统（斯坦福大学 1968）、MACSYMA 符号数学专家系统（麻省理工学院 1971）、MYCIN 诊断和治疗细菌感染性血液病的专家咨询系统（斯坦福大学 1973）、CASNET(Causal ASsciational Network)诊断和治疗青光眼的专家咨询系统[拉特格尔斯(Rutgers)大学 70 年代中]、CADUCEUS(原名 INTERNIST)医疗咨询系统（匹兹堡大学）、HEARSAY Ⅰ和Ⅱ语音理解系统（卡内基-梅隆大学）、PROSPECTOR 地质勘探专家系统（斯坦福大学 1976）、XCON 计算机配置专家系统（卡内基-梅隆大学 1978）。

(3)应该说，知识工程和专家系统是近十余年来人工智能研究中最有成就的分支之一。

4.低迷发展期:20 世纪 80 年代中期—90 年代中期

随着人工智能的应用规模不断扩大，专家系统存在的应用领域狭窄、缺乏常识性知识、知识获取困难、推理方法单一、缺乏分布式功能、难以与现有数据库兼容等问题逐渐暴露出来。

(1)20 世纪 80 年代，人工智能发展达到阶段性的顶峰。1987 年、1989 年的世界大会有 6 000 多人参加。硬件公司有上千个。Lisp 硬件、Lisp 机形成产品。同时，在专家系统及其工具越来越商品化的过程中，国际软件市场上形成了一门旨在生产和加工知识的新产业——知识产业。

(2)1986 年 Rumlhart 领导的并行分布处理研究小组提出了神经元网络的反向传播学习算法，解决了神经网络分类能力有限这一根本问题。从此，神经网络的研究进入新的高潮。

(3)90 年代，计算机发展趋势为小型化、并行化、网络化、智能化。人工智能技术逐渐与数据库、多媒体等主流技术相结合，并融合在主流技术之中，旨在使计算机更聪明、更有效、与人更接近。

(4)日本政府于 1992 年结束了为期 10 年的，称为“知识信息处理体统”的第五代计算机系统研究开发计划，并开始为期 10 年的实况计算(Real World Computing)计划。

5.稳步发展期:20 世纪 90 年代中期—2010 年

由于网络技术特别是互联网技术的发展，加速了人工智能的创新研究，促使人工智能技术进一步走向实用化。1997 年国际商业机器公司（简称 IBM）深蓝超级计算机战胜了国际象棋世界冠军卡斯帕罗夫，2008 年 IBM 提出“智慧地球”的概念。

以上都是这一时期的标志性事件。

6.蓬勃发展期:2011 年至今

随着大数据、云计算、互联网、物联网等信息技术的发展，泛在感知数据和图形处理器等计算平台推动以深度神经网络为代表的人工智能技术飞速发展，大幅跨越了科学与应用之间的“技术鸿沟”，诸如图像分类、语音识别、知识问答、人机对弈和无人驾驶等人工智能技术实现了从“不能用、不好用”到“可以用”的技术突破，迎来爆发式增长的新高潮。

7.发展趋势

经过 60 多年的发展，人工智能在算法、算力(计算能力)和算料(数据)等“三算”方面取得了重要突破，正处于从“不能用”到“可以用”的技术拐点，但是距离“很好用”还有诸多瓶颈。那么在可以预见的未来，人工智能发展将会出现怎样的趋势与特征呢? 图 8－2 展示了人工智能的发展过程。

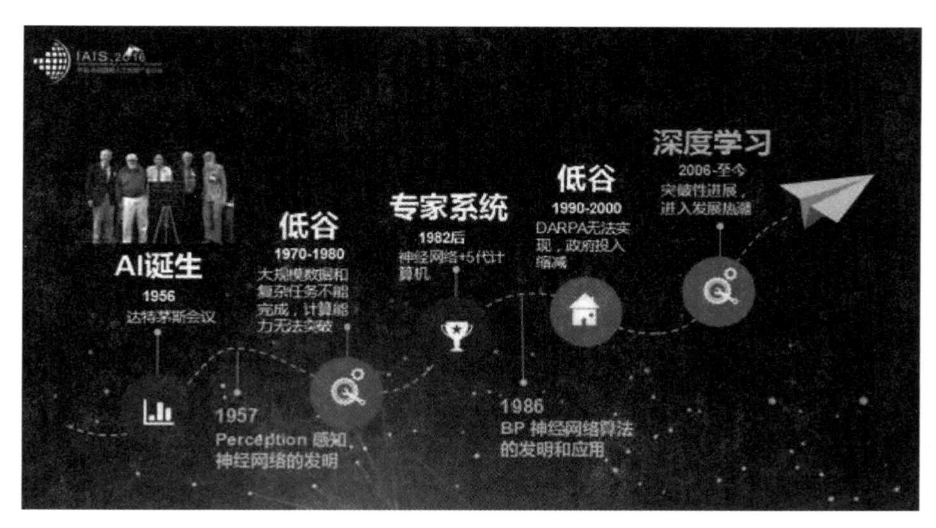

图 8－2 人工智能的发展过程

从专用智能向通用智能发展。如何实现从专用人工智能向通用人工智能的跨越式发展，既是下一代人工智能发展的必然趋势，也是研究与应用领域的重大挑战。

从人工智能向人机混合智能发展。借鉴脑科学和认知科学的研究成果是人工智能的一个重要研究方向。人机混合智能旨在将人的作用或认知模型引入人工智能系统中，提升人工智能系统的性能，使人工智能成为人类智能的自然延伸和拓展，通过人机协同更加高效地解决复杂问题。

从“人工＋智能”向自主智能系统发展。当前人工智能领域的大量研究集中在深度学习，但是深度学习的局限是需要大量人工干预，比如人工设计深度神经网络模型、人工设定应用场景、人工采集和标注大量训练数据、用户需要人工适配智能系统等，非常费时费力。因此，科研人员开始关注减少人工干预的自主智能方法，提高机器智能对环境的自主学习能力。

人工智能将加速与其他学科领域交叉渗透。人工智能本身是一门综合性的前沿学科和高度交叉的复合型学科，研究范畴广泛而又异常复杂，其发展需要与计算机科学、数学、认知科学、神经科学和社会科学等学科深度融合。随着超分辨率光学成像、光遗传学调控、透明脑、体细胞克隆等技术的突破，脑与认知科学的发展开启了新时代，能够大规模、更精细解析智力的神经环路基础和机制，人工智能将进入生物启发的智能阶段，依赖于生物学、脑科学、生命科学和心理学等学科的发现，将机理变为可计算的模型，同时人工智能也会促进脑科学、认知科学、生命科学甚至化学、物理、天文学等传统科学的发展。

人工智能产业将蓬勃发展。随着人工智能技术的进一步成熟以及政府和产业界投入的日益增长，人工智能应用的云端化将不断加速。

人工智能将推动人类进入普惠型智能社会。“人工智能＋X”的创新模式将随着技术和产业的发展日趋成熟，对生产力和产业结构产生革命性影响，并推动人类进入普惠型智能社会。我国经济社会转型升级对人工智能有重大需求，在消费场景和行业应用的需求牵引下，需要打破人工智能的感知瓶颈、交互瓶颈和决策瓶颈，促进人工智能技术与社会各行各业的融合提升，建设若干标杆性的应用场景创新，实现低成本、高效益、广范围的普惠型智能社会。

人工智能领域的国际竞争将日益激烈。人工智能领域的国际竞赛已经拉开帷幕，并且将日趋白热化。

人工智能的社会学将提上议程。为了确保人工智能的健康可持续发展，使其发展成果造福于民，需要从社会学的角度系统全面地研究人工智能对人类社会的影响，制定完善人工智能法律法规，规避可能的风险。

8.3 人工智能与其他学科的关系

哪些学科、思想和人物给予 AI 贡献？这个问题就仿佛问，人类的知识都有哪些学科一样。因此，答案是几乎所有学科。这里主要介绍哲学、数学、经济学、神经科学、心理学、计算机工程、控制论、语言学等学科对 AI 的影响。

1.哲学的贡献

哲学是一种形而上的学问，主要是解决思想根源的问题，也是从根本上理解人工智能根基的问题。可以从以下四个问题的解答中，给人工智能以启示。

问题 1：形式化规则能用来抽取合理的结论吗？

亚里士多德（前 384—前 322），为形式逻辑奠定了基础：第一个把支配意识的理性部分法则形式化为精确的法则集合/著名的三段论。拉蒙·陆里、达·芬奇、帕斯卡、莱布尼兹等人均设计或制造了能计算的机器。17 世纪，有人提出推理如同数字计算，帕斯卡写道：“算术机器产生的效果显然更接近于思维而不是动物的其他活动”。

问题 1 结论：是的，即可以用一个规则集合描述意识的形式化、理性的部分。

问题 2：精神的意识是如何从物质的大脑产生出来的？

笛卡儿给出了第一个关于意识和物质之间的区别以及由此产生的问题的清晰讨论；笛卡儿是二元论的支持者：坚持意识（或称为灵魂/精神）的一部分是超脱于自然之外的，不受物理定律影响；而动物不拥有这种二元属性，它们可以被作为机器对待。唯物主义认为大脑依照物理定律运转而构成了意识，自由意志也就简化为对出现在选择过程中可能选择的感受方式。

问题 2 结论：存在两种选择：二元论和一元论。

问题 3：知识是从哪里来的？

培根《新工具论》指出：知识开始于经验主义。洛克指出："无物非先感而后知"。休谟提出归纳原理：一般规则是通过揭示形成规则的元素之间的重复关联而获得的。基于 Ludwig Wittgenstein，Bertrand Russell 的工作，Rudolf Carnap 领导维也纳学派发展了实证逻辑主义，坚持认为所有的知识都可以用最终和传感器输入相对应的观察语句相联系的逻辑理论来描述。

问题 3 结论：知识来自于实践。

问题 4：知识是如何导致行动的？

亚里士多德认为：行动是通过目标与关于行动结果的知识之间的逻辑来判定的。他进一步阐述指出：要深思的不是结局而是手段，手段在分析顺序中是最后一个，在生成顺序中是第一个。这实际上就是回归规划系统，2 300 年后由 Newell 和 Simon 在其 GPS 程序中实现。

问题 4 结论：知识用于指导行动去达到目标。

2.数学的贡献

AI 成为一门规范科学要求在三个基础领域完成一定程度的数学形式化：逻辑、计算、概率。因此也需要回答如下三个问题：

问题 1：什么是抽取合理结论的形式化规则？

布尔(1815—1864)于 1847 年完成了形式逻辑的数学化，即命题逻辑或称布尔逻辑。弗雷格(1848—1925)于 1879 年扩展了布尔逻辑，使其包含对象和关系，创建了一阶逻辑。塔斯基引入了一种参考理论，可以把逻辑对象与现实世界对象联系起来。

问题 1 结论：形式化规则＝命题逻辑和一阶谓词逻辑。

问题 2：什么可以被计算？

可以被计算，就是要找到一个算法。算法本身的研究可回溯至 9 世纪波斯数学家 al - Khowarazmi。1900 年，希尔伯特(1862—1943)提出了包括 23 个问题的清单，其中最后一个问题是：是否存在一个算法可以判定涉及自然数的逻辑命题的真实性，即可判定性问题。他所要问的是：有效证明过程的能力是否有基础的局限性。这一问题被哥德尔(1906—1978)在 1931 年证实：确实存在真实的局限。

1930 年，哥德尔提出：存在一个有效过程可以证明罗素和弗雷格的一阶逻辑中的任何真值语句，但是一阶逻辑不能捕捉到刻画自然数所需要的数学归纳法原则。1931 年，哥德尔证明了他的不完备性定理：在任何表达能力足以描述自然数的语言(如某种逻辑)中，在不能通过任何算法建立它们的真值的意义上，存在不可判定的真值语句。不完备性定理还可表述为：整数的某些函数无法用算法表示，即不可计算的。

由此激发了图灵(1912—1954)的热情，他试图精确地刻画哪些函数是能够被计算的，Church - Turing 论题指出：图灵机可以计算任何可计算的函数，该结论作为一个充分的定义而被接受。图灵说明了一些函数没有对应的图灵机，没有通用的图灵机可以判定一个给定的程序对于给定的输入能否返回答案或者永远运行下去。

在不可计算性以外，不可操作性具有更重要的影响，如果解决一个问题需要的计算时间随着实例规模呈指数级增长，则该问题被称为不可操作的(计算复杂性问题)；多项式级和指数级增长的区别在 20 世纪 60 年代得到重视；如何认识不可操作问题？以 Steven Cook(1971)和 Richard Carp 为代表的 NP -完全理论的研究提供了一种方法。Cook 和 Carp 证明有大量各种类别的规范的组合搜索和推理问题属于 NP -完全问题；任何 NP -完全问题类可归约成的问题类很可能是不可操作的。

问题 2 结论:可计算性和算法复杂性理论。

问题 3:如何用不确定的知识进行推理?

Fermat,Pascal,Bernoulli,Laplace 等人都推进了概率理论的发展并引入了新的统计方法论;贝叶斯(1749—1827)提出了根据证据更新概率的法则(贝叶斯公式/条件概率公式)。

问题 3 结论:使用贝叶斯理论进行不确定推理。

3.经济学的贡献

经济学是研究价值的生产、流通、分配、消费的规律的理论。经济学的研究对象和自然科学、其他社会科学的研究对象是同一的客观规律。其目的也是要回答或者解决这样几个问题:

问题 1:如何决策以获得最大收益?

问题 2:在他人不合作的情况下如何做到这点?

问题 3:在收益遥遥无期的情况下如何做到这点?

针对这三个问题,就形成了不同的理论方法,也为 AI 的发展做出了贡献。

理论 1:效用理论。效用理论是领导者进行决策方案选择时采用的一种理论。决策往往受决策领导者主观意识的影响,领导者在决策时要对所处的环境和未来的发展予以展望,对可能产生的利益和损失做出反应,在决策问题中,把领导人这种对于利益和损失的独特看法、感觉、反应或兴趣,称为效用。效用实际上反映了领导者对于风险的态度。高风险一般伴随着高收益。对待数个方案,不同的领导者采取不同的态度和抉择。

理论 2:决策理论。决策理论是把第二次世界大战以后发展起来的系统理论、运筹学、计算机科学等综合运用于管理决策问题,形成的一门有关决策过程、准则、类型及方法的较完整的理论体系。决策理论已形成了以诺贝尔经济学奖得主赫·西蒙为代表人物的决策理论学派。决策理论是有关决策概念、原理、学说等的总称。“决策”一词通常指从多种可能中做出选择和决定。行政决策理论是用以指导和阐释行政决策的理论依据。

理论 3:运筹学。运筹学是现代管理学的一门重要专业基础课。它是 20 世纪 30 年代初发展起来的一门新兴学科,其主要目的是在决策时为管理人员提供科学依据,是实现有效管理、正确决策和现代化管理的重要方法之一。该学科是应用数学和形式科学的跨领域研究,利用统计学、数学模型和算法等方法,去寻找复杂问题中的最佳或近似最佳的解答。运筹学经常用于解决现实生活中的复杂问题,特别是改善或优化现有系统的效率。研究运筹学的基础知识包括实分析、矩阵论、随机过程、离散数学和算法基础等。而在应用方面,多与仓储、物流、算法等领域相关。因此运筹学与应用数学、工业工程、计算机科学、经济管理等专业密切相关。

西蒙是 AI 研究的先驱者,他于 1978 年获得诺贝尔经济学奖,是因为他早年的工作。基于满意度的模型:制定“足够好”的决策,而不是艰苦计算获得最优化决策;能更好地描述真实人类行为。

在智能体系统中使用决策理论技术越来越重要。

4.计算机工程的贡献

如何才能制造出能干的计算机?

计算机被视为智能和人工制品的结合。最早的可计算的装置应该从 17 世纪算起。

19 世纪中叶,巴贝奇(1792—1871)设计了两台机器,名为“差分机”和“分析机”,前者最终于1991年建造出来并在伦敦展出。

最早的现代计算机几乎同时在第二次世界大战期间分别在英国、德国和美国发明出来。

1945年在宾夕法尼亚大学(UPenn)开发出来的ENIAC被公认为现代计算机最有影响的先驱,研制者包括John Mauchly和John Eckert。

计算机硬件按照摩尔定律每18个月性能翻一番,但现在就不得不寻求新技术了。

计算机软件技术为AI提供了操作系统、程序设计语言、工具软件等。

AI反过来也对主流计算机科学产生了影响:分时技术、交互式编译器、窗口和鼠标的个人机、快速开发环境、链接表数据类型、自动存储管理、面向对象的编程等。

5.控制论的贡献

人工制品怎样才能在自己的控制下运转?

这个问题首先由控制论的创始人维纳(1894—1964)的畅销书*Cybernetics*(《控制论》)进行了解答,唤醒了人们对人工制造智能机器的可能性的热情。

现代控制论,特别是随机优化控制的分支,把设计出能随时间变化使目标函数最大化的系统作为其目的,也粗略符合对AI的观点。

维纳系统地创建了《控制论:或关于在动物和机器中控制和通信的科学》,根据这一理论,一个机械系统完全能进行运算和记忆。他在反馈理论上的研究认为所有人类智力的结果都是一种反馈的结果,通过不断地将结果反馈给机体而产生的动作,进而产生了智能。

AI和控制论为什么是两个不同领域?

控制论的数学工具是微积分和矩阵代数,适合于用固定的连续变量集合描述的系统,精确分析在典型情况下只对线性系统可行。AI自20世纪50年代建立以来,部分起因是寻求摆脱控制论数学方法的局限性。逻辑推理和计算工具使得AI研究者考虑语言/视觉/规划等问题,完全脱离了控制论的范围。

6.语言学的贡献

语言和思维是怎样联系起来的?乔姆斯基最先做出了贡献。1957年《句法结构》出版,颠覆了行为主义,认为该理论不能解释儿童怎么能理解和构造他们以前没有听到的句子,而乔姆斯基关于语法模型的理论则能够解释这个现象,并且足够形式化,乔姆斯基理论的影响一直持续到20世纪80年代末。

计算语言学或者自然语言处理与AI差不多同时诞生,一直在发展,但是距离彻底理解语言和思维的关系尚很远。研究语言的理解过程是人类智能研究的核心之一。

7.神经科学的贡献

大脑是如何处理信息的?

神经科学是研究神经系统特别是大脑的科学。虽然几千年来人类一直赞同大脑以某种方式与思维相联系(因为证据表明头部受重击会导致精神缺陷),但是直到18世纪中期人类才广泛地承认大脑是意识的居所。

布鲁卡通过研究大脑损伤病人的失语症,阐明了语言产生定位于大脑左半球的一部分,现在称为布鲁卡区;1873年Camillo Golgi开发出一项染色技术,允许人们观察大脑的各个神经元;1929年Hans Berger发明脑电图记录仪;1990年核磁共振成像为神经科学家提供了关于大脑活动的细致图像,使得以某种方式与正在进行的认知过程相符合的测量成为可能。

真正令人震惊的结论是：简单细胞的集合能够导致思维、行动和意识，换句话说，大脑产生意识(西尔勒，1992)。

计算机和大脑如何相比？大脑活动过程对计算机工作过程有启发。

8.各学科的贡献内容

哲学：逻辑/推理方法/智能作为一种物理系统/理性的基础；

数学：形式表示与证明/算法/可计算性/可操作性/不确定性；

经济学：复杂系统中的决策/验证环境；

控制理论：自我平衡系统/稳定性/优化设计；

计算机工程：计算机硬件和软件系统；

心理学：自适应性/感知和控制的现象；

语言学：知识表示/语法；

神经科学：智能活动的物理基础。

8.4 人工智能相关技术

目前，人工智能还未形成一个统一的理论，很多研究和应用工作都是结合具体领域来进行的。其中最主要的研究和应用领域包括：

1.机器学习

机器学习是机器具有智能的重要标志，同时也是获取知识的根本途径。它主要研究如何使得计算机能够模拟或实现人类的学习功能。为此，需要重点开展人类学习机理、机器学习方法和学习系统构造技术三方面的研究工作。

2.自然语言理解

主要研究如何使得计算机能够理解和生成自然语言。自然语言理解通常又叫自然语言处理，采用人工智能的理论和技术将设定的自然语言机理用计算机程序表达出来，构造能够理解自然语言的系统。通常可以分为以下几种情况：书面语言的理解；口语(声音)的理解系统；手书文字识别；机器翻译；等等。

3.专家系统

专家系统是一个能在某特定的领域内，以专家水平去解决该领域中困难问题的计算机程序。专家系统是人工智能中最活跃、发展最快的一个分支，已得到广泛的应用。目前正向多专家协同的分布式专家系统发展。

4.模式识别

所谓模式识别是使得计算机能够对给定的事物进行鉴别，并把它归于与其相同或相似的模式中。根据给出的标准模式不同，模式识别技术可有多种不同的识别方法。常用的有模板匹配法、统计匹配法、句法匹配法、模糊模式法和神经网络法等。

5.计算机视觉

计算机视觉是一门用计算机实现或模拟人类视觉功能的新兴学科。其主要研究目标是使得计算机具有通过二维图像认知三维环境信息的能力。目前，计算机视觉已经在许多领域得到成功的应用。例如，在图像、图形识别方面有指纹识别、染色体识别等；在航天与军事方面有卫星图像处理、飞行器跟踪等；在医学方面有 CT 图像的脏器重建等。

6.机器人学

机器人是一种可编程的多功能操作装置。机器人学是在电子学、人工智能、控制论、系统工程、信息传感、仿生学及心理学等多种学科或技术的基础上形成的一种综合性技术学科。人工智能的所有技术几乎都可在该领域得到应用。机器人研究在实践和理论上均具有重大意义。到目前为止，机器人的研究和发展已经经历了四个阶段：遥控机器人、程序机器人、自适应机器人和智能机器人。机器人研究的主要技术包括：研究感知器；研制用精密机械做得的肢体与计算机的结合的方式；机器人从三维空间搜集信息的处理方式；识别外界环境的能力；研究机器人判断机理的工程化方法和相应的软件。

7.博弈

博弈是一个有关对策和斗智问题的研究领域。到目前为止，人工智能对博弈的研究多以下棋为对象。一个代表性的成果就是被称为世界上第一台超级国际象棋电脑的 IBM 研制的超级计算机“深蓝”。

8.自动定理证明

自动定理证明就是让计算机模拟人类证明定理的方法，自动实现象人类证明定理那样的非数值的符号演算过程。自动定理证明主要有以下几种方法：自然演绎法、判定法、定理证明器和人机交互定理证明。

9.自动程序设计

自动程序设计是一种让计算机把高级形式语言或自然语言描述的程序自动转换成可执行的程序的技术。自动程序设计包括程序综合和正确性验证两方面。

10.智能控制

智能控制是指那种无需或少需人的干预就能独立地驱动智能机器实现其目标的自动控制。它是一种把人工智能技术与经典控制理论（频域法）及现代控制理论（时域法）相结合，研制智能控制系统的方法和技术。该领域目前研究较多的有智能机器人规划与控制；智能过程规划；专家控制系统、语音控制及智能仪器；等等。

11.智能决策支持系统

智能决策支持系统是指那种在传统决策支持系统中增加了相应的智能部件的决策支持系统。智能决策支持系统由数据库、模型库、方法库、人机接口及知识库五部分组成。

12.人工神经网络

人工神经网络是一个用大量的简单处理单元经广泛并行互连所构成的人工网络，用于模拟人脑神经系统的结构和功能。人工神经网络在模仿生物神经计算方面有一定优势，它具有自学习、自组织、自适应、联想、模糊推理等能力。其研究和应用已渗透到许多领域。

13.知识发现和数据挖掘

知识发现和数据挖掘是在数据库的基础上实现的一种知识发现系统。通过综合运用统计学、粗糙集、模糊数学、机器学习和专家系统等多种学习手段和方法，从数据库中提炼和抽取知识，从而揭示蕴涵在数据背后的客观世界的内在联系和本质原理，实现知识的自动获取。传统的数据库技术仅限于对数据库的查询和检索，不能从中提取知识。知识发现和数据挖掘以数据库为知识源去抽取知识，提高了数据的利用价值，同时也为专家系统的知识获取开辟了一条新的途径。

14.分布式人工智能

它是随着计算机网络、计算机通信和并发程序设计技术而发展起来的一个新的人工智能研究领域。主要研究在逻辑或物理上分散的智能系统之间如何相互协调各自的智能行为，实现问题的并行求解。目前的研究方向主要有两个：分布式问题求解；多智能主体系统。

8.4.1 机器学习

机器学习是对能通过经验自动改进的计算机算法的研究，用数据或以往的经验，以此优化计算机程序的性能标准。机器学习包括以下四科类型：

(1)监督学习：从给定的训练数据集中学习出一个函数，当新数据到来时，可以根据这个函数预测结果。监督学习的训练集要求是包括输入和输出，也可以说是特征和目标。训练集中的目标是由人标注的。常见的监督学习算法包括回归分析和统计分类。

(2)无监督学习：与监督学习相比，训练集没有人为标注的结果。常见的无监督学习算法有聚类。

(3)半监督学习：介于监督学习与无监督学习之间。

(4)增强学习：通过观察来学习做成如何的动作。每个动作都会对环境有所影响，学习对象根据观 察到的周围环境的反馈来做出判断。

8.4.2 人工神经元模型

人工神经元是对人或其他生物的神经元细胞的若干基本特性的抽象和模拟。生物神经元主要由细胞体、树突和轴突组成，树突和轴突负责传入和传出信息，兴奋性的冲动沿树突抵达细胞体，在细胞膜上累积形成兴奋性电位；相反，抑制性冲动到达细胞膜则形成抑制性电位。两种电位进行累加，若代数和超过某个阈值，神经元将产生冲动。生物神经元模型如图 8-3 所示。

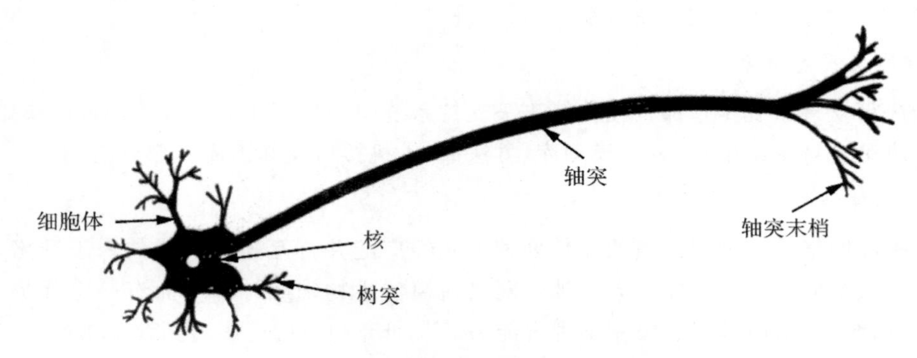

图 8-3 生物神经元模型

模仿生物神经元产生冲动的过程，可以建立一个典型的人工神经元数学模型。人工神经元数学模型如图 8-4 所示。

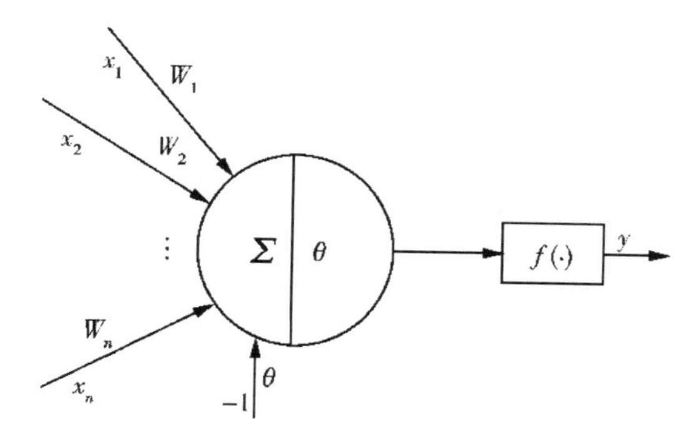

图 8－4　人工神经元数学模型

$[x_1 x_2 \cdots x_n]^T$ 为输入向量，y 为输出，$f(\cdot)$ 为激发函数，θ 为阈值。W_i 为神经元与其他神经元的连接强度，也称权值。

神经网络系统是由大量的神经元，通过广泛地互相连接而形成的复杂网络系统。其特点有：

(1)非线性映射逼近能力。任意的连续非线性函数映射关系可由多层神经网络以任意精度加以逼近。

(2)自适应性和自组织性。神经元之间的连接具有多样性，各神经元之间的连接强度具有可塑性，网络可以通过学习与训练进行自组织，以适应不同信息处理的要求。

(3)并行处理性。网络的各单元可以同时进行类似的处理过程，整个网络的信息处理方式是大规模并行的，可以大大加快对信息处理的速度。

(4)分布存储和容错性。信息在神经网络内的存储按内容分布于许多神经元中，而且每个神经元存储多种信息的部分内容。网络的每部分对信息的存储具有等势作用，部分的信息丢失仍可以使完整的信息得到恢复，因而使网络具有容错性和联想记忆功能。

(5)便于集成实现和计算模拟。神经网络在结构上是相同神经元的大规模组合，特别适合于用大规模集成电路实现。

8.4.3　感知器模型

感知器(Perceptron)是由美国学者弗兰克·罗森布拉特于 1957 年提出的，它是一个具有单层计算单元的神经网络，并由线性阈值元件组成。感知器模型如图 8－5 所示。

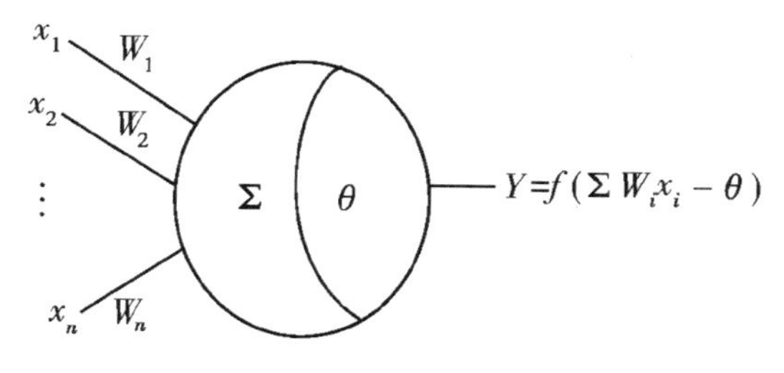

图 8－5　感知器模型

激发函数为阈值型函数，当其输入的加权和大于或等于阈值时，输出为 1，否则为 0 或 −1。它的权系 W 可变，这样它就可以学习。

8.4.4 感知器的学习算法

为方便起见，将阈值 θ（它也同样需要学习）并入 W 中，令 $W_n+1=-\theta$，$\boldsymbol{X}$ 向量也相应地增加一个分量 $x_n+1=1$，则

$$y=f(\sum_{i=1}^{n+1} W_i x_i)$$

(1)给定初始值：赋给 $W_i(0)$ 各一个较小的随机非零值，这里 $W_i(t)$ 为 t 时刻第 i 个输入的权 $(1\leqslant i\leqslant n)$，$W_n+1(t)$ 为 t 时刻的阈值；

(2) 输入一样本 $\boldsymbol{X}=(x_1,\cdots,x_n,1)$ 和它的希望输出 d；

(3) 计算实际输出 $Y(t)=f[\sum_{i=1}^{n+1} W_i(t)\, x_i]$；

(4) 修正权 W ：$W_i(t+1)=W_i(t)+\eta[d-Y(t)]x_i, i=1,2,\cdots,n+1$；

(5) 转到(2) 直到 W 对一切样本均稳定不变为止。

从 Perceptron 模型可以看出神经网络通过一组状态方程和一组学习方程加以描述。

(1)状态方程描述每个神经元的输入、输出、权值间的函数关系。

(2)学习方程描述权值应该怎样修正。神经网络通过修正这些权值来进行学习，从而调整整个神经网络的输入输出关系。

通常所说的网络结构，主要是指它的联接方式。神经网络从拓扑结构上来说，主要分为层状和网状结构。

8.4.5 多层前向 BP(Back Propagation)神经网络

最早由 Werbos 在 1974 年提出，1985 年由鲁姆哈特再次进行发展。多层前向神经网络由输入层、隐层(不少于 1 层)、输出层组成，信号沿输入—输出的方向逐层传递。BP 神经网络如图 8－6 所示。

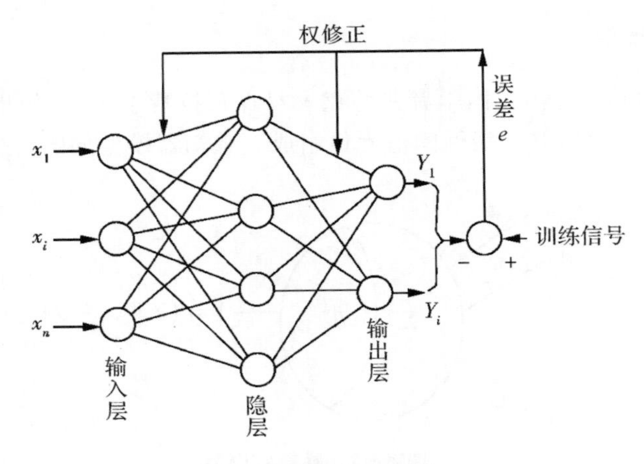

图 8－6　BP 神经网络

沿信息的传播方向,给出网络的状态方程,用 In_j^i ,Out_j^i 表示第 i 层第 j 个神经元的输入和输出,则各层的输入输出关系可描述为:

第一层(输入层):将输入引入网络。

$\mathrm{Out}_j^1=\mathrm{In}_j^1=x_j \quad , \quad j=1,2,\cdots,n$

第二层(隐层)。

$$\mathrm{In}_j^2=\sum_{i=1}^{n} w_{ij}^1 \cdot \mathrm{Out}_j^1$$

$$\mathrm{Out}_j^2=f(\mathrm{In}_j^2), j=1,2,\cdots,l$$

第三层(输出层)。

$$y=\mathrm{Out}^3=\mathrm{In}^3=\sum_{j=1}^{l} w_j^2 \cdot \mathrm{Out}_j^2$$

网络学习的基本思想是:误差反传算法调整网络的权值,使网络的实际输出尽可能接近期望的输出。假设有 M 个样本:

$$(X_k, y_k), k=1,2,\cdots M$$

$$\boldsymbol{X}_k=[x_1^k \quad x_2^k \quad \cdots \quad x_n^k]^{\mathrm{T}}$$

将第 k 个样本 x_k 输入网络,得到的网络输出为 y^k。

定义学习的目标函数为

$$J=\frac{1}{2}\sum_{k=1}^{M}(y_k-\hat{y}_k)^2$$

为使目标函数最小,训练算法是

$$w(t+1)=w(t)-\mu\frac{\partial J}{\partial w(t)}$$

$$w_j^2(t+1)=w_j^2(t)-\mu_1\frac{\partial J}{\partial w_j^2(t)}$$

$$w_{ij}^1(t+1)=w_{ij}^1(t)-\mu_2\frac{\partial J}{\partial w_{ij}^1(t)}$$

令 $J_k=\frac{1}{2}(y_k-\hat{y}_k)^2$,则

$$\frac{\partial J}{\partial w(t)}=\sum_{k=1}^{M}\frac{\partial J_k}{\partial w(t)}$$

$$\frac{\partial J}{\partial w_j^2(t)}=\frac{\partial J_k}{\partial \hat{y}_k}\frac{\partial \hat{y}_k}{\partial w_j^2(t)}=-(y_k-\hat{y}_k)\ \mathrm{Out}_j^2$$

$$\frac{\partial J}{\partial w_{ij}^1(t)}=\frac{\partial J_k}{\partial \hat{y}_k}\frac{\partial \hat{y}_k}{\partial \mathrm{out}_j^2}\frac{\partial \mathrm{out}_j^2}{\partial \mathrm{in}_j^2}\frac{\partial \mathrm{in}_j^2}{\partial w_{ij}^1(t)}=-(y_k-\hat{y}_k)\ w_j^2\ f'\ \mathrm{Out}_i^1$$

学习的步骤:

(1)依次取第 k 组样本 (X_k, y_k) ,$k=1,2,\cdots,M$,将 X_k 输入网络;

(2)依次计算 $J=\frac{1}{2}\sum_{k=1}^{M}(y_k-\hat{y}_k)^2$;

(3)计算 $\frac{\partial J_k}{\partial w(t)}$;

(4)计算 $\dfrac{\partial J}{\partial w(t)}=\sum_{k=1}^{M}\dfrac{\partial J_k}{\partial w(t)}$；

(5) $w(t+1)=w(t)-\mu\dfrac{\partial J}{\partial w(t)}$，修正权值，返回(1)。

如果样本数少，则学习知识不够；如果样本多，则需计算更多的 $\dfrac{\partial J_k}{\partial w(t)}$，训练时间长。可采用随机学习法每次以样本中随机选取几个样本，计算 $\dfrac{\partial J_k}{\partial w(t)}$，调整权值。

8.4.6 深度学习

深度学习的概念源于人工神经网络的研究。含多隐层的多层感知器就是一种深度学习结构。深度学习通过组合低层特征形成更加抽象的高层表示属性类别或特征，以发现数据的分布式特征表示，如图 8-7 所示。

深度学习的概念由 Hinton 等人于 2006 年提出。基于深度信度网(Deep Belief Net，DBN)提出非监督贪心逐层训练算法，为解决深层结构相关的优化难题带来希望，随后提出多层自动编码器深层结构。此外 Lecun 等人提出的卷积神经网络是第一个真正多层结构学习算法，它利用空间相对关系减少参数数目以提高训练性能。

深度学习是机器学习研究中的一个新的领域，其动机在于建立、模拟人脑进行分析学习的神经网络，它模仿人脑的机制来解释数据，例如图像、声音和文本等。

同机器学习方法一样，深度机器学习方法也有监督学习与无监督学习之分，不同的学习框架下建立的学习模型很是不同。例如，卷积神经网络(Convolutional Neural Networks，CNNs)就是一种深度的监督学习下的机器学习模型，而深度置信网(Deep Belief Nets，DBNs)就是一种无监督学习下的机器学习模型。

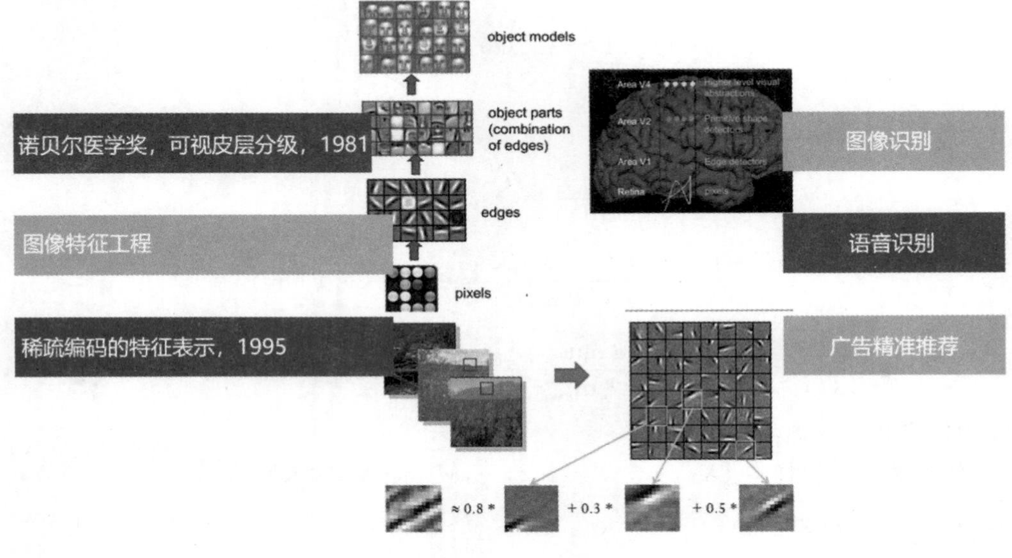

图 8-7 深度学习流程示意图

8.5 从人工智能的学习中看中国制造2025

制造业是国民经济的主体,是立国之本、兴国之器、强国之基。18世纪中叶开启工业文明以来,世界强国的兴衰史和中华民族的奋斗史一再证明,没有强大的制造业,就没有国家和民族的强盛。打造具有国际竞争力的制造业,是我国提升综合国力、保障国家安全、建设世界强国的必由之路。

新中国成立尤其是改革开放以来,我国制造业持续快速发展,建成了门类齐全、独立完整的产业体系,有力推动工业化和现代化进程,显著增强综合国力,支撑世界大国地位。然而,与世界先进水平相比,中国制造业仍然大而不强,在自主创新能力、资源利用效率、产业结构水平、信息化程度、质量效益等方面差距明显,转型升级和跨越发展的任务紧迫而艰巨。

当前,新一轮科技革命和产业变革与我国加快转变经济发展方式形成历史性交汇,国际产业分工格局正在重塑。必须紧紧抓住这一重大历史机遇,按照"四个全面"战略布局要求,实施制造强国战略,加强统筹规划和前瞻部署,力争通过三个十年的努力,到新中国成立一百年时,把我国建设成为引领世界制造业发展的制造强国,为实现中华民族伟大复兴的中国梦打下坚实基础。

8.5.1 中国制造2025

中国制造2025,是中国政府实施制造强国战略的第一个十年行动纲领。《中国制造2025》提出,坚持"创新驱动、质量为先、绿色发展、结构优化、人才为本"的基本方针,坚持"市场主导、政府引导,立足当前、着眼长远,整体推进、重点突破,自主发展、开放合作"的基本原则,通过"三步走"实现制造强国的战略目标:

第一步,到2025年迈入制造强国行列;

第二步,到2035年中国制造业整体达到世界制造强国阵营中等水平;

第三步,到新中国成立一百年时,综合实力进入世界制造强国前列。

《中国制造2025》的"一、二、三、四、五五、十"的总体结构如下:

"一",就是从制造业大国向制造业强国转变,最终实现制造业强国的一个目标。

"二",就是通过两化融合发展来实现这一目标。党的十八大提出了用信息化和工业化两化深度融合来引领和带动整个制造业的发展,这也是我国制造业所要占据的一个制高点。

"三",就是要通过"三步走"的一个战略,大体上每一步用十年左右的时间来实现我国从制造业大国向制造业强国转变的目标。

"四",就是确定了四项原则。第一项原则是市场主导、政府引导。第二项原则是既立足当前,又着眼长远。第三项原则是全面推进、重点突破。第四项原则是自主发展和合作共赢。

"五五",就是有两个"五"。第一个"五"就是有五条方针,即创新驱动、质量为先、绿色发展、结构优化和人才为本。第二个"五"就是实行五大工程,包括制造业创新中心建设的工程、强化基础的工程、智能制造工程、绿色制造工程和高端装备创新工程。

"十",就是十个领域,包括新一代信息技术产业、高档数控机床和机器人、航空航天装备、海洋工程装备及高技术船舶、先进轨道交通装备、节能与新能源汽车、电力装备、农机装备、新材料、生物医药及高性能医疗器械等十个重点领域。

8.5.2 五大工程

1.制造业创新中心(工业技术研究基地)建设工程

围绕重点行业转型升级和新一代信息技术、智能制造、增材制造、新材料、生物医药等领域创新发展的重大共性需求,形成一批制造业创新中心(工业技术研究基地),重点开展行业基础和共性关键技术研发、成果产业化、人才培训等工作。制定完善制造业创新中心遴选、考核、管理的标准和程序。到2020年,重点形成15家左右制造业创新中心(工业技术研究基地),力争到2025年形成40家左右制造业创新中心(工业技术研究基地)。

2.智能制造工程

紧密围绕重点制造领域关键环节,开展新一代信息技术与制造装备融合的集成创新和工程应用。支持政产学研用联合攻关,开发智能产品和自主可控的智能装置并实现产业化。依托优势企业,紧扣关键工序智能化、关键岗位机器人替代、生产过程智能优化控制、供应链优化,建设重点领域智能工厂/数字化车间。在基础条件好、需求迫切的重点地区、行业和企业中,分类实施流程制造、离散制造、智能装备和产品、新业态新模式、智能化管理、智能化服务等试点示范及应用推广。建立智能制造标准体系和信息安全保障系统,搭建智能制造网络系统平台。到2020年,制造业重点领域智能化水平显著提升,试点示范项目运营成本降低30%,产品生产周期缩短30%,不良品率降低30%。到2025年,制造业重点领域全面实现智能化,试点示范项目运营成本降低50%,产品生产周期缩短50%,不良品率降低50%。

3.工业强基工程

开展示范应用,建立奖励和风险补偿机制,支持核心基础零部件(元器件)、先进基础工艺、关键基础材料的首批次或跨领域应用。组织重点突破,针对重大工程和重点装备的关键技术和产品急需,支持优势企业开展政产学研用联合攻关,突破关键基础材料、核心基础零部件的工程化、产业化瓶颈。强化平台支撑,布局和组建一批"四基"研究中心,创建一批公共服务平台,完善重点产业技术基础体系。到2020年,40%的核心基础零部件、关键基础材料实现自主保障,受制于人的局面逐步缓解,航天装备、通信装备、发电与输变电设备、工程机械、轨道交通装备、家用电器等产业急需的核心基础零部件(元器件)和关键基础材料的先进制造工艺得到推广应用。到2025年,70%的核心基础零部件、关键基础材料实现自主保障,80种标志性先进工艺得到推广应用,部分达到国际领先水平,建成较为完善的产业技术基础服务体系,逐步形成整机牵引和基础支撑协调互动的产业创新发展格局。

4.绿色制造工程

组织实施传统制造业能效提升、清洁生产、节水治污、循环利用等专项技术改造。开展重大节能环保、资源综合利用、再制造、低碳技术产业化示范。实施重点区域、流域、行业清洁生产水平提升计划,扎实推进大气、水、土壤污染源头防治专项。制定绿色产品、绿色工厂、绿色园区、绿色企业标准体系,开展绿色评价。到2020年,建成千家绿色示范工厂和百家绿色示范园区,部分重化工行业能源资源消耗出现拐点,重点行业主要污染物排放强度下降20%。到2025年,制造业绿色发展和主要产品单耗达到世界先进水平,绿色制造体系基本建立。

5.高端装备创新工程

组织实施大型飞机、航空发动机及燃气轮机、民用航天、智能绿色列车、节能与新能源汽车、海洋工程装备及高技术船舶、智能电网成套装备、高档数控机床、核电装备、高端诊疗设备等一批创新和产业化专项、重大工程。开发一批标志性、带动性强的重点产品和重大装备，提升自主设计水平和系统集成能力，突破共性关键技术与工程化、产业化瓶颈，组织开展应用试点和示范，提高创新发展能力和国际竞争力，抢占竞争制高点。到2020年，上述领域实现自主研制及应用。到2025年，自主知识产权高端装备市场占有率大幅提升，核心技术对外依存度明显下降，基础配套能力显著增强，重要领域装备达到国际领先水平。

8.5.3 十个领域

1.新一代信息技术产业

集成电路及专用装备。着力提升集成电路设计水平，不断丰富知识产权(IP)和设计工具，突破关系国家信息与网络安全及电子整机产业发展的核心通用芯片，提升国产芯片的应用适配能力。掌握高密度封装及三维微组装技术，提升封装产业和测试的自主发展能力。形成关键制造装备供货能力。

信息通信设备。掌握新型计算、高速互联、先进存储、体系化安全保障等核心技术，全面突破第五代移动通信(5G)技术、核心路由交换技术、超高速大容量智能光传输技术、"未来网络"核心技术和体系架构，积极推动量子计算、神经网络等发展。研发高端服务器、大容量存储、新型路由交换、新型智能终端、新一代基站、网络安全等设备，推动核心信息通信设备体系化发展与规模化应用。

操作系统及工业软件。开发安全领域操作系统等工业基础软件。突破智能设计与仿真及其工具、制造物联与服务、工业大数据处理等高端工业软件核心技术，开发自主可控的高端工业平台软件和重点领域应用软件，建立完善工业软件集成标准与安全测评体系。推进自主工业软件体系化发展和产业化应用。

2.高档数控机床和机器人

高档数控机床。开发一批精密、高速、高效、柔性数控机床与基础制造装备及集成制造系统。加快高档数控机床、增材制造等前沿技术和装备的研发。以提升可靠性、精度保持性为重点，开发高档数控系统、伺服电机、轴承、光栅等主要功能部件及关键应用软件，加快实现产业化。加强用户工艺验证能力建设。

机器人。围绕汽车、机械、电子、危险品制造、国防军工、化工、轻工等工业机器人、特种机器人，以及医疗健康、家庭服务、教育娱乐等服务机器人应用需求，积极研发新产品，促进机器人标准化、模块化发展，扩大市场应用。突破机器人本体、减速器、伺服电机、控制器、传感器与驱动器等关键零部件及系统集成设计制造等技术瓶颈。

3.航空航天装备

航空装备。加快大型飞机研制，适时启动宽体客机研制，鼓励国际合作研制重型直升机；推进干支线飞机、直升机、无人机和通用飞机产业化。突破高推重比、先进涡桨(轴)发动机及大涵道比涡扇发动机技术，建立发动机自主发展工业体系。开发先进机载设备及系统，形成自主完整的航空产业链。

航天装备。发展新一代运载火箭、重型运载器，提升进入空间能力。加快推进国家民用空间基础设施建设，发展新型卫星等空间平台与有效载荷、空天地宽带互联网系统，形成长期持续稳定的卫星遥感、通信、导航等空间信息服务能力。推动载人航天、月球探测工程，适度发展深空探测。推进航天技术转化与空间技术应用。

4.海洋工程装备及高技术船舶

大力发展深海探测、资源开发利用、海上作业保障装备及其关键系统和专用设备。推动深海空间站、大型浮式结构物的开发和工程化。形成海洋工程装备综合试验、检测与鉴定能力，提高海洋开发利用水平。突破豪华邮轮设计建造技术，全面提升液化天然气船等高技术船舶国际竞争力，掌握重点配套设备集成化、智能化、模块化设计制造核心技术。

5.先进轨道交通装备

加快新材料、新技术和新工艺的应用，重点突破体系化安全保障、节能环保、数字化智能化网络化技术，研制先进可靠适用的产品和轻量化、模块化、谱系化产品。研发新一代绿色智能、高速重载轨道交通装备系统，围绕系统全寿命周期，向用户提供整体解决方案，建立世界领先的现代轨道交通产业体系。

6.节能与新能源汽车

继续支持电动汽车、燃料电池汽车发展，掌握汽车低碳化、信息化、智能化核心技术，提升动力电池、驱动电机、高效内燃机、先进变速器、轻量化材料、智能控制等核心技术的工程化和产业化能力，形成从关键零部件到整车的完整工业体系和创新体系，推动自主品牌节能与新能源汽车同国际先进水平接轨。

7.电力装备

推动大型高效超净排放煤电机组产业化和示范应用，进一步提高超大容量水电机组、核电机组、重型燃气轮机制造水平。推进新能源和可再生能源装备、先进储能装置、智能电网用输变电及用户端设备发展。突破大功率电力电子器件、高温超导材料等关键元器件和材料的制造及应用技术，形成产业化能力。

8.农机装备

重点发展粮、棉、油、糖等大宗粮食和战略性经济作物育、耕、种、管、收、运、贮等主要生产过程使用的先进农机装备，加快发展大型拖拉机及其复式作业机具、大型高效联合收割机等高端农业装备及关键核心零部件。提高农机装备信息收集、智能决策和精准作业能力，推进形成面向农业生产的信息化整体解决方案。

9.新材料

以特种金属功能材料、高性能结构材料、功能性高分子材料、特种无机非金属材料和先进复合材料为发展重点，加快研发先进熔炼、凝固成型、气相沉积、型材加工、高效合成等新材料制备关键技术和装备，加强基础研究和体系建设，突破产业化制备瓶颈。积极发展军民共用特种新材料，加快技术双向转移转化，促进新材料产业军民融合发展。高度关注颠覆性新材料对传统材料的影响，做好超导材料、纳米材料、石墨烯、生物基材料等战略前沿材料提前布局和研制。加快基础材料升级换代。

10.生物医药及高性能医疗器械

发展针对重大疾病的化学药、中药、生物技术药物新产品，重点包括新机制和新靶点化学药、抗体药物、抗体偶联药物、全新结构蛋白及多肽药物、新型疫苗、临床优势突出的创新中药及个性化治疗药物。提高医疗器械的创新能力和产业化水平,重点发展影像设备、医用机器人等高性能诊疗设备,全降解血管支架等高值医用耗材,可穿戴、远程诊疗等移动医疗产品。实现生物 3D 打印、诱导多能干细胞等新技术的突破和应用。

8.6　小　　结

人工智能从自然科学中来,随着其不断的发展,也在不断地影响着其他学科,也给人们的社会生活方方面面带了影响。

(1)人工智能对自然科学的影响。在需要使用数学计算机工具解决问题的学科,AI 带来的帮助不言而喻。更重要的是,AI 反过来有助于人类最终认识自身智能的形成。

(2)人工智能对经济的影响。专家系统更深入各行各业,带来巨大的宏观效益。AI 也促进了计算机工业网络工业的发展。但同时,也带来了劳务就业问题。由于 AI 在科技和工程中的应用,能够代替人类进行各种技术工作和脑力劳动,会造成社会结构的剧烈变化。

(3)人工智能对社会的影响。AI 也为人类文化生活提供了新的模式。现有的游戏将逐步发展为更高智能的交互式文化娱乐手段,今天,游戏中的人工智能应用已经深入各大游戏制造商的开发中。

伴随着人工智能和智能机器人的发展,不得不讨论是人工智能本身就是超前研究,需要用未来的眼光开展现代的科研,因此很可能触及伦理底线。作为科学研究可能涉及的敏感问题,需要针对可能产生的冲突及早预防,而不是等到问题矛盾到了不可解决的时候才去想办法化解。

第9章　智能视频处理技术

近十几年来，基于视频的分析技术受到有关部门及学者、工程技术人员的极大关注，其在人机交互、计算机游戏、动画影片、电脑合成影视、运动员训练、多媒体数据库检索和恢复、智能视频监控、地形匹配、图像导航制导、战场侦察测绘等方面得到广泛应用。其中，智能视频监控运动目标分析技术是当前研究最活跃、应用最广泛的领域之一。

智能视频监控(Intelligent Video Surveillance，IVS)运动目标分析技术可对视频图像中感兴趣的运动目标进行分析，如目标检测、分类、跟踪、行为分析、识别、场景理解等等，为视频监控系统采取进一步的措施提供依据。

许多国家有关部门及学者对IVS系统及其运动目标分析技术进行了大量研究。如1997年美国国防高级研究项目署设立了以卡内基梅隆大学机器人所为首，Sarnoff公司等单位参与的视觉监控重大项目VSAM(Visual Surveillance and Monitoring)系统，该系统可用于战场态势分析、重要场所安全监控、难民流动情况监控等。1998—2002年，在欧盟IST(Information Society Technology)研究计划框架资助下，由法国国家计算机科学和控制研究院、英国的雷丁大学、金斯敦大学等机构联合开发研究了一套名为ADVISOR的系统，该系统通过建立智能化的监控系统提高公共交通网络的管理水平，保障人身和财产的安全。由欧盟和奥地利科学基金会共同资助的大型视频监控技术研究项目AVITRACK(Aircraft surroundings, categorized Vehicles & Individuals Tracking for apron's Activity model interpretation & Check)旨在提高机场的运作效率并用于安全监控。实时视觉监控系统W4能够在室外环境下对多人的活动进行检测、跟踪、监控，定位人和分割出人的身体部分、通过建立外观模型来实现多人的跟踪并进一步检测人是否携带物体以及识别简单的行为事件。ObjectVideo是由全球著名的智能视频监控企业ObjectVideo开发的一套针对公共区域安全视频监控、访问控制的智能嵌入式系统，可运用在安防、公共安全、商业智能信息收集、流程改进等领域。

国际上一些权威期刊如PAMI(IEEE Transactions on Pattern Analysis and Machine Intelligence)、IJCV(International Journal of Computer Vision)、CVIU(Computer Vision and Image Understanding)、IVC(Image and Vision Computing)和重要的学术会议如CVPR(IEEE Computer Society Conference on Computer Vision and Pattern Recognition)、ICCV(International Conference on Computer Vision)、ECCV(European Conference on Computer Vision)、ICPR(International Conference on Pattern Recognition)、ICIP(International Conference on Image Processing)、IWVS(IEEE International Workshop on Visual Surveillance)等

均将IVS系统，特别是运动目标分析技术作为重要研究内容。

国内专家学者、科研院所、相关企业也高度重视IVS运动目标分析技术的发展。清华大学、北京大学、东北大学、中国科技大学、复旦大学、浙江大学、西北工业大学、中科院自动化所、中科院计算所、微软亚洲研究院等大学和科研院所都开展了对IVS相关技术的研究。如中科院自动化所模式识别国家重点实验室建立了一套针对室内外场景监控的IVS系统，该系统能实时记录场景变化，分析场景中目标的运动状态，并可对人员进行多生物特征识别。西北工业大学建立了一套GreatWall-IVS系统，该系统可实现门禁控制、复杂环境下的目标跟踪、航拍视频目标检测跟踪、人体姿势识别、行为分析以及多摄像机环境下的目标交接等功能。

由中国图像图形学学会等相关单位积极组织的学术研讨会，如机器视觉国际展览会暨机器视觉技术及工业应用研讨会（VisionChina）已成功举办了四届，中国（北京）城市公共安全视听信息研讨会也已成功举办了两届。国内外企业一致看好IVS系统的广阔应用前景，如德州仪器（TI）、ObjectVideo公司共同宣布与杭州海康威视数字技术有限公司（Hikvision）进行合作，携手开发下一代IVS系统。

IVS系统可广泛应用于国家边境防护、重点区域监控、机场、宾馆、银行、交通管理、学校以及住宅小区等的公共安全防护中。因此，对IVS系统关键技术——运动目标分析技术——的研究具有重要的理论价值与现实意义。

9.1　IVS运动目标分析技术研究现状

运动目标分析技术的关键是从图像序列中对运动目标进行检测、分类，跟踪，识别以及整个场景的理解与描述，如图9-1所示。

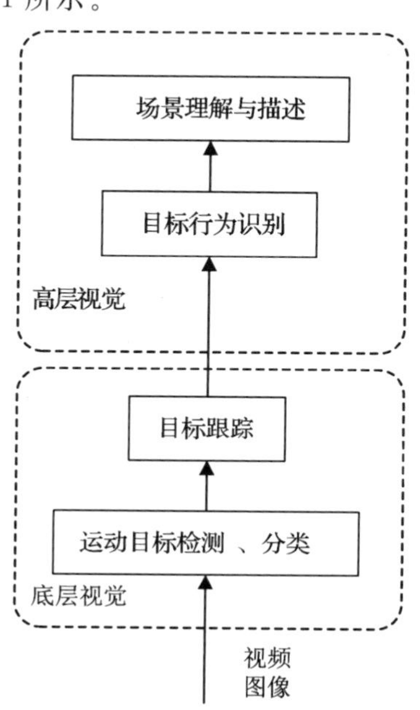

图9-1　运动目标分析技术的研究内容

9.1.1 运动目标检测、分类

运动目标检测、分类是将运动目标从序列图像背景中分离出来，是目标跟踪、行为识别、场景理解等后期处理的基础。

一般可利用目标相对于场景的运动，将目标从背景中分离出来，从而实现运动目标的检测。最具代表性的方法有帧差分算法、光流法和背景减除法。其中，背景减除法是目前最常用的方法，该方法简单方便，缺点是容易受光线、天气等外界条件变化的影响。背景减除算法流程可以用图 9－2 表示，主要包括预处理、背景建模、目标检测及滤波处理四个过程。该方法的难点在于建立理想的背景模型，包括模型初始化、模型保持与更新。

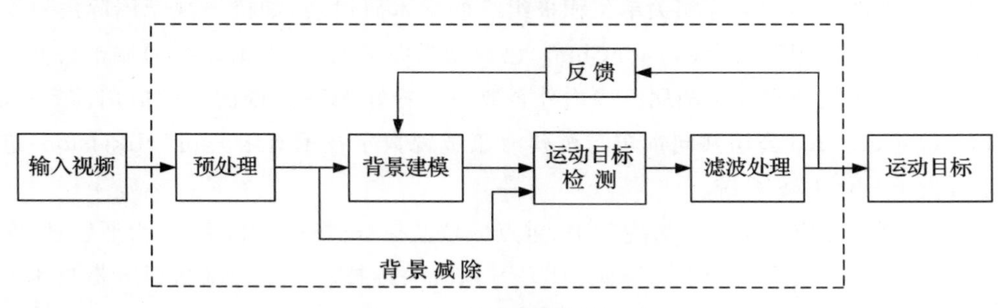

图 9－2　背景减除法流程图

还可以采用对目标建模的方式进行目标检测，该方法是通过建立被检测目标特征模型，设计分类器，从图像中分离出目标，实质上是一个目标分类识别过程。其算法原理如图 9－3 所示。基于模型的目标检测实质是一个二分类问题，用有监督机器学习方法构造分类器进行目标分类是当前研究的主流趋势。常用的机器学习算法包括神经网络(Neural Networks)、支持向量机(Support Vector Machines，SVM)、自适应增强算法(Adaboost)等。

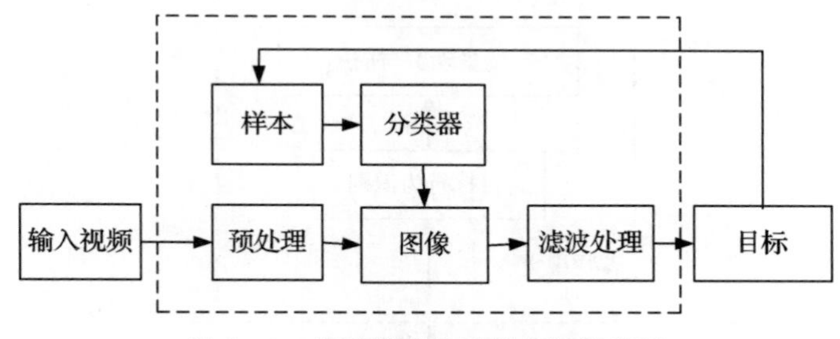

图 9－3　基于模型的目标检测原理图

此外，在光照条件较强的场景中，运动目标会在地面上投射产生运动阴影。由于阴影明显不同于背景，并且阴影会随着目标一起运动，利用背景减除方法进行运动目标检测时，往往将阴影检测为运动前景，会造成运动目标的合并、几何变形，甚至使目标丢失，对后期目标识别分类及行为理解造成严重的影响。因此，对运动阴影的抑制也是目标检测算法的一个重要研究方向。

1.背景建模

常用的背景模型有时间平均模型、卡尔曼(Kalman)估计模型、混合高斯模型以及基于核密度估计模型等。

时间平均模型是最简单的一种自适应背景更新模型，它利用最近若干帧的时间平均来建立背景参考模型。该方法仅能用于背景在大部分时间内可见的场合，当场景中长时间有大量目标在运动，或者目标运动太慢，或者背景具有双峰或多峰分布时，时间平均法很难得到满意的结果。时间平均模型的一种改进算法是只对被判定属于背景的像素进行更新，不过还是不能解决背景扰动运动问题。

Wren 等人采用单一高斯模型对背景像素值进行建模，给定检测阈值，当前像素值落在小于阈值时则认为当前像素属于前景目标。在背景保持静止时，单一高斯分布背景模型足以抵御背景纯噪声的影响，也能适应背景光照缓慢变化的场景，该方法在光照相对稳定的室内监控场景下能收到较好的效果，而对于户外环境，由于背景中可能包含大量扰动（如树叶随风晃动，水面波光等），这些扰动可能使背景像素值发生剧烈变化，因此单一高斯模型便不再适用。

Stuffer 提出了一种混合高斯模型（Gaussian Mixture Model，GMM），它用若干按照不同权值叠加的高斯分布来模拟多峰分布，各个高斯分布的权值和分布参数随时间更新，即通过选取一个适当的学习速度参数，当新的值来到时采用无限冲激响应（Infinite Impulse Response，IIR）滤波器对其更新。另一种常用的方法是使用期望最大化（Expectation Maximization，EM）算法对每个高斯分布参数进行估计，EM 算法能够确保收敛到局部极小点，但计算量较大，需要进行精心的初始化。P. Kaew TraK ul Pong 在混合高斯的框架下采用在线 EM 算法对模型参数的更新算法做了改进，无论是背景模型学习、更新速度还是精确度都超过了 GMM 的原型算法。Z.Zivkovic 也在混合高斯框架下提出了一种自适应算法，该方法不但能够自适应地更新高斯分布参数而且能够自动选择高斯函数的个数。混合高斯模型已经成为背景建模方法中最常用的一种模型。

Ahmed Elgammal 给出了一种基于快速高斯变换的核密度估计方法，并将其应用于运动目标检测与跟踪。Anurag Mittal 也是采用核函数在时域上对像素值的概率密度进行估计，并结合光流法得到了一种检测算法，对于海浪背景和树梢摆动背景环境得到了较好的效果，缺点是计算量很大。

此外文献分别采用自回归过程和隐马尔可夫模型（Hidden Markov Model，HMM）建立背景模型，K. Toyama 将图像序列的高层分析方法和低层分析方法结合建立背景模型。一些学者还引入音频信息，提出音频、视频混合背景模型，依靠增加输入信息的维数来提高检测准确度。

国内外很多学者对复杂背景建模问题进行了广泛的研究，获得了不少成果，即便如此，运动目标检测算法仍然没有达到复杂场景的要求。因为场景中背景景象存在各种不同的分布，采用同一种模型可能不适合所有情况，所以在一定条件下，不同的背景分布采用不同的背景模型是一种解决思路。本章将在选择性背景建模等方面开展研究，以期寻找更好的目标检测方法。

2.目标特征提取

设计目标检测器的主要步骤包括目标特征提取和机器学习算法的选择。其中目标特征的选择对分类的结果影响较大，因此对目标特征的提取是该方法首要关心的问题。目前常用的目标特征有形状特征、颜色特征、运动特征以及多特征四种。

形状特征采用的是与目标外观形状有关的模型，包括椭圆模型、离散度模型、星形骨架模型、轮廓模型以及目标空间尺度模型等，采用形状特征的目标检测方法最大的缺陷是目标形状信息的不易准确提取，这些信息需要将运动目标从背景中完整分割后才能够得到。由于运动时人体形状变化的多态性，再加上雨雪天气、阴影、树枝摇曳等自然场景中常见的噪声干扰，使得目前常用的运动区域分割方法并不能取得较理想的效果，所以降低了形状特征计算的准确性，从而影响目标分类的准确性。

颜色特征是使用最广泛的一种目标特征。一般都采用RGB颜色空间中的目标颜色信息，这种方法直接有效，通过建立目标颜色的高斯模型，进而实现对目标的特征提取。但是颜色特征存在很多缺陷，如视频中目标的颜色会随光照的变化而变化，阴影、遮挡、强光以及摄像机因素等的变化，使得该特征不能稳定地描述目标。

运动特征主要是利用目标运动时的周期性动作来描述目标，可利用周期运动图像、目标运动方向变化、3D运动模板等描述目标的周期运动特征。周期运动图像描述了连续帧图像间的像素亮度值变化，为了提高这一特征计算的准确性，必须对目标进行跟踪并且加以适当的位置平移补偿，然后利用运动周期特征在时域的自相似性等方法来确定目标运动周期，从而对运动目标的类别做出判断。如人在行走或跑动过程中会表现出明显的运动周期性，可利用该方法进行人的检测。这类方法除了要进行运动区域分割外，还需要对运动目标在多帧图像内进行持续跟踪，以计算其周期运动特征。目标跟踪的引入增加了算法复杂度，并且由于目前的跟踪算法准确度还有待提高，因此使基于运动信息的目标分类方法受到诸多限制。

多特征方法综合利用目标形状信息和运动信息两类特征，实现了优势互补，增大了特征库容量，使得通过机器学习方法训练出的分类器性能更加优良，但由于这种多模型的分类方法，增加了算法的复杂度，所以这种方法的实时性还有待提高。最近邻法、SVM分类器和Adaboost算法等是目前最常用的多特征分类方法。

因为用以描述目标的特征选择会极大影响目标检测的效果，所以采用更能描述目标特点的特征，才能更好地检测目标。本文针对行人检测问题，开展行人特征提取方法的研究，以期寻找合适的行人特征描述方式。

9.1.2 运动目标跟踪

运动目标跟踪是试图在各帧图像之间确定目标相关信息参数（位置、速度、颜色、纹理、形状等）的相互关系，通过前后帧之间对应匹配关系记录目标的轨迹等信息，实现对目标的跟踪。运动目标跟踪在处理过程中要完成两个主要工作：一是目标检测与分类，检测出相关目标在图像帧中的位置；二是连续图像帧目标位置关联，在图像中确定出能代表目标的点，并确定其位置坐标，随着时间的变化确定出目标的踪迹。

依据是否需要建立被跟踪目标的数学模型，跟踪方法可分为无模型和基于模型两种方法。目前绝大多数基于视频的运动目标跟踪算法是基于模型的跟踪方法，其又可分为四类：基于区域的跟踪、基于特征的跟踪、基于变形模板的跟踪和基于模型的跟踪。

（1）基于区域的跟踪。其基本思想是首先得到包含目标的模板（Template），该模板通过图像分割获得或是预先人为确定，模板通常为略大于目标的矩形，也可为不规则形状；然后在序列图像中，运用相关算法跟踪目标，对灰度图像可以采用基于纹理和特征的相关，对彩色图像可利用基于颜色的相关。近年来，对基于区域的跟踪方法关注较多的是如何处理模板变化时的情况，这种变化是由运动目标姿态变化引起的，如果能正确预测目标的姿态变化，则可实现稳定跟踪。

(2)基于特征的跟踪。该类算法一般也采用相关算法,与基于区域的跟踪算法不同的是,它采用目标的某个或某些局部特征作为相关对象。这种算法的优点在于即使目标的某一部分被遮挡,只要还有一部分特征可以被看到,就可以完成跟踪任务。另外,这种方法与卡尔曼滤波器联合使用,也具有很好的跟踪效果。这种算法的难点是对某个运动目标,如何确定它的唯一特征集。若采用特征过多,系统效率将降低,且容易产生错误。

(3)基于变形模板的跟踪。变形模板是纹理或边缘可以按一定限制条件变形的面板或曲线。文献中,将一条手画(Hand - Draw)封闭曲线作为目标模板,该曲线通过方向及方向的变形逐渐与图像中的真实目标相适应,从而检索或跟踪复杂背景中的目标。在视觉跟踪过程中,更为常用的变形模板是由 Kass 在 1987 年提出的活动轮廓模型(Active Contour Models, ACM),又称为 Snake 模型。该模型非常适合可变形目标的跟踪,但其比较适合单目标的跟踪,对于多目标的跟踪更多是采用基于水平集(Level Set)方法的活动轮廓模型。

(4)基于模型的跟踪。对人体进行跟踪时,通常采用三种模型,即线图模型、2D 模型和 3D 模型。目前,在实际的视觉跟踪算法中,更多的是采用运动目标的 3D 模型。首先由先验知识获得目标的三维结构模型和运动模型,然后根据实际的图像序列,确定出目标的三维模型参数,进而确定出目标的瞬时运动参数。这种方法的优点是,可以精确地分析目标的三维运动轨迹,即使在运动目标姿态变化的情况下,也能够可靠的跟踪。但是其缺点是运动分析的精度取决于几何模型的精度,在现实生活中要获得所有运动目标的精确几何模型是非常困难的,因而限制了该方法的使用,同时,基于 3D 模型的跟踪算法计算量大,很难实现实时运动目标跟踪。

目前,针对基于视频的运动目标跟踪快速、稳定的要求,基于目标区域或特征的方法应用最多。一般采用均值漂移(Mean Shift)、Kalman 滤波、最近邻、EM 等算法结合适当的目标区域或特征,可以得到比较满意的效果。如王永忠等人提出的目标跟踪方法,综合应用了目标的颜色和纹理特征,很大程度上减弱了光照变化对目标跟踪效果的影响,实现了目标的稳定跟踪。可见,对目标区域特征的提取对运动目标跟踪的效果影响很大。因此,本章将在目标区域特征提取方面展开研究,以期寻找适合的目标描述方法,并结合使用 Mean Shift、Kalman 滤波跟踪算法,达到对目标的准确鲁棒跟踪。

9.2　背景建模

9.2.1　单高斯背景模型典型算法

背景模型对运动目标要有较强的抗干扰能力,因为在背景模型的更新过程中,受到了每个新获取像素的"训练",不论在实际应用场景中该像素是属于背景还是运动目标。用背景像素对背景模型进行"训练"是我们所希望的,运动目标像素的"训练"则会损害背景模型的准确性,特别是在颜色均匀的运动物体尺度较大或速度较慢时,这种长时间的"训练"会产生错误的场景背景。对于视频图像中的每一个像素点,其值在序列图像中的变化可看作是不断产生像素值的随机过程,该过程可以表示为

$$\{x_1, x_2, \cdots, x_t\} = \{I(x_0, y_0, i), 1 \leqslant i \leqslant t\}$$

式中,I 为像素值;x_0 和 y_0 分别为像素点的横坐标与纵坐标;i 为序列图像的帧号。在混合

高斯背景模型中，认为像素之间的颜色信息互不相关，对各像素点的处理是相互独立的，若不作特殊说明，本书中有关背景模型的描述都是针对同一像素点而言。

背景减除法的关键是背景图像的描述模型即背景模型，它是背景减除法分割运动前景的基础。背景模型主要有单模态（Unimodal）和多模态（Multimodal）两种，前者在每个背景像素点上的颜色分布比较集中，可以用单分布概率模型来描述，后者的分布则比较分散，需要多分布概率模型来共同描述。在许多应用场景，如水面的波纹、摇摆的树枝、飘扬的旗帜和监视器屏幕等，像素点值都呈现出多模态特性。最常用的描述场景背景点颜色分布的概率密度模型（概率密度函数）是高斯分布（正态分布）。

单高斯分布背景模型适用于单模态背景，它把每个像素点的颜色值分布用单个高斯分布 $\eta(X_t,\mu_t,\Sigma_t)$ 表示，在分布密度函数 $\eta(X_t,\mu_t,\Sigma_t)$ 中下标 t 表示时间，μ_t 表示 t 时刻高斯分布的均值，Σ_t 为高斯分布的协方差。设像素点的当前颜色值为 I_t，记 $\boldsymbol{d}_t = I_t - \mu_t$，若 $\boldsymbol{d}_t^{\mathrm{T}} \Sigma_t^{-1} \boldsymbol{d}_t$ 的值大于一定的阈值，则该点被判定为运动前景点，否则认为该点与高斯分布相匹配，为场景背景像素点。

单高斯分布背景模型的更新指描述场景背景的高斯函数参数的更新，引入学习率 α 表示参数的更新速度，则像素点高斯分布参数按如下公式更新：

$$\mu_{t+1} = (1-\alpha)\,\mu_t + \alpha\, I_t$$

$$\Sigma_{t+1} = (1-\alpha)\cdot\Sigma_t + \alpha\cdot\boldsymbol{d}_t\,\boldsymbol{d}_t^{\mathrm{T}}$$

式中，$\boldsymbol{d}_t = I_t - \mu_t$，$\mu_t$ 为当前背景图像中像素点的灰度值，也是高斯分布的均值；I_t 为当前帧像素点的灰度值；μ_{t+1} 为参数更新后背景图像的灰度值；α 为学习率，当 I_t 被检测为运动前景时，α 可以取值为 0，背景模型参数 α 取经验值，若该值取太小，会使背景模型跟不上实际场景背景的更新速度，α 若取值太大则可能将速度较慢的运动目标更新成为背景模型的一部分，使运动目标检测出现空洞与拖尾现象，甚至可能丢失运动前景目标，如果取更新率为 100%，则单高斯背景模型退化为帧间差分法。本章在实验中，α 取经验值 0.005。

单高斯背景模型能处理有微小变化与慢慢变化的简单场景，当较复杂场景背景变化很大或发生突变，或者背景像素值为多峰分布（如微小重复运动）时，背景像素值的变化较快，并不是由一个相对稳定的单峰分布渐渐过渡到另一个单峰分布，这时单高斯背景模型就无能为力，不能准确地描述背景了。

9.2.2 混合高斯背景模型典型算法

背景不一定是没有运动存在的场景，当树叶在摇动时，它会反复地覆盖某像素点然后又离开，此像素点的值会发生剧烈变化，为有效地提取感兴趣的运动目标，应该把摇动的树叶也看作背景。这时任何一个单峰分布都无法描述该像素点的背景，因为使用单峰分布就表示已经假定像素点的背景在除了少量噪声以外是静止的，单模态模型无法描述复杂的背景。在现有效果较好的背景模型中有些为像素点建立了多峰分布模型（如混合高斯模型），有些对期望的背景图像进行预测，这些算法的成功之处在于定义了合适的像素级稳态（Stationarity）准则，满足此准则的像素值就认为是背景，在运动目标检测时予以忽略。对于特定的应用场景，要想对特定算法的弱点与优势进行评价，必须明确这种像素级稳态准则。

对于混乱的复杂背景，不能使用单高斯模型估计背景，考虑到背景像素值的分布是多峰的，可以根据单模态的思想方法，用多个单模态的集合来描述复杂场景中像素点值的变化，混合高斯模型正是用多个单高斯函数来描述多模态的场景背景。

混合高斯模型的基本思想是：对每一个像素点，定义 K 个状态来表示其所呈现的颜色，K 值一般取 3～5 之间（取决于计算机内存及对算法的速度要求），K 值越大，处理波动能力越强，相应所需的处理时间也就越长。K 个状态中每个状态用一个高斯函数表示，这些状态一部分表示背景的像素值，其余部分则表示运动前景的像素值。若每个像素点颜色取值用变量 X_t 表示，其概率密度函数可用如下 K 个三维高斯函数表示：

$$f(X_t = x) = \sum_{i=1}^{K} \omega_{i,t} * \eta(x, \mu_{i,t}, \boldsymbol{\Sigma}_{i,t})$$

式中，$\eta(x, \mu_{i,t}, \boldsymbol{\Sigma}_{i,t})$ 是 t 时刻的第 i 个高斯分布，其均值为 $\mu_{i,t}$，协方差矩阵为 $\boldsymbol{\Sigma}_{i,t}$，$\omega_{i,t}$ 为第 i 个高斯分布在 t 时刻的权重，且有 $\sum_{i=1}^{K} \omega_{i,t} = 1$ 其中

$$\eta(X_t, \mu_{i,t}, \boldsymbol{\Sigma}_{i,t}) = \frac{1}{(2\pi)^{\frac{n}{2}} \mid \boldsymbol{\Sigma}_{i,t} \mid^{1/2}} \mathrm{e}^{-\frac{1}{2}(X_t - \mu_{i,t})^{\mathrm{T}} \sum_{i,t}{}^{-1}(X_t - \mu_{i,t})}, \quad i = 1, 2, \cdots k$$

式中，n 表示 X_t 的维数。当对灰度图像用混合高斯模型进行背景建模时，取 $n=1$，处理起来比较容易。当处理彩色图像时，为了减少计算量，提高算法的实时性，一般假定每帧视频图像中各像素点的 R、G、B 三颜色通道相互独立，并具有相同的方差，则协方差矩阵取值为

$$\boldsymbol{\Sigma}_{i,t} = \delta_{i,t}^2 I$$

这就相当于为每个颜色通道各建立了一个一维混合高斯模型。在 YUV 颜色空间进行混合高斯背景建模，也可以作类似处理，认为 Y、U、V 相互独立，在每个颜色通道各建立一个一维混合高斯模型。假定像素点的 R、G、B 三通道相互独立，可以减少算法计算量，提高算法的实时性，但是也忽略了像素点三颜色通道值之间的相关性，降低了算法的精确度。同时，在线性颜色空间（如 RGB 空间）中，假定空间中各个分量（如 R、G、B 分量）的偏差都具有相同的统计特性，从而把各个分量取相同的方差，这也近似合理，但在有些条件下，在如 HSV 空间（Hue 为色度、Saturation 为饱和度、Value 为亮度）的非线性颜色空间，在一些各分量的分布互不相同的混合颜色空间，如此简化处理认为颜色空间各分量的方差相等就不合理了。

下面将对混合高斯模型的参数初始化、参数更新、场景背景选择与运动前景检测分别加以讨论。

1.混合高斯模型的参数初始化

在对混合高斯模型进行初始化时，可以计算一段时间内视频序列图像中每一像素点的平均灰度值 μ_0 及像素的方差 σ_0^2，用 μ_0 和 σ_0^2 来初始化混合高斯模型中 K 个高斯分布的参数，即

$$\mu_0 = \frac{1}{N} \sum_{t=0}^{N-1} I_t, \quad \sigma_0^2 = \frac{1}{N} \sum_{t=0}^{N-1} (I_t - \mu_0)^2$$

但在计算 μ_0、σ_0^2 时需要存储多幅视频图像，对内存容量要求较高。若对混合高斯参数初始化速度要求不高，像素点每个颜色通道像素值范围为[0,255]，可以对 K 个高斯分布直接初始化较大的 σ_0^2 值，对第 i 个高斯分布的均值与权重取：

$$\omega_i = 1/K, \quad \mu_i = 255 \times (i/K), \quad i = 1, 2, \cdots, K$$

在本章实验中，认为第一帧视频图像为场景背景的可能性较大，即使第一帧图像有些区域为运动目标，相对于整幅图像来说，运动区域也只占较小的一部分，取第一帧图像的像素值来对混合高斯模型中某个高斯分布的均值进行初始化，并对该高斯分布的权值取相对较大值（比

其他几个高斯分布大)，其他高斯分布的均值取为零，权重相等，混合高斯模型中所有高斯函数的方差取相等的较大初始化值，那么在混合高斯参数的学习过程中，取该较大权重高斯函数均值作为场景背景的可能性也较大。实验表明，在参数初始化时存在运动目标的复杂监控场景，这样处理会加快场景背景的生成速度，在提取的背景中只有少数像素区域存在由错误的运动目标背景学习生成真实静态背景的过程。

2.混合高斯模型的参数更新

多高斯分布模型的参数更新较为复杂，它不仅要更新高斯函数的参数，还要更新各分布的权重，并根据权重把各分布排序。在获得新的像素值以后，将当前帧的像素值与混合高斯模型中 K 个高斯分布分别匹配，若新获取像素值与其中某个高斯分布满足下式，则认为该像素值与高斯分布匹配。即对每个输入像素值 I_t ，如果满足下式，则 I_t 和该高斯函数匹配。

$$| I_t - \mu_{i,t-1} | \leqslant D_1 \sigma_{i,t-1}$$

式中，$\mu_{i,t-1}$ 为第 i 个高斯函数的均值，D_1 为用户自定义的参数，在实际应用系统中一般取值2.5；$\sigma_{i,t-1}$ 为第 i 个高斯函数的标准差。

与 I_t 相匹配高斯分布的参数按如下公式更新：

$$\omega_{i,t} = (1-\alpha)\,\omega_{i,t-1} + \alpha$$

$$\mu_{i,t} = (1-\rho)\,\mu_{i,t-1} + \rho I_t$$

$$\sigma_{i,t}^2 = (1-\rho)\,\sigma_{i,t-1}^2 + \rho(I_t - \mu_{i,t})^2$$

式中，α 是用户定义的学习率，且 $0 \leqslant \alpha \leqslant 1$，$\alpha$ 的大小决定着背景更新的速度，α 越大，更新速度越快，α 越小，更新速度越慢。ρ 是参数学习率，且 $\rho \approx \frac{\alpha}{\omega_{i,t}}$ 。

如果没有高斯分布和 I_t 匹配，则权值最小的高斯分布将被新的高斯分布所更新，新分布的均值为 I_t ，初始化一个较大的标准差 σ_0 和较小的权值 ω_0 。余下的高斯分布保持相同的均值和方差，但它们的权值会衰减，即按下式处理：

$$\omega_{i,t} = (1-\alpha)\,\omega_{i,t-1}$$

实验表明，在上式中选取 $D\sigma_{i,t-1}$ 作为自适应阈值，能够取得较好的效果，这样处理可以自动地对每个像素点取不同阈值，相对于所有像素点统一取相同阈值，多阈值具有多种优点。在比较简单的单峰分布背景中，用混合高斯模型进行背景建模与运动目标检测并不能比单高斯模型取得更好的效果，且计算量要更大，而在场景比较混乱、背景像素值呈现多峰分布的场合，特别适合用多高斯分布背景模型。

3.场景背景的选取

对于混合高斯模型，并不是所有的高斯分布都描述场景背景，判断哪些分布描述背景、哪些分布描述运动前景的自动检测至关重要。混合高斯模型对背景与运动前景一视同仁地建立模型，通过混合高斯的参数学习机制，用那些权重比较大的高斯函数来描述出现频率比较高的背景像素值，而描述运动前景的高斯函数则会有较小的权重，这也就是为什么实用的混合高斯模型至少包含三个高斯函数，每个像素点至少要用二个高斯函数来描述背景，一个高斯函数来描述运动前景，而且只用一个高斯函数描述前景也只能对运动前景进行比较粗糙的建模。在只用一个高斯分布就可以描述背景的应用场合,就没有必要用混合高斯来进行建模,用单高斯背景模型就可以了。

在得到新的视频帧图像后,根据新的像素值把混合高斯模型的所有参数更新,然后把所有高斯函数的权值归一化,并把各个高斯分布按 $\omega_{i,t}/\sigma_{i,t}$ 从大到小排列,$\omega_{i,t}/\sigma_{i,t}$ 越大,排的顺序越靠前,否则排的顺序越靠后。分布位置越靠前,它是背景分布的可能性越大,否则它是背景分布的可能性越小,排在最后的高斯分布将会被新建立的分布所取代。$\omega_{i,t}/\sigma_{i,t}$ 大者表示像素值有较小的方差(像素值变化不大)与较高的出现频率($\omega_{i,t}$ 较大),这正体现了场景背景像素值的特性,因为像素点显示背景状态的概率通常要比显示任一运动前景状态的概率大得多。如果 $i_1, i_2, \cdots, i_K$ 是各高斯分布在 t 时刻按 $\omega_{i,t}/\sigma_{i,t}$ 由大到小的排列次序,若前 M_1 个分布满足下式,则这 M_1 个分布被认为是背景分布,其余高斯分布被认为是运动前景分布。

$$\sum_{k=i1}^{iM1} \omega_{k,t} \geqslant \tau$$

式中,τ 是权重阈值,表示能够描述场景背景的高斯分布权重之和的最小值。τ 的确定非常重要,对算法的效果有重要影响,若 τ 取值过小,则有可能只能取一个高斯分布作为背景,此时混合高斯分布退化为单高斯分布。若 τ 取值过大,则会将权重很小的分布作为背景分布,容易使运动目标像素值与此小权重高斯分布相匹配而把它误认为是背景像素点。当 τ 取值合适时,由于有多个高斯分布作为背景模型,可以处理双峰或多峰的背景,并且使背景具有自适应的更新能力,可以随着环境的变化进行自动更新。

4.运动前景检测

运动前景检测就是把当前输入视频图像与背景模型相比较,看输入像素值与相应的背景估计之差是否大于某一阈值。在理想条件下,所设阈值应该随着像素点坐标位置的不同而不同,在对比度(Contrast)比较低的区域,阈值应小一些,而在对比度比较高的区域,阈值应设较大些,众多研究人员已对阈值设定方法作了深入研究。

混合高斯模型中运动前景的检测方法为,若当前像素值 I_t 和每个背景高斯分布均值之差的绝对值都大于该分布标准差的 D_2 倍,则 I_t 被认为是运动前景,否则 I_t 被判为背景像素。像素值 I_t 只要与一个背景高斯分布匹配,就判定 I_t 为背景像素。参数 D_2 的选取通过实验凭经验得到,本文在实验中取值 2.5。在有些混合高斯算法中,根据当前像素值与混合高斯模型中背景高斯分布均值的比值来判定当前值是否为运动前景,即满足下式中之一就认为该像素为运动前景。

$$|I_t - \mu_{i,t-1}| > D_2\sigma_{i,t-1}, \quad i=1,2,\cdots,M_1$$

$$I_t/\mu_{i,t-1} > \alpha_1 \text{或} I_t/\mu_{i,t-1} < \beta_1, \quad i=1,2,\cdots,M_1, \quad \alpha_1,\beta_1 \text{为阈值}$$

9.3 行人目标检测

基于目标特征的目标检测实质是一个二分类问题,用有监督机器学习方法构造分类器进行目标分类是当前研究的主流趋势。在智能视频监控系统运动目标检测中,最关心的目标就是行人,因此对行人的检测是视频运动目标分析的一个重要研究方向。

Viola 等人提出了基于 Adaboost 的行人检测算法，使用 Harr－like 矩形特征进行目标特征提取，同时从目标的灰度图像和帧差二值图像上提取特征值，将目标的形状信息和运动信息结合在一起，训练 Adaboost 分类器进而实现行人检测。其检测结果准确性较高，但在某些纹理信息比较丰富的场景，其检测性能会下降。基于 Adaboost 算法的行人检测器是一种窗口特征变换方法，特征选择和弱分类器设计是行人检测中的关键。本章对此问题进行了研究，首先从研究人体的外部特征入手，提出符合人体外形特征的三角特征描述，然后结合矩形特征提出了一种复合特征描述方法，从而实现分类器优化，提高分类效率。

Papageorgiou 采用 Harr 小波基函数针对正面人脸和人体检测问题进行了研究，发现标准正交 Harr 小波基在应用上受到一定限制，为了取得更好的空间分辨率，Papageorgiou 使用了 4 种形式的非标准 Harr 小波进行特征选择，如图 9－4 所示。这些特征对人脸检测非常直观有效，但对于人体检测，其物理意义不是十分明显，且效果不是很好。Rainer Lienhart 等人在 Papageorgiou 选择特征的基础上加了 45°的旋转，提出扩展的 Harr－like 特征，从抽象的角度来说，扩展 Harr－like 特征可分为边缘特征、线特征、中心环绕特征、对角线特征，如图 9－5 所示。该类特征由于计算复杂，特征数目巨大，没有得到广泛使用。朱谊强提出非对称特征概念，如图 9－6 所示。该类特征根据人体的形状特性构造，从而能够表征行人的局部边缘特性，具有一定的效果，但单独使用时效果不是很好。蔡忠志在进行人脸检测时提出了三角特征构建分类器，但没有明确指出其物理意义。

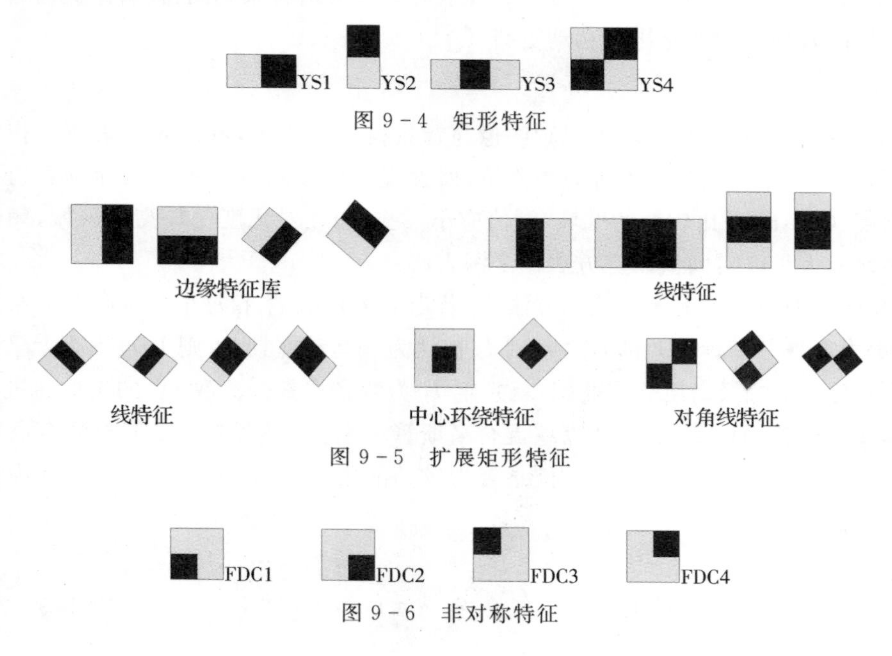

图 9－4 矩形特征

图 9－5 扩展矩形特征

图 9－6 非对称特征

9.3.1 三角特征

从图 9－7 的典型行人姿态图可见，倾斜边缘广泛存在于行人的侧面、正反面以及斜侧面，在行人的腿部、胳膊甚至躯干，都出现了一定程度的倾斜。这些边界无法用矩形特征、非对称特征准确描述。因此，提出图 9－8 的三角特征。

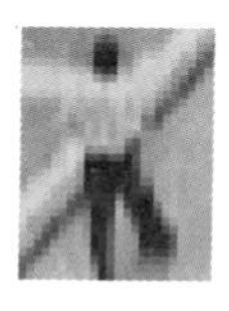

图 9－7　行人姿态与三角特征图

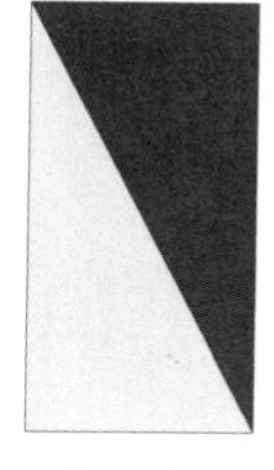

图 9－8　四种类型的三角特征

采用积分图像方法可以较方便地计算出矩形特征的特征值。Rainer Lienhart 提出的矩形特征值计算公式为

$$\text{feature}=\sum_{i=1}^{N}\omega_i \text{RecSum}(r_i)$$

式中，N 为矩形特征中矩形块的个数；ω_i 为矩形特征中相应矩形块的权值；$\text{RecSum}(r_i)$ 为相应矩形块中所有像素值的和。一般地，对于图 9－4 的矩形特征，由于只存在黑白两种区域，所以设定 N 为 2，权值设为

$$\omega_2/\omega_1=-\text{Area}(r_1)/\text{Area}(r_2)$$

则特征值公式变为

$$\text{feature}=\omega_1\text{RecSum}(r_1)-\omega_2\text{RecSum}(r_2)$$

而对于三角特征，由于斜边的出现，三角区域内的像素无法直接统计得到，其特征值计算较困难。本章在 Rainer Lienhart 矩形特征值计算方法的基础上，采用一种极限思想，逐级逼进计算三角特征特征值，如图 9－9 所示。

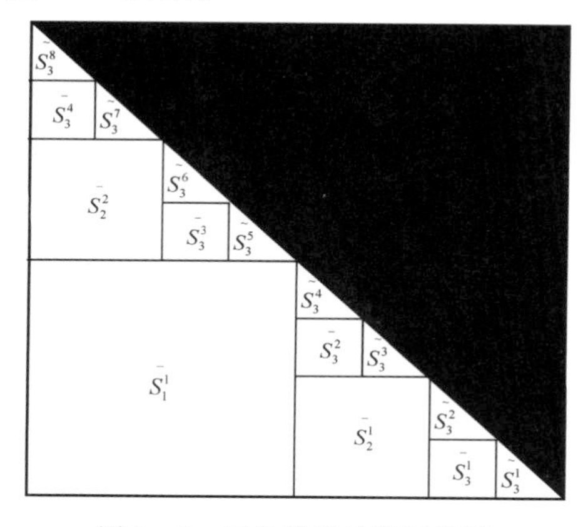

图 9－9　三角特征计算示意图

图 9－9 中，设 $\tilde{S}_i^j$ 为第 i 级第 j 个三角形的内部像素和，$\bar{S}_i^j$ 为第 i 级第 j 个矩形的内部像素和（$i,j \in N$），$\tilde{S}_0$ 为白色三角区域内部像素和，$\tilde{S}'_0$ 为黑色三角区域内部像素和，$\bar{S}_0$ 为矩形区域内部像素和，由于黑白三角区域面积相等，则 $\dfrac{\omega_2}{\omega_1}=-1$。取 $\omega_1=-1$、$\omega_2=1$，计算三角特征的特征值 S 为

$$S \approx \bar{S}_0 - 2\sum_{i=1}^{N}\sum_{j=1}^{2i-1}\bar{S}_i^j$$

证明：$S \approx \tilde{S}'_0 - \tilde{S}_0 = (\bar{S}_0 - \tilde{S}_0) - \tilde{S}_0 = \bar{S}_0 - 2 \cdot \tilde{S}_0$

因为 $\tilde{S}_0 = \bar{S}_1 + \sum\limits_{j=1}^{2}\tilde{S}_1^j$

$$\sum_{j=1}^{2}\tilde{S}_1^j = \sum_{j=1}^{2}\bar{S}_2^j + \sum_{j=1}^{4}\tilde{S}_2^j$$

$$\sum_{j=1}^{4}\tilde{S}_2^j = \sum_{j=1}^{4}\bar{S}_3^j + \sum_{j=1}^{8}\tilde{S}_3^j$$

……

所以

$$\tilde{S}_0 = \sum_{j=1}^{1}\bar{S}_1^j + \sum_{j=1}^{2}\bar{S}_2^j + \sum_{j=1}^{4}\bar{S}_3^j + \cdots \approx \sum_{i=1}^{N}\sum_{j=1}^{2i-1}\bar{S}_i^j$$

则三角特征值为：

$$S = \bar{S}_0 - 2\tilde{S}_0 \approx \bar{S}_0 - 2 \cdot \sum_{i=1}^{N}\sum_{j=1}^{2i-1}\bar{S}_i^j$$

将三角特征值的计算转化成矩形区域像素和的计算。利用积分图像得到每一级矩形的区域像素和，从而计算三角特征值。

可得计算三角特征值的误差 S_{Error} 与递归深度 N 的关系为

$$S_{\text{Error}} = \sum_{j=1}^{2N}\tilde{S}_N^j$$

使用积分图像计算矩形区域像素和时，计算只与矩形四个端点处的值有关，与矩形大小没有关系。因此，无论矩形区域面积大小，计算一次矩形区域像素和所花费的时间是相同的。设 T 为计算一个矩形区域像素和所需的时间，则计算三角特征值花费的时间 T_{consume} 与递归深度 N 的关系为

$$T_{\text{consume}} = T + \sum_{i=1}^{N}\sum_{j=1}^{2i-1}T = T \times (1 + 2^0 + 2^1 + \cdots + 2^{N-1}) = 2^N T$$

可知，三角特征值的计算误差和计算费时都与递归级数 N 有关，且 N 越大，计算误差越小，但花费时间越大。在实际使用时，需权衡计算误差与花费时间。

9.3.2 Adaboost 分类器

Schapire 于 1989 年提出 Boosting 算法后，基于 Boosting 的研究一直处于理论阶段，直到 Freund 和 Schapire 于 1996 年提出 DA(Descrete Adaboost)算法，也就是目前最常用的 Adaboost 方法。

Adaboost 是一种样本权重的迭代更新过程。在 Adaboost 算法中每个样本的权重值表示该样本被错分的大小。在每一轮权重更新的过程中，被错分样本的权重会变大，如果一个样本被错分了多次，那么这个样本的权重就会越来越大，称这样的样本为困难样本。表 9－1 为两类问题的 Adaboost 算法步骤。

表 9－1　两类问题的 Adaboost 算法步骤

假定 X 表示样本特征空间，Y 表示样本类别标识集合，对于二值分类问题，$Y=\{1,-1\}$，分别对应样本的正和负。

令 $S=\{(x_1,y_1),(x_2,y_2),(x_3,y_3)\cdots(x_N,y_N)\}$ 为样本训练集，其中 $x_i\in X$，$y_i\in Y$，$i=1,2,\cdots,N$。N 为样本数。

(1)初始化样本权重：对每一个 $(x_i,y_i)\in S$，令 $D_1(x_i,y_i)=\dfrac{1}{N}$；

(2)令 $t=1$，

(a)选择弱分类器

$$h_t(x_i)=\begin{cases}1, & \lambda_i x_i<\lambda_i\theta_i\\ 0, & \lambda_i x_i\geqslant\lambda_i\theta_i\end{cases}$$

式中，阈值 θ_i 一般取该类特征值的中值；$\lambda_i\in\{-1,1\}$ 表示不等号的偏置方向。根据样本权重分布 D_t 进行学习，获得弱分类器 $h_t:X\rightarrow Y$。

(b)计算错误率

$$\varepsilon_t=\sum_{i:y_i\neq h_t(x_i)}D_t(x_i,y_i)$$

若 $\varepsilon_t<0.5$，选择 $\alpha_t=\dfrac{1}{2}\ln\left[\dfrac{(1-\varepsilon_t)}{\varepsilon_t}\right]$；

若 $\varepsilon_t\geqslant 0.5$，删除本轮生成的弱分类器，$t=t+1$，返回(a)。

(c)更新样本权重 $D_{t+1}(x_i,y_i)=\dfrac{D_t(x_i,y_i)\,\mathrm{e}^{-\alpha_t y_i h_t(x_i)}}{Z_t}$

此处 Z_t 是归一化因子，使得 $\sum_{i=1}^{N}D_t(x_i,y_i)=1$；

(d) $t=t+1$；设 T 为弱分类器最大训练轮数；如果 $t=T$，则训练结束，如果 $t<T$，返回(a)。

(3)强分类器：$H(x)=\mathrm{sign}\left[\sum_{t=1}^{T}\alpha_t h_t(x)\right]$

α_t 是第 t 轮训练后产生的弱分类器 $h_t(x)$ 的性能评价因子，由 $h_t(x)$ 作用于样本集产生的分类错误的样本权重之和 ε_t 来决定，α_t 是 ε_t 的减函数，ε_t 越小，则 α_t 越大，$h_t(x)$ 的重要性越大。强分类器 $H(x)$ 由所有的弱分类器 $h_1(x),h_2(x),\cdots,h_T(x)$ 通过加权求和得到。

9.4　场景理解

由图 9－10 可见，通过处理场景图像，对场景中的景物进行识别是整个场景理解系统的基础和关键，只有对场景图像中的各种景物进行正确的识别和分割，才能顺利地进行后续的语义表示等工作。因此，对场景图像中的景物识别具有重要的意义，这也是本书要重点研究的问题。

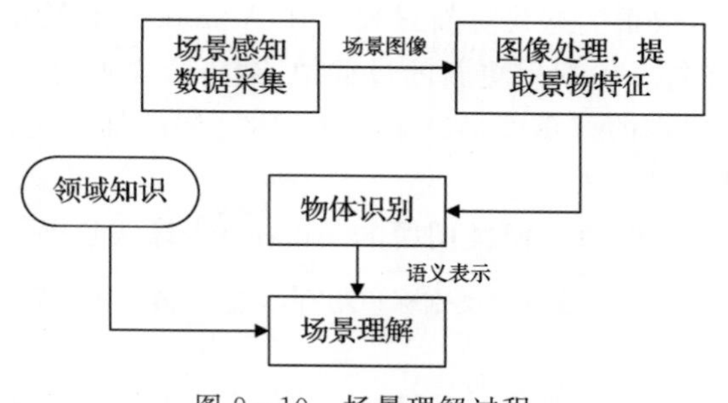

图 9－10　场景理解过程

景物识别其实也就是一个对图像的分类过程。此研究工作的主要内容是如何对图像进行适当的描述，提取能够有效表示图像属性的特征，并在此基础上对图像进行准确高效的分割和分类。鉴于这样的事实，对图像本身进行深入研究，合理地提取其特征，提出有效的分类识别方法，进而提高图像分类和景物识别的准确性已成为客观必然要求，本课题正是在这种前提下提出的。

图 9－11 给出了自下而上的图像景物识别框图。建立和应用这一系统可以分为两个阶段，即训练和测试阶段。在训练阶段，为每一类景物样本建立一个模板或模型参量参考集。而在测试阶段，待测试的图像求出的参量要与训练中的参考参量或模板加以比较，并且根据一定的相似性准则形成判断。

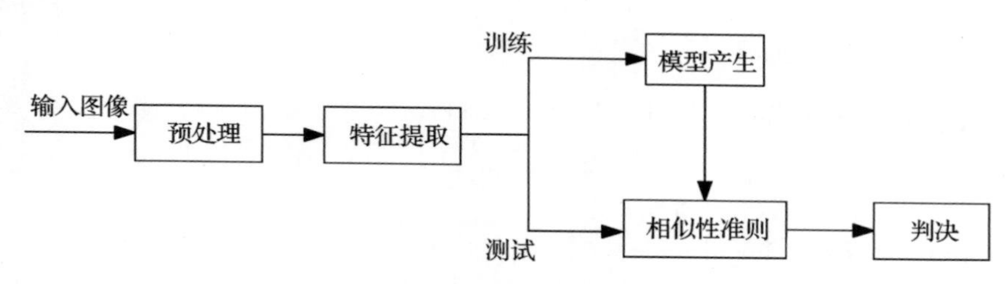

图 9－11　景物识别框图

总的来说，实现景物识别需要解决以下几个基本问题：①图像特征的提取；②每类景物模型的建立和模型参数的训练；③测试图像与训练图像模型的匹配距离计算。其中最关键的两个问题是提取什么样的特征和建立什么样的模型。

9.4.1　特征提取

抽取与选择能充分反映每类景物属性的特征，是场景图像景物识别的关键问题之一，其有效性对后续处理至关重要。特征提取必须满足以下要求：①可区分性。即同一类目标的特征相似性大，不同目标的特征差异性大。②稳定性。选取的特征应具有位置、尺寸、旋转和透视或仿射不变性。③数据量小，易于计算性。

用于图像识别的特征有很多，而图像的颜色、纹理、形状和空间关系等特征是图像中的底层信息，不需要有关领域的特殊知识或上下文的信息，是目前广为采用的图像识别特征。

颜色是图像非常重要的视觉特征。相对于几何特征而言，颜色具有一定的稳定性，其对大小、方向都不敏感。因而利用颜色特征进行图像分类受到重视，并最早得到应用。颜色特征的提取首先要选取合适的颜色空间，在景物识别中，常用的颜色空间有 RGB 空间、HSV 空间以及 CIE 的 Lab 颜色空间。颜色直方图是被广泛采用的颜色特征，具有良好的尺度和旋转不变性、特征鲁棒性好等特点，特别适于描述那些难以进行自动分割的图像。但是，直方图也存在着缺陷。首先，颜色直方图只包含了图像中某一颜色值出现的频数，而丢失了像素点所在的位置信息。而且，虽然对任意一幅图像都能唯一地给出与它对应的直方图，但不同的图像却有可能具有相同的直方图特征，也就是直方图与图像之间并非一一对应的。另一种非常简单而有效的颜色特征是颜色矩，它表达了图像的颜色分布，特征简洁且不需要进行量化，但也丢失了空间信息。

纹理是指人们所观察到的图像象元（或子区域）的灰度变化规律，它是除颜色特征之外，另一种应用广泛的图像视觉特征。纹理的本质是刻画像素的领域灰度空间分布规律。它通常定义为图像的某种局部性质，或是对局部区域中像素之间关系的一种度量。纹理存在于物体的表面，含有表面的组织结构和它们与背景的相互关系。

纹理特征的提取主要有四种方法：统计法、结构法、基于模型的方法以及信号处理的方法。统计方法是纹理分析中最基本的一类方法，目前研究较为充分，相对来说该类方法比较成熟，主要通过统计参数来表征图像中像素灰度级分布的特征，典型的方法有灰度共生矩阵法、LawS 能量纹理法等。这类方法一般复杂度较低，易于实现。结构法分析纹理的基本思想是假定纹理模式由纹理基元以一定的有规律的形式排列组合而成，特征的提取即是确定这些基元并找出它们的排列规则，它只适用于规则的结构纹理分析，在分析自然纹理图像时较难取得满意的效果。模型法主要利用一些成熟的图像模型来描述纹理，如马尔可夫随机场、分行模型等。基于空间/频域联合分析法根据人类视觉原理，采用多尺度、多分辨率、多通道的纹理分析方法，利用在空间域和频率域同时取得较好局部化特性的滤波器对纹理图像进行滤波，从而获得理想的纹理分析特征。近年来多分辨率、多通道纹理分析方法引起了越来越多的重视。这类方法主要包括傅里叶功率谱法、Gabor 变换和小波变换。Daugman 利用 Gabor 滤波器提取虹膜图像中的特征来验证人的身份；Jain 等人利用 Gabor 滤波器从复杂背景中分割出目标。这种算法能够获得纹理中的大量有用信息，但如果想获得纹理在频率和方向上的微小变化信息，所需的滤波器的个数将会很大，使得计算复杂度增高。

此外，形状特征和空间关系特征也是景物识别时所需的重要信息。图像的形状信息不随图像颜色等特征的变化而变化，是物体稳定的特征。特别是对于图形来说，形状是它唯一重要的特征。寻找符合人眼感知特性的形状特征不是一件简单的工作。首要的困难是要将不同物体从图像中分割出来，这是计算机视觉的困难问题之一，至今没有很好的解决。

由于景物识别中的场景图像千变万化，同一类景物随时间、光照等变化都会出现很大的变化，因此，很难用一种单一的特征来描述，在实际应用中，一般都采用不同特征的组合来描述。张敏等人提取区域的平均亮度、平均色度 u 和 v、Gabor 滤波得到的 24 维纹理特征以及 7 个不变矩的形状特征共 34 维的特征对室外场景图像进行分类。C.J. Setchell 等人分别在 R、G、B 三个通道进行多通道 Gabor 滤波，得到均值和方差并经过 PCA 降维之后作为特征向量对场景图像进行分类。Sanjw Kumar 等人在归一化的 RGB 空间提取颜色特征，以及用统计方法的二阶矩作为纹理特征对图像区域进行识别分类。Vailaya 等人利用空间颜色矩以及边缘方向直方图特征进行场景分类，如室内/室外、城市/风景等。Barnard 等人采用颜色、纹理、形状信息来解决景物识别问题。

9.4.2 分类算法

对于景物识别系统，特征被提取出来以后，需要用识别模型为每一类景物建模，并对特征进行分类，以确定属于哪一类景物。所谓的识别模型，是指用什么模型来描述图像的颜色、纹理等特征在特征空间的分布。目前常用的模型大体上可以分为非参数模型(如 K 近邻)和参数模型[如高斯模型、人工神经网络模型(Artificial Neural Network,ANN)以及支持向量机(Support Vector Machine,SVM)]。非参数模型不依赖于假设特征的分布，而仅依赖于训练样本自身的分布情况，同时对图像数据的统计结构也没有要求。参数模型是指采用某种特定的概率密度函数来描述图像特征在特征空间的分布情况，并以该概率密度函数的一组参数作为某种景物的模型。

K 近邻是典型的非参数分类法，这个方法的基本原则就是取未知样本 x 的 k 个近邻，看这 k 个近邻中多数属于哪一类，则判断 x 就属于那一类。最近邻法是 K 近邻的一个特殊情况。Leena Lepisto 等人用 HIS 空间的每个通道进行 Gabor 滤波提取均值和方差作为纹理特征，并采用 K 近邻分类方法对两个岩石纹理图像库中的彩色纹理图像进行分类。这种方法的主要优点是算法简单、易于实现，但是一般只适用于分析一些简单的图像。

统计分类是在模式识别长期研究发展过程中建立起来的经典分类方法。统计分类主要研究用概率统计模型得到各类别的特征向量进行分类，而特征向量的分布基于一个已知类别的训练样本集，因此是有监督学习的分类方法。统计分类研究是基于数据的机器学习，是现代智能技术中一个十分重要的方面。这种方法从一些观测样本数据出发，得出尚不能通过理论分析得到的规律或分类决策，再将其应用于对未知的数据样本进行识别分类，因此统计方法是我们面对数据而又缺乏理论模型时最常用的一种分析手段。

高斯模型是典型的统计分类方法。由于每一类景物的特征在特征空间中都形成了特定的分布，所以可以用这一分布来描述每一类景物的性质。高斯模型使用高斯分布来近似描述景物的特征。在训练时，为每一类景物的样本建立一个模型，训练的目的本质上是估计这个模型参数的过程，在所有的样本都训练结束后，保留每一类景物对应的参数；识别时，将测试图像的特征与每一类景物的参数相结合，求出与每一类相对应的似然函数，其中对应最大似然函数的景物类别被认为是识别结果。传统统计学研究的是渐进理论，即当样本数目趋于无穷大时的极限特性。但在实际问题中样本数目通常是有限的，这使得很多方法都难以取得理想的效果。所以用高斯模型时一般都会结合常用的分割方法改善结果。A.Bosch 等人和 Sanjw Kumar 使用高斯模型进行对各类景物的视觉特征(颜色、纹理等)进行建模并分类。

人工神经网络可在一定程度上模仿人脑的功能，它为景物识别提供了一个新的途径。神经网络分类器是利用训练样本集根据某种准则迭代确定节点间的连接权值，利用训练好的模型来分类未知类别的像素，从而实现图像分割。景物识别使用过的神经网络类型较多，前向神经网络以其结构简单、分类性能较好在景物识别中获得了广泛的应用。多层前向神经网络是映射型神经网络，可完成从景物图像的特征空间到景物集合的映射。景物识别使用的前向神经网络多为 BP 网络和 RBF 网络，而基于逐级判决思想，将单个神经网络进行组合而成的级联神经网络也已应用于景物识别。Setchell 等人在 RGB 三个通道提取了 Gabor 纹理特征之后，采用 MLP 神经网络对包含 11 类景物(包括天空、道路、植物等)的 Bristol 图像库进行分类，训练算法为量化连接梯度下降。

目前，使用神经网络进行景物识别所面临的问题是，如果使用一个网络作为分类器，当待识别的景物类别改变时，网络的结构（至少输出神经元个数）将随之改变，需要重新对网络进行训练。而且，当类别增大时，神经网络的训练时间以指数增大。尽管神经网络方法在图像分割中得到了广泛的应用，但其目前遇到了网络模型难以确定、容易出现过学习与欠学习以及局部最优等问题。

由 Vapnik 等人最近发展的支持向量机（Support Vector Machine，SVM）方法是建立在统计学习理论的 VC（Vapnik - Chervonenkis）维理论和结构风险最小化原理基础上，根据有限样本信息在模型的复杂性和学习能力之间寻求最佳折衷，以期获得最好的泛化性能。它克服了包括神经网络方法在内的传统学习分类方法可能出现的大部分问题，已经被看作是对传统学习分类器的一个好的替代，特别在小样本、高维非线性情况下，具有较好的泛化性能，是目前机器学习领域研究的热点。支持向量机已经被用于手写体识别、目标识别、语音辨识、文本分类以及雷达目标识别中。

SVM 已经越来越多地被用到图像领域。人们把 SVM 应用到图像系统中，以增加相关性反馈。

9.5　小　　结

智能视频分析需要自动识别监控对象，及时感知目标对象所发生的变化，而当异常情况出现时能够实现自动报警等功能。我们知道，“监”和“控”是相辅相承的，前一部分的“监”做到并不太难，而后一部分“控”要真正做到才是至关重要的。能够更好更快地实现“控”的要求，就必须通过智能视频分析技术，来提升“监”的有效性。

智能视频分析技术的产业化发展为视频监控智能化提供了绝好的机遇。智能视频分析系统对视频中异常行为事件进行实时提取和筛选，并及时发出预警，改变了传统视频监控系统只能“监”不能“控”的被动状态，解决了事后取证难的问题，让监控变得更加主动。其相比于传统视频监控系统更加快速的反应时间以及更加强大的数据检索和分析功能，使得监控能力得到极大的改善。

随着技术的不断成熟，在世界范围内逐渐出现了一些专业的 IVS 研究厂家，像美国的 ObjectVideo、Vidient，以色列的 NICE、Mate、IOImage，澳大利亚的 IOmniscient 等。这些厂家都相继进入中国市场，一度造成外国厂商独占国内智能视频分析市场的局面。而终究因其技术与中国国情的差异性，无法真正渗透中国市场。这一现状给国内的智能视频技术研究厂家带来挑战的同时，同样也提供了一个非常好的发展机遇。

第 10 章　实验——短时傅里叶变换与小波变换

1.实验目的

(1)熟悉并掌握短时傅里叶变换的性质、参数以及不同信号的短时傅里叶变换；

(2)熟悉并掌握小波变换的性质、参数以及不同信号的小波变换。

2.实验内容

(1)MATLAB 中的短时傅里叶变换函数 spectrogram。

```
S = spectrogram(x)
S = spectrogram(x,window)
S = spectrogram(x,window,noverlap)
S = spectrogram(x,window,noverlap,nfft)
S = spectrogram(x,window,noverlap,nfft,fs)
```

调用及参数描述：

window is a Hamming window of length nfft.

noverlap is the number of samples that each segment overlaps. The default value is the number producing 50% overlap between segments.

nfft is the FFT length and is the maximum of 256 or the next power of 2 greater than the length of each segment of x. Instead of nfft, you can specify a vector of frequencies, F. See below for more information.

fs is the sampling frequency, which defaults to normalized frequency

(2)短时傅里叶变换。

1)正弦信号。

Ⅰ.生成信号长度 1 s、采样频率 1 kHz、周期分别为 0.1 s、1 s 和 10 s 的正弦信号 s ，并画出这些正弦信号。

Ⅱ.用 spectrogram 画出这些正弦信号的短时傅里叶变换：

```
spectrogram(s,hamming(256),255,256,1000);
```

2)窗口的影响。

Ⅰ.针对周期为 0.1 s 的正弦函数，分别调整 hamming 窗口大小为 32、64、128、256，并画出该正弦信号的短时傅里叶变换。

Ⅱ.针对周期为 0.1 s 的正弦函数,窗口大小为 128,分别调整窗口类型为 hamming、rectwin 和 blackman,并画出该正弦信号的短时傅里叶变换。

3)不同信号的短时傅里叶变换。

Ⅰ.已知离散信号,其前 500 点是慢变化正弦序列,后 500 点是快变化正弦序列,在 500 点处有断点,画出其短时傅里叶变换。

$$x(n)=\begin{cases}\sin(0.03n), & 1\leqslant n\leqslant 500\\ \sin(0.3n), & 501\leqslant n\leqslant 1\,000\end{cases}$$

Ⅱ.使用 STFT 分析一个非平稳信号 chirp 信号:

$$x(n)=A\cos(\Omega_0 n^2)=A\cos(10\pi\times10^{-5}\times n^2)$$

式中,n 为 0～20 000 的序列。

Ⅲ.用如下命令读取声音文件 sealion.wav,并分别用不同的窗口进行 STFT,并分析哪种窗口效果更好。

```
[y,fs]=wavread('sealion');
t=(0:length(y)-1)/fs;
plot(t,y), xlabel('time(sec)')
```

(3)小波变换。

1)利用 MATLAB 函数,生成不同类型的小波:① mexihat;② meyer;③ Haar;④ db;⑤ sym;⑥morlet。

2)一维连续小波变换。利用连续小波变换函数 cwt 对带白噪声的正弦信号及正弦加三角波进行变换。在对这两组信号利用 wavedec 函数及 db5 进行 5 层和 6 层的分解,并利用 wrcoef 函数对低频和高频分别进行重构。

信号导入 load noissin,load trsin。

3.MATLAB 函数 spectrogram 的使用方法

使用短时傅里叶变换得到信号的频谱图。

(1)语法。

```
S = spectrogram(x)
S = spectrogram(x,window)
S = spectrogram(x,window,noverlap)
S = spectrogram(x,window,noverlap,nfft)
S = spectrogram(x,window,noverlap,nfft,fs)
[S,F,T] = spectrogram(...)
[S,F,T] = spectrogram(x,window,noverlap,F)
[S,F,T] = spectrogram(x,window,noverlap,F,fs)
[S,F,T,P] = spectrogram(...)
spectrogram(…,FREQLOCATION)
spectrogram(...)
```

(2)详细描述。

spectrogram, when used without any outputs, plots a spectrogram or, when used with an S output, returns the short-time Fourier transform of the input signal. To create a spectrogram from the returned short-time Fourier transform data, refer to the [S,F,T,P] syntax described below.

S = spectrogram(x) returns S, the short time Fourier transform of the input signal vector x. By default, x is divided into eight segments. If x cannot be divided exactly into eight segments, it is truncated. These default values are used.

- window is a Hamming window of length nfft.
- noverlap is the number of samples that each segment overlaps. The default value is the number producing 50% overlap between segments.
- nfft is the FFT length and is the maximum of 256 or the next power of 2 greater than the length of each segment of x. Instead of nfft, you can specify a vector of frequencies, F. See below for more information.
- fs is the sampling frequency, which defaults to normalized frequency.

Each column ofS contains an estimate of the short-term, time-localized frequency content of x. Time increases across the columns of S and frequency increases down the rows.

If x is a length Nx complex signal, S is a complex matrix with nfft rows and k columns, where for a scalar window

k = fix((Nx-noverlap)/(window-noverlap))

or ifwindow is a vector

k = fix((Nx-noverlap)/(length(window)—noverlap))

For realx, the output S has (nfft/2+1) rows if nfft is even, and (nfft+1)/2 rows if nfft is odd.

S = spectrogram(x,window) uses the window specified. If window is an integer, x is divided into segments equal to that integer value and a Hamming window is used. If window is a vector, x is divided into segments equal to the length of window and then the segments are windowed using the window functions specified in the window vector. For a list of available windows see Windows.

Note: To obtain the same results for the removed specgram function, specify a 'Hann' window of length 256.

S = spectrogram(x, window, noverlap) overlaps noverlap samples of each segment. noverlap must be an integer smaller than window or if window is a vector, smaller than the length of window.

S = spectrogram(x,window,noverlap,nfft) uses the nfft number of sampling points to calculate the discrete Fourier transform. nfft must be a scalar.

S = spectrogram(x,window,noverlap,nfft,fs) uses fs sampling frequency in Hz. If fs is specified as empty [], it defaults to 1 Hz.

[S,F,T] = spectrogram(...) returns a vector of frequencies, F, and a vector of times, T, at which the spectrogram is computed. F has length equal to the number of rows of S. T has length k (defined above) and the values in T correspond to the center of each segment.

[S,F,T] = spectrogram(x,window,noverlap,F) uses a vector F of frequencies in Hz. F must be a vector with at least two elements. This case computes the spectrogram at the frequencies in F using the Goertzel algorithm. The specified frequencies are rounded to the nearest DFT bin commensurate with the signal's resolution. In all other syntax cases where nfft or a default for nfft is used, the short-time Fourier transform is used. The F vector returned is a vector of the rounded frequencies. T is a vector of times at which the spectrogram is computed. The length of F is equal to the number of rows of S. The length of T is equal to k, as defined above and each value corresponds to the center of each segment.

[S,F,T] = spectrogram(x,window,noverlap,F,fs) uses a vector F of frequencies in Hz as above and uses the fs sampling frequency in Hz. If fs is specified as empty [], it defaults to 1 Hz.

[S, F, T, P] = spectrogram (...) returns a matrix P containing the power spectral density (PSD) of each segment. For real x, P contains the one-sided modified periodogram estimate of the PSD of each segment. For complex x and when you specify a vector of frequencies F, P contains the two-sided PSD.

spectrogram(…,FREQLOCATION) specifies which axis to use as the frequency axis in displaying the spectrogram. Specify FREQLOCATION as a trailing string argument. Valid options are 'xaxis' or 'yaxis'. The strings are not case sensitive. If you do not specify FREQLOCATION, spectrogram uses the x-axis as the frequency axis by default.

The elements of the PSD matrixP are given by $P(i,j)=k|S(i,j)|^2$ where k is a real-valued scalar defined as follows.

• For the one-sided PSD,

$$k=\frac{2}{Fs\sum_{n=1}^{L}|w(n)|^2}$$

where $w(n)$ denotes the window function (Hamming by default) and Fs is the sampling frequency. At zero and the Nyquist frequencies, the factor of 2 in the numerator is replaced by 1.

• For the two-sided PSD,

$$k=\frac{1}{Fs\sum_{n=1}^{L}|w(n)|^2}$$

at all frequencies.

• If the sampling frequency is not specified, Fs is replaced in the denominator by 2π.

spectrogram(...) plots the PSD estimate for each segment on a surface in a figure window. The plot is created using

```
surf(T,F,10*log10(abs(P)));
axis tight;
```

view(0,90);

Usingspectrogram(…,'freqloc') syntax and adding a 'freqloc' string (either 'xaxis' or 'yaxis') controls where the frequency axis is displayed. Using 'xaxis' displays the frequency on the x-axis. Using 'yaxis' displays frequency on the y-axis and time on the x-axis. The default is 'xaxis'. If you specify both a 'freqloc' string and output arguments, 'freqloc' is ignored.

4.MATLAB 函数 cwt 的使用方法

连续一维信号的小波变换。

(1)语法。

```
coefs = cwt(x,scales,'wname')
coefs = cwt(x,scales,'wname','plot')
coefs = cwt(x,scales,'wname','coloration')
[coefs,sgram] = cwt(x,scales,'wname','scal')
[coefs,sgram] = cwt(x,scales,'wname','scalCNT')
coefs = cwt(x,scales,'wname','coloration',xlim)
```

(2)详细描述。

coefs = cwt(x,scales,'wname') computes the continuous wavelet transform (CWT) coefficients of the real-valued signal x at real, positive scales, using wavelet 'wname' (see waveinfo for more information). The analyzing wavelet can be real or complex. coefs is an la-by-lx matrix, where la is the length of scales and lx is the length of the input x. coefs is a real or complex matrix, depending on the wavelet type.

coefs = cwt(x, scales, 'wname', 'plot') plots the continuous wavelet transform coefficients, using default coloration 'absglb'.

coefs = cwt(x,scales,'wname','coloration') uses the specified coloration.

[coefs,sgram] = cwt(x,scales,'wname','scal') displays a scaled image of the scalogram.

[coefs,sgram] = cwt(x,scales,'wname','scalCNT') displays a contour representation of the scalogram.

coefs = cwt(x,scales,'wname','coloration',xlim) colors the coefficients using coloration and xlim, where xlim is a vector, [x1 x2], with $1 \leqslant x1 < x2 \leqslant length(x)$.

(3)举例。

Plot the continuous wavelet transform and scalogram using sym2 wavelet at all integer scales from 1 to 32, using a fractal signal as input:

```
loadvonkoch
vonkoch=vonkoch(1:510);
len = length(vonkoch);
cw1 = cwt(vonkoch,1:32,'sym2','plot');
title('Continuous Transform, absolute coefficients.')
ylabel('Scale')
[cw1,sc] = cwt(vonkoch,1:32,'sym2','scal');
```

```
title('Scalogram')
ylabel('Scale')
```

Compare discrete and continuous wavelet transforms, using a fractal signal as input:

```
loadvonkoch
vonkoch=vonkoch(1:510);
len=length(vonkoch);
[c,l]=wavedec(vonkoch,5,'sym2');
% Compute and reshape DWT to compare with CWT.
cfd=zeros(5,len);
for k=1:5
    d=detcoef(c,l,k);
    d=d(ones(1,2^k),:);
cfd(k,:)=wkeep(d(:)',len);
end
cfd=cfd(:);
I=find(abs(cfd) <sqrt(eps));
cfd(I)=zeros(size(I));
cfd=reshape(cfd,5,len);
% Plot DWT.
subplot(311); plot(vonkoch); title('Analyzed signal.');
set(gca,'xlim',[0 510]);
subplot(312);
image(flipud(wcodemat(cfd,255,'row')));
colormap(pink(255));
set(gca,'yticklabel',[]);
title('DiscreteTransform,absolute coefficients');
ylabel('Level');
% Compute CWT and compare with DWT
subplot(313);
ccfs=cwt(vonkoch,1:32,'sym2','plot');
title('Continuous Transform, absolute coefficients');
set(gca,'yticklabel',[]);
ylabel('Scale');
```

Scalograms are plots that represent the percentage energy for each coefficient(见图 10－1).

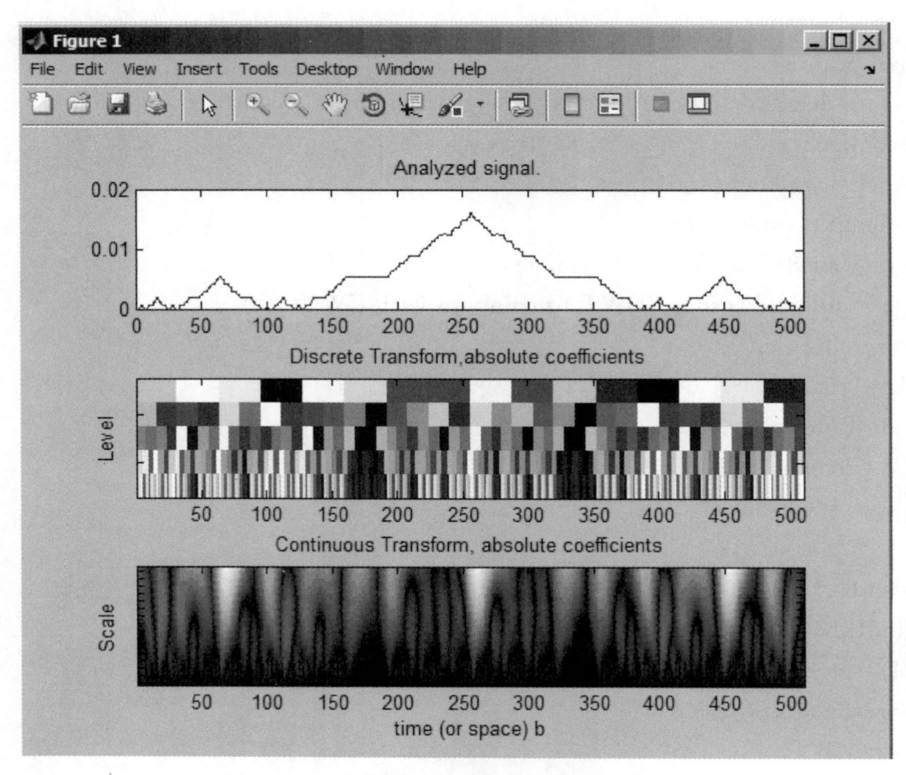

图 10-1　尺度因子变化与信号能量的关系图

第 11 章　实验——图像处理

1.实验目的

熟悉并掌握常见图像处理方法。

2.实验内容

(1)用 MATLAB 读取并显示图像:imread,imshow;
(2)改变图像大小,将图像缩放至原尺寸的 60%;
(3)将图像转化为灰度图像,将原图像与灰度图画出在同一图内;
(4)画出灰度图的直方图;
(5)将灰度图均衡化,并画出其直方图,将全部图像画在同一图内;
(6)分别使用三种不同的插值方法将图像旋转 45°并将图像显示在同一图内;
(7)利用给图像添加高斯、椒盐和乘性噪声;
(8)将添加过噪声的三幅图像分别保存为文件:imwrite;
(9)利用 for 循环,分别将 100 幅添加过噪声的图像进行相加平均,并同时画出平均后和原始的图像进行对比;
(10)将灰度图机型二值化,阈值取 0.7,并计算图像面积;
(11)利用 imdilate 和 imerode 对图像进行处理,并进行对比;
(12)用 Roberts、Sobel、canny 和拉普拉斯高斯算子对图像进行边缘检测,同时改变参数,对比不同参数、不同算子的效果;
(13)利用边缘检测实现对图像的分割;
(14)分别采用直接融合、傅里叶变换融合和小波变换融合实现两幅分割后与原始图像的进行融合。

3.从实验中学习实践是检验真理的唯一标准

1978 年 5 月 11 日,《光明日报》发表本报特约评论员文章《实践是检验真理的唯一标准》,由此引发了一场关于真理标准问题的大讨论。文章指出,检验真理的标准只能是社会实践,理论与实践的统一是马克思主义的一个最基本的原则,任何理论都要不断接受实践的检验。这场讨论推动了全国性的马克思主义思想解放运动,是中国共产党第十一届中央委员会第三次全体会议实现新中国成立以来中国共产党历史上具有深远意义的伟大转折的思想先导,为中国共产党重新确立马克思主义思想路线、政治路线和组织路线,做了重要的理论准备。2019

年8月27日,教育部召开新闻发布会,《实践是检验真理的唯一标准》入选普通高中语文教材。

(1)实践论。“实践是检验真理的唯一标准”的原话,是毛泽东最先提出来的。1963年11月,刘少奇、邓小平等人在东湖宾馆写《在战争与和平问题上的两条路线——五评苏共中央公开信》,此文打印出来后,毛泽东修改时,加注了“社会实践是检验真理的唯一标准……”。

毛泽东关于马克思主义认识论的代表著作《实践论》写成于1937年7月。《实践论》为我们提供了认识事物的基本原理和方法。需要我们在认识事物的时候,不急不躁、由表及里、全面观察、由感性到理性、了解事物的演进变化、分清事物彼此间的区别联系、大胆假设、小心求证、循环往复、不断加深对事物的认识。

书中指出,马克思以前的唯物论,离开人的社会性,离开人的历史发展,去观察认识问题,因此不能了解认识对社会实践的依赖关系,即认识对生产和阶级斗争的依赖关系。

马克思主义者认为人类的生产活动是最基本的实践活动,是决定其他一切活动的东西。人的认识,主要地依赖于物质的生产活动,逐渐地了解自然的现象、自然的性质、自然的规律性、人和自然的关系;而且经过生产活动,也在各种不同程度上逐渐地认识了人和人的一定的相互关系。一切这些知识,离开生产活动是不能得到的。在没有阶级的社会中,每个人以社会一员的资格,同其他社会成员协力,结成一定的生产关系,从事生产活动,以解决人类物质生活问题。在各种阶级的社会中,各阶级的社会成员,则又以各种不同的方式,结成一定的生产关系,从事生产活动,以解决人类物质生活问题。这是人的认识发展的基本来源。

人的社会实践,不限于生产活动一种形式,还有多种其他的形式,阶级斗争,政治生活,科学和艺术的活动,总之社会实际生活的一切领域都是社会的人所参加的。因此,人的认识,在物质生活以外,还从政治生活文化生活中(与物质生活密切联系),在各种不同程度上,指导人和人的各种关系。其中,尤以各种形式的阶级斗争,给予人的认识发展以深刻的影响。在阶级社会中,每一个人都在一定的阶级地位中生活,各种思想无不打上阶级的烙印。

马克思主义者认为人类社会的生产活动,是一步又一步地由低级向高级发展,因此,人们的认识,不论对于自然界方面,对于社会方面,也都是一步又一步地由低级向高级发展,即由浅入深,由片面到更多的方面。在很长的历史时期内,大家对于社会的历史只能限于片面的了解,这一方面是由于剥削阶级的偏见经常歪曲社会的历史,另一方面则由于生产规模的狭小,限制了人们的眼界。人们能够对于社会历史的发展做全面的历史的了解,把对于社会的认识变成了科学,这只是到了伴随巨大生产力——大工业而出现近代无产阶级的时候,这就是马克思主义的科学。

马克思主义者认为,只有人们的社会实践,才是人们对于外界认识的真理性的标准。实际的情形是这样的,只有在社会实践过程中(物质生产过程中、阶级斗争过程中、科学实验过程中),人们达到了思想中所预想的结果时,人们的认识才被证实了。人们要想得到工作的胜利即得到预想的结果,一定要使自己的思想合于客观外界的规律性,如果不合,就会在实践中失败。人们经过失败之后,也就从失败取得教训,改正自己的思想使之适合于外界的规律性,人们就能变失败为胜利,所谓“失败乃成功之母”“吃一堑长一智”,就是这个道理。辩证唯物论的认识论把实践提到第一的地位,认为人的认识一点也不能离开实践,排斥一切否认实践重要性、使认识离开实践的错误理论。列宁这样说过:“实践高于(理论的)认识,因为它不但有普遍性的品格,而且还有直接现实性的品格。”马克思主义的哲学辩证唯物论有两个最显著的特点:

一个是它的阶级性，公然申明辩证唯物论是为无产阶级服务的；再一个是它的实践性，强调理论对于实践的依赖关系，理论的基础是实践，又转过来为实践服务。判定认识或理论之是否真理，不是依主观上觉得如何而定，而是依客观上社会实践的结果如何而定。真理的标准只能是社会的实践。实践的观点是辩证唯物论的认识论之第一的和基本的观点。

(2)实践论对个人认识的启示。在对任何事情没有做出深入了解、分析的前提下，都不要急于做出任何结论。具体的操作过程可以是：

1)观察事物的外在特性：尽可能多地从不同的侧面观察事物的特性，详细列举事物的外在特性要素。

2) 观察事物的内在特性：探寻事物内在特性，尽可能多地列举事物的特性的各个要素。

3)观察事物的变化过程：即探寻事物特性如何随推演变化的。划分事物的变化阶段、描述每个阶段的事物特性的变化。

4)观察手段：从一切可以获得文字、影像、交流、思考中提取事物的特性，逐一记录。提取过程中，保持客观态度，忽略原作者所有带有推断性、结论性或感性化的描述。

5)观察事物内在联系：描述事物内部的各个要素是如何相互影响和相互依存的。

6)观察事物外在联系：描述事物与周边相关的联系——是如何区别与联系的，整体与局部是如何互动的。

7)技术方法：矩阵法、关系图、时间轴等。

8)大胆假设，小心求证，循环反复，不断加深对事物的认识，摸索出事物发展的规律，对事物的发展做出合理预测。

实践论的根本意图是指导人们认识世界，指导人们依据对客观事物的深入认识来改造世界。

第12章　科技文献阅读环节的规则与考核方法

(1)4～5人一组，将阅读的文献以PPT的形式进行汇报答辩。文献由教师提供，学生选择。

(2)答辩：15～25 min讲述，10～20 min回答问题。

(3)汇报提纲：

1)背景介绍(研究意义、应用背景、面临的挑战、研究现状等)；

2)研究内容(关键问题、基本假设、问题难点等)；

3)技术方法(解决问题的方法、主要创新点、主要定理和结论等)；

4)实验结果(实验的基本条件、不同方法的比较、关键参数的选取等)。

(4)评分规则可参考如下方法：

1)一组完成答辩后，由教师给出该组的标准成绩；

2)该组成员每人对组内所有人员对完成答辩的贡献进行匿名打分(优、良、中、差4等)得到评价成绩，匿名打分在该组答辩完成后当场提交给教师；

3)由其他各组组长组成评审组，对答辩组进行打分；

4)组成员的最终成绩由教师参考评价成绩并在标准成绩基础上适当提高或降低得到；

5)最终成绩由教师确定并当堂宣布。

(5)考核面：

1)文献内容熟悉程度，算法仿真结果；

2)对科技文献阅读方法的掌握程度；

3)PPT制作水平，答辩效果，团队合作；

4)姿态仪表，多种表达形式的运用；

5)平等、大方的交流能力等。

参考文献

[1] ANTONIOU A. Digital filters: analysis, design, and applications[M]. New York: McGraw - Hill, 1993.

[2] MCCLELLAN J H, SCHAFER R W, YODER M A. DSP first: a multimedia approach[M]. New Jersey: Prentice Hall, 1998.

[3] MITRA S K. Digital signal processing: a computer based approach[M]. Boston: McGraw - Hill Higher Education, 2006.

[4] OPPENHEIM A V, SCHAFER R W, BUCK J R. Discrete - time signal processing [M]. New Jersey: Prentice Hall, 1999.

[5] STEARNS S D, DAVID R A. Signal processing algorithms in MATLAB[M]. New Jersey: Prentice Hall, 1996.

[6] SIMON H. Adaptive filter theory[M]. New Jersey: Prentice Hall, 2001.

[7] TREICHLER J R, JOHNSON C R. Theory and design of adaptive filters[M]. Cambridge: Wiley - Interscience, 1987.

[8] DAUBECHIES I. Othogonal bases of compactly supported wavelets[J]. Communications on Pure and Applied Mathematics, 1988, 41(11):909 - 996.

[9] 多布. 小波十讲[M].李建平,杨万年,译.北京:国防工业出版社, 2004.

[10] MALLAT S. A wavelet tour of signal processing[M]. New York: Academic Press, 1999.

[11] HANSELMAN D C, LITTLEFIELD B R. Mastering MATLAB 6: a comprehensive tutorial and reference[M]. New Jersey: Prentice Hall, 2001.

[12] LYONS R G. Understanding digital signal processing[M]. New Jersey: Prentice Hall, 2004.

[13] KAILATH T. Linear systems[M]. New Jersey: Prentice - Hall, 1981.

[14] 张学工. 模式识别[M]. 北京:清华大学出版社, 2010.

[15] 尼克. 人工智能简史[M]. 北京:人民邮电出版社, 2017.

[16] 谭铁牛, 孙哲南, 张兆翔. 人工智能:天使还是魔鬼? [J].中国科学:信息科学, 2018, 42(9):1257 - 1263.

[17] 谭铁牛. 人工智能的历史、现状和未来[J]. 智慧中国, 2019, Z1:87 - 91.